国防科技图书出版基金

航空发动机叶盘结构流体激励耦合振动

Methods and Characteristics of Fluid Excited Vibration for Bladed Disk in Aero – Engine

王建军 李其汉 等编著

国防工业出版社

·北京·

图书在版编目(CIP)数据

航空发动机叶盘结构流体激励耦合振动/王建军等编著.
—北京:国防工业出版社,2017.1
ISBN 978-7-118-10784-5

Ⅰ.①航… Ⅱ.①王… Ⅲ.①航空发动机-结构-研
究 Ⅳ.①V232.3

中国版本图书馆 CIP 数据核字(2016)第 221417 号

※

*国防工業出版社*出版发行

(北京市海淀区紫竹院南路 23 号 邮政编码 100048)
腾飞印务有限公司印刷
新华书店经售

*

开本 710×1000 1/16 印张 19½ 字数 362 千字
2017 年 1 月第 1 版第 1 次印刷 印数 1—2000 册 定价 98.00 元

(本书如有印装错误,我社负责调换)

国防书店:(010)88540777 发行邮购:(010)88540776
发行传真:(010)88540755 发行业务:(010)88540717

致 读 者

本书由国防科技图书出版基金资助出版。

国防科技图书出版工作是国防科技事业的一个重要方面。优秀的国防科技图书既是国防科技成果的一部分，又是国防科技水平的重要标志。为了促进国防科技和武器装备建设事业的发展，加强社会主义物质文明和精神文明建设，培养优秀科技人才，确保国防科技优秀图书的出版，原国防科工委于1988年初决定每年拨出专款，设立国防科技图书出版基金，成立评审委员会，扶持、审定出版国防科技优秀图书。

国防科技图书出版基金资助的对象是：

1. 在国防科学技术领域中，学术水平高，内容有创见，在学科上居领先地位的基础科学理论图书；在工程技术理论方面有突破的应用科学专著。

2. 学术思想新颖，内容具体、实用，对国防科技和武器装备发展具有较大推动作用的专著；密切结合国防现代化和武器装备现代化需要的高新技术内容的专著。

3. 有重要发展前景和有重大开拓使用价值，密切结合国防现代化和武器装备现代化需要的新工艺、新材料内容的专著。

4. 填补目前我国科技领域空白并具有军事应用前景的薄弱学科和边缘学科的科技图书。

国防科技图书出版基金评审委员会在总装备部的领导下开展工作，负责掌握出版基金的使用方向，评审受理的图书选题，决定资助的图书选题和资助金额，以及决定中断或取消资助等。经评审给予资助的图书，由总装备部国防工业出版社列选出版。

国防科技事业已经取得了举世瞩目的成就。国防科技图书承担着记载和弘扬这些成就，积累和传播科技知识的使命。在改革开放的新形势下，原国防科工委率先设立出版基金，扶持出版科技图书，这是一项具有深远意义的创举。此举势必促使国防科技图书的出版随着国防科技事业的发展更加兴旺。

设立出版基金是一件新生事物,是对出版工作的一项改革。因而,评审工作需要不断地摸索、认真地总结和及时地改进,这样,才能使有限的基金发挥出巨大的效能。评审工作更需要国防科技和武器装备建设战线广大科技工作者、专家、教授,以及社会各界朋友的热情支持。

　　让我们携起手来,为祖国昌盛、科技腾飞、出版繁荣而共同奋斗!

国防科技图书出版基金
评审委员会

前　　言

航空发动机的叶盘转子是极其重要的关键性部件,叶盘振动问题一直是航空发动机和燃气轮机设计和使用中的关键问题之一。

长期以来,国内外对叶盘振动问题一般是将叶盘结构分为叶片和轮盘,在确定它们的固有模态后,基于避开共振原则进行振动设计。但是,随着先进航空发动机的发展,叶片和轮盘结构设计使得整体叶盘结构的耦合振动问题更为突出。此外,叶盘结构工作在复杂非定常流体环境中,其振动问题本质上是流体激励环境的耦合振动(共振和振动响应)问题。因此流体激励下叶盘结构耦合振动问题成为国内外学术界和工程界长期致力于解决的问题和研究工作的重点。

另外,叶盘结构的失谐导致振动局部化而严重影响其高周疲劳寿命。在流体激励的耦合振动环境中,不仅叶盘结构存在失谐,激励流场也同样存在失谐。因此,叶盘结构的流体激励耦合振动实际上是具有双重失谐的耦合振动。基于这样的概念,叶盘结构和叶片的振动问题将超出原有设计准则的规范范围,从而必须深入研究这方面的理论、方法和技术,为叶盘结构和叶片的振动分析与振动设计提供技术支持。

10 余年来,在国家自然科学基金、国家"863 计划"项目、国家安全重大基础研究项目、国家 AP 计划项目、国家 AA 计划项目、航空科学基金和国家博士后基金等的支持下,结合我国重要航空发动机型号的研制和排故,我们研究了叶盘结构在流体激励环境下的谐调和失谐状态的振动响应问题。本书是对这些研究工作和我们所指导的博士研究生(姚建尧、于长波和辛健强等)学位论文的归纳和总结,较为系统深入地介绍了流体激励叶盘结构双重失谐耦合振动问题的分析理论、计算方法和基于高保真有限元模拟的典型工程叶盘结构振动响应特性。

本书与作者已出版的《航空发动机失谐叶盘振动减缩模型与应用》(国防工业出版社,2009 年)一起,构成了叶盘结构振动分析的模拟技术、研究方法和基本特性的系统论述。《航空发动机失谐叶盘振动减缩模型与应用》的重点是叶盘结构振动分析的高保真有限元建模技术,而本书则是基于高保真模拟的典型工程叶盘结构流体激励耦合振动的共振激励原理和振动响应的分析方法、特点和基本规律的研究。

本书除第 1 章概述外,其他内容分为四部分展开。第一部分是第 2 章至第 5 章,系统介绍了进行叶盘结构振动响应计算的各种方法。考虑到工程叶盘结构振动分析的模型规模较大、计算繁复,给出了适用于叶盘结构的若干自由度减缩技术和高效时域求解算法等。第二部分是第 6 章和第 7 章,基于第一部分的计算方法,计算和研究了典型工程叶盘结构流体激励下的振动特性,包括确定性的和概率性的、时域的和频域的,具有多种结构失谐及其组合的等多方面的振动响应特性。特别是第 7 章,基于第 2~5 章的计算方法,提出了流体激励耦合振动响应的计算方法,从多方面系统研究了某型压气机转子叶盘在实际流体激励下的振动响应特性。第三部分由第 8 章至第 10 章组成,全面阐述和分析了流体激励叶盘结构振动问题的双重失谐基本概念、共振激励原理,研究了典型工程环境的失谐流体激励特性和在谐调、失谐流体激励下的谐调、失谐叶盘结构振动响应特性等。第四部分由第 11 章、第 12 章组成,第 11 章讨论了考虑陀螺效应时的叶盘振动问题,第 12 章则结合典型工程叶盘振动故障,说明了基于失谐设计抑制叶盘结构振动响应的实例。

本书成稿后,重庆大学姚建尧教授进行了系统的文字整理和公式编辑,并编写了 1.3 节叶盘结构的流固耦合分析等。

本书的研究工作得到作者所在课题组朱梓根、洪杰和李琳教授等多方面的帮助;得到北京航空航天大学陈懋章院士和刘宝杰教授,中航工业集团尹泽勇院士,中航工业沈阳发动机设计研究所张连祥、杨士杰副总设计师等的大力支持。在此,表示衷心感谢。

王建军　李其汉
北京航空航天大学 405 教研室
2015.5

目　　录

Contents

第1章 概　　述

1.1　航空发动机叶盘结构振动与失谐振动局部化

1.1.1　叶盘结构振动与失谐振动局部化

航空发动机是在恶劣环境下工作的复杂机械装备,其结构完整性和可靠性设计对满足现代高性能航空发动机高推重比、高可靠性和低成本的要求起着至关重要的作用。

叶盘结构是航空发动机的关键部件,随着发动机性能的不断提高,特别是向高推重比、高旋转速度方向的发展,叶盘结构的工作负荷越来越大,面临的工作条件也越来越苛刻,其振动问题日益突出,严重影响叶盘结构乃至整机的结构完整性和工作可靠性[1-5]。实际上,叶盘结构振动以及相关高周疲劳引起的故障在国内外航空发动机的研制和使用过程中均大量出现[6,7],因此研究叶盘结构的振动特性和高周疲劳问题一直是航空发动机研究、设计和使用中非常重要的关键问题。

大量的统计资料表明,叶片和叶盘故障大部分是由振动导致的高周疲劳(HCF,High Cycle Fatigue)引起的,典型的叶盘结构叶片断裂破坏如图 1.1 所示。在航空发动机中,由高周疲劳引发的事故约占总事故的 25%[8],并在多个型号中反复发生。美国空军专题报告中指出[9],美国空军中 55% 的 A 类事故和 30% 的航空发动机维修费用都源于高周疲劳,研究并解决构件高周疲劳及振动控制问题,最大限度地降低发动机高周疲劳失效,进而大幅度地降低发动机的非定期维护成本是非常重要和迫切的任务[10,11]。由于叶片和叶盘的高周疲劳故障往往具有一定的突发性,一般很难预先通过监测和诊断等手段进行预测,因而在设计阶段就对叶盘结构的振动特性进行评估,是避免发动机发生高周疲劳故障的重要措施。

在叶盘结构振动特性分析中,由于早期发动机中的轮盘刚度较大,并且叶片和轮盘之间多采用榫接,因此通常将叶片和轮盘作为两个部件单独进行研究[12,13]。随着现代航空发动机性能的提高,轮盘变得更加薄柔,并更广泛地使用整体叶盘结构形式,这时叶片和轮盘的耦合振动越来越明显,必须将叶盘作为整体来进行分析,也就是要研究整体叶盘结构振动问题[14-17]。

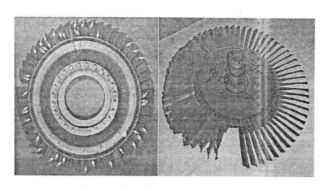

图 1.1　高周疲劳导致的叶片断裂

在航空发动机工作过程中,转子叶盘与静子叶片在流场中相互作用,形成转静子间的流体干涉作用,叶盘结构振动问题本质上是非均匀流场激励的叶盘耦合振动响应问题。因此必须从流体激励环境的叶盘结构耦合振动问题出发,深入分析研究其模拟技术、求解方法和基本特性,才能够为叶盘结构的振动分析和振动设计提供技术支持。

一般来说,航空发动机叶盘结构的流体激励耦合振动问题可以分为气动弹性稳定性和振动响应两方面[3,18-22]。气动弹性稳定性问题对应于转子系统的自激振动(颤振),其基本特征是振动过程中叶片系统所承受的气动弹性周期性外力是由于自身振动而引起的。振动响应问题对应于转子叶盘的流体激励强迫振动。与自激振动相比,在航空发动机发展的历史过程中,因流体激励诱发的强迫振动所造成的叶盘结构叶片振动破坏故障要远超过由于叶片颤振造成的事故[19]。因此,在叶盘结构的设计中,如何有效地避免共振和强迫振动,及其所引起的叶盘高周疲劳失效,一直是航空发动机设计使用中非常重要的任务。

长期以来,"避开共振"是叶片和叶盘结构振动设计的主要准则[14]。但是,因为航空发动机叶盘结构(风扇、压气机和涡轮)工作范围宽、流体激振复杂,而且发动机又常处于启动和停车的变转速状态,所以叶片和叶盘处在宽频带激振环境中,无法真正避开所有阶次的共振。于是,研究复杂激励情况下叶盘结构在共振状态和非共振状态的耦合振动响应,成为叶盘结构耦合振动问题研究的必然。因此,近20年来,叶盘结构在流体激励下的流固耦合振动响应问题成为国内外学术界和工程界极为关注的问题。本书将主要讨论叶盘结构流体激励耦合振动响应问题。

在叶盘结构振动中,一个特别突出的问题是失谐[23-28]。理论上,叶盘结构是周期对称结构,各叶盘扇区是完全相同的,可以称为"谐调叶盘"。但制造误差、材料性能分散性、使用中的不均匀磨损,以及为抑制颤振而进行的人为失谐(错频)等因素,往往导致各扇区间有小量的差别。一般这种差别称为"结构失谐(或失谐)"。失谐叶盘结构振动特性与相应的谐调叶盘在一定条件下会产生"模态局部化"和"振动响应局部化"。严重的局部化现象会使振动局限在一个或少数几个扇区内,导致其叶片(盘)振动应力过大,发生疲劳断裂。

由于失谐引起的振动局部化导致叶盘结构振动响应增大,使其高周疲劳问题更加复杂和突出,因此国内外 20 世纪 80 年代末期就开始对失谐叶盘转子的振动局部化问题进行了研究。特别是,为了突出失谐问题的重要性,美国在 20 世纪实施的 IHPTET(Integrated High Performance Turbine Engine Technology)计划不仅将其作为叶盘结构的三个研究领域之一(另外两个是非稳态气动力和摩擦阻尼),而且提出了降低振动应力水平的关键问题是"叶盘结构的模拟并考虑失谐"的观点。由于整体叶盘结构无榫头、凸肩、缘板等的摩擦阻尼,因此失谐对响应局部化的不利影响也更为明显。美国军方的高周疲劳计划中指出[11],近年高周疲劳的研究成果已经使美国军用飞机的性能大幅度提高,使得与高周疲劳相关的事故率降低了约 50%,大幅度减少了与高周疲劳相关的维修费用,并强调了发动机中失谐叶盘结构振动特性的准确预测是研制高性能发动机的关键技术问题之一。

综上所述,以提高叶盘结构高周疲劳寿命为目的,研究叶盘结构流固耦合振动问题的模拟技术、求解方法,并且计算和研究各种工作环境叶盘结构的流体激励特性、共振特性、谐调和失谐情况的振动响应特性,已经成为抑制叶盘结构振动、改善其高周疲劳失效的关键和基础之一。

1.1.2 叶盘共振和振动响应评价问题

目前,工程上对叶盘结构的振动设计依然是以避开共振作为主导原则。一是在叶片振动评价中,采用避开共振频率的设计准则,借助 Campbell 图使叶片在发动机主要工作转速避开低阶共振;二是对于轮盘结构,采用所谓"三重点"原则,也是要求避开共振。

对于叶片共振设计,上述原则的不足在于,许多叶片高周疲劳正是由高阶模态共振所引起的,仅仅避开低阶共振是不够的;而对于叶盘结构耦合振动,其模态密集成族出现,单独对叶片进行共振评判,其共振裕度难以确定;此外,如果再考虑失谐导致叶盘振动局部化,使某些叶片的振动会比谐调时有较大增加,采用 Campbell 图往往不足以避免叶片共振失效。

与叶片避开共振仅涉及频率这一"单参数"不同,叶盘结构避开共振的"三重点"原则本质上是一种"双参数"原则(频率和振型节径)。一方面这种"双参数"的工作条件更不容易满足,另一方面由于叶盘结构和流体激励均可能存在失谐[29-31],导致"双参数"的谱特性发生变化,出现"分散"和"漂移",因此"避开共振"问题变得更加复杂。此外,因为航空发动机叶盘结构会在较宽的转速范围工作,叶片和叶盘实际上也难以从根本上避免共振的出现。

正因为如此,在《航空涡喷、涡扇发动机结构设计准则》[32]中规定,"在发动机工作范围内叶片、盘、静子结构不允许出现有害的共振或破坏性振动"。"不出现有害共振"的要求说明,共振不可避免,只要是"无害",则可以允许;"不出现破坏性振动"是指不能因振动导致疲劳失效。而振动是否有害或者具有破坏性,最终主要取决于结构在激励下的响应水平和其抗疲劳的能力,而叶盘结构的失谐振动局部化又使得这种基于响应的振动评价变得更加重要。

因此必须从叶盘流体激励下的耦合振动响应出发,充分考虑失谐对振动响应局部化的影响,通过预测振动响应来评价叶盘结构的振动特性和高周疲劳特性。这种基于振动响应的评价方法可以较为全面地考虑激励和叶盘结构的特征及阻尼等参数的影响,从而为叶盘结构的设计和评价提供技术手段和基础。这正是本书研究工作的主要出发点。

1.2 叶盘的结构动力学建模技术

叶盘的结构动力学建模主要涉及模型的建立和减缩[23,24,33,34],以及应用于失谐的结构随机性模拟[35-38]等问题。

1.2.1 叶盘结构振动分析模型

叶盘结构的振动分析模型包括集中参数模型、连续参数模型和有限元模型三大类。其中,前两类模型自由度少、计算方便,但保真性不好,主要用于机理和定性性质的研究。文献[38-40]采用叶盘扇区的单自由度和两自由度集中参数模型研究了失谐叶盘的确定性和随机性振动模态和振动传递特性。2006 年,王红建[41]采用这种模型同时考虑阻尼研究了叶盘结构的振动局部化问题。后来,姚建尧[42-44]从统计方法和鲁棒性控制两个角度出发,研究了失谐周期结构动态特性和鲁棒性。2011 年,廖海涛[36,37]研究了不确定性参数对线性叶盘结构固有特性和强迫响应特性的影响,分析失谐叶盘结构最坏情形的模态和响应局部化特性,优化设计具有良好鲁棒性能的叶盘结构,最后进行了实验验证。廖海涛[45]还研究了叶盘结构非线性振动方面的问题,包括非线性系统结构动力学振动极值求解方法和非线性谐调与失谐叶盘结构的振动特性等。

另外,叶先磊[16]采用连续参数模型研究了大小叶片整体叶盘结构的振动特性,利用简单的板和集中弹簧建立了叶盘耦合系统分析模型(其称为叶盘耦合振动组合分析模型),该模型考虑了预扭、离心力、弯扭耦合、剪切、变截面等多种因素的影响。后来,涂杰[46]基于这种组合模型进行了相应的模态实验,对模型的有效性和失谐的影响进行了实验研究。

虽然上述模型能够考察叶盘结构的基本动态特性,但对于流体激励的叶盘结构来说,重要的目的之一是对其进行高周疲劳评估,要求精确确定振动应力,因此需要建立高保真有限元模拟模型。

对于谐调叶盘结构,一般由周期对称原理采用单扇区高保真有限元模型进行分析。在结构动力学特性分析中,基于有限元模型的周期对称性描述已经相对比较完善[47-49],并已推广至叶盘结构的振动分析中[15,50-54],但这些研究主要集中于模态特性分析,在响应分析中的应用较为少见。目前,多数商用有限元软件(AN-SYS[55],Nastran[56])都有支持周期对称功能的选项,但其周期对称功能一般只包括静力分析、模态分析、静屈曲分析和谐响应分析,而不包括瞬态分析。典型的研究工作可以参考文献[57],该项研究利用有限元方法分析了叶片、轮盘和整体叶盘结构的振动特性。研究中首先系统地分析了叶片、轮盘本身的振动特性对整体叶盘的动力特性的影响,进而利用结构的周期对称性将叶盘结构的有限元模型简缩到一个重复扇区内,大大提高了计算效率。

对于失谐叶盘结构则必须采用完整叶盘模型进行分析。在这方面,李红泉[58]利用有限元方法建立了典型压气机整体叶盘结构的有限元模型,研究了谐调和失谐的模态特性;何俊勇[59]采用简化叶盘结构的有限元模型,进行了谐调和失谐振动特性以及强迫响应的计算分析;姜睿[60]也建立了简单叶盘结构的有限元模型,研究了谐调和失谐时的固有特性、谐响应以及瞬态响应特性;后来,葛长闯等[61,62]以典型发动机压气机多级叶盘结构为例,研究了其模态特性,改进了单级叶盘失谐的模态局部化因子。

基于研究叶片和叶盘的高周疲劳寿命的需求,需要建立工程上的叶盘结构高保真有限元模型,进行其流固耦合振动的时域和频域响应分析。因此模型规模和计算工作量大,若再考虑结构的随机性,则分析计算更加繁复,即使在计算机运行环境极大改善的今天依然是艰难的任务。因此,近年以来,人们多方面研究了各种模型减缩技术和高效的求解方法,以实现高效、高保真地模拟和分析整体叶盘结构振动响应的目的。

减缩模型自由度常用的方法[23,33]:一是基于系统部件的模态综合法;二是基于系统模态族的模态综合法。基于系统部件的模态综合法是结构动力学中常用的子结构模态综合法,是将复杂的整体结构分成较小、较易于处理的动态子结构的一种方法。对于叶盘结构,常见的子结构划分是将叶片和轮盘处理为子结构,另外也有将扇区处理成子结构的[63-68],以及用于带凸肩的叶盘结构的模型[69,70]。利用叶盘结构模态成族出现的特点,国外学者提出了基于系统模态族的模态综合法[71],特别是 SNM(Subset of Nominal Modes)方法[72,73]和 FMM(Fundamental Mistuning Model)方法[74-76],这两种方法均采用谐调叶盘结构的密集模态子集,将失谐的模态用谐调模态子集中各振型的线性叠加表示。基于系统模态族的减缩技术,人们还研究了其它减缩方法[77,78]。上述方法使得基于系统模态族的减缩技术可以用于更加一般的失谐叶盘结构振动问题。

国内涉及减缩技术的研究工作大多是从工程应用出发,研究和利用商用有限元程序系统(如 ANSYS)的超单元减缩技术进行相关工作。苏全勇[79]和葛长闯[80]利用 ANSYS 程序的超单元减缩技术,分别建立了典型压气机大小叶片叶盘结构和两级叶盘结构的有限元减缩模型,研究了相应谐调和失谐时的振动模态和振动响应特性。于长波等[35,40,81,82]也是基于超单元减缩建立了典型发动机失谐叶盘结构有限元模型,对失谐叶盘结构的高保真模拟及减缩方法、结构的固有模态局部化特性、稳态响应局部化特性以及瞬态响应的求解方法等开展了较为系统的研究,并初步探讨了失谐叶盘结构的振动设计、分析方法和评价准则等。辛健强等[29-31]则基于减缩模型研究了流体激励双重失谐叶盘结构的振动响应特性。另外,王帅等[34,83]提出了基于系统模态减缩模型的失谐识别方法。

特别是,姚建尧等[84,85]又研究了流体激励下典型工程叶盘结构的耦合振动响应特性,他们将模型减缩和求解方法结合,利用了周期对称性理论和代数动力算法,使得瞬态响应求解的效率大幅度提高。这将是进一步提高叶盘结构流体激励耦合振动分析效率的非常值得关注的研究方向。本书第7章将进行这方面的论述,所用的计算方法则在本书第2章至第5章进行介绍。

1.2.2 失谐的模拟技术

目前,航空发动机各类设计方法和评价准则主要是基于确定性分析,对研制和使用中不可避免的参数随机性变化导致的分散性,则用设计裕度进行考虑,难以精确评价设计效果,这也限制了高性能发动机的研制水平。而叶盘结构的失谐天然地具有随机性,需要得到叶盘结构耦合振动的概率特性才能更为全面和可靠地评价叶盘的动态特性。因此,叶盘的建模过程中必须考虑如何将失谐因素引入到系统分析模型中。

在集中参数模型中,质量、刚度和阻尼的失谐都可以通过直接改变系统矩阵实现[36-38,42]。集中参数模型规模较小,既可以通过大量抽样计算得到随机失谐叶盘的概率动态特性,也可以通过解析和半解析方法对失谐特性进行分析,因此即使在有限元技术高度发展的情况下,该模型仍有着广泛的应用。文献[86-88]提出了振型和激励节径谱的概念,揭示了随机失谐的"阈值"效应和人为失谐的作用原理。文献[53,89-95]基于摄动法推导了失谐叶盘结构动态的概率分布函数。文献[96-99]利用集中参数模型系统研究了失谐叶盘最大强迫响应的分布规律,并考察了耦合强度和谐波式人为失谐的影响。文献[100,101]分别通过组合近似方法和响应面法计算了系统频响的概率分布特性。文献[102,103]则研究了系统阶次激励和随机激励下失谐叶盘的响应特性。此外,研究者们还通过集中参数模型对叶盘结构中涉及的功率流[104]、非线性[105],以及反问题[106]等问题进行了研究。

随着分析方法的发展和相关技术手段的提高,近年来,已经更多地采用高保真有限元模型进行相应的概率振动特性研究[35,81,107,108],从而推动了叶盘结构振动问题的研究从确定性向随机性的发展。在高保真有限元模型中,失谐主要有两种实现方式:第一种是通过叶片的弹性模量或者密度等材料属性实现;第二种是通过改变叶片的几何形状实现。对于高保真有限元模型来说,第一种方式最为简便,也能有效地反映由于失谐而造成的叶片频率差。文献[35,40]通过改变各叶片的弹性模量系统考察了错频叶盘的模态局部化特性。文献[81,83,84]也使用了这种失谐方式考察了失谐叶盘的模态特性、响应特性以及参数识别等。在多数的减缩模型中[65,68,70,72],同样采用这种改变叶片弹性模量的失谐方式。

然而在实际工程中,由于加工、外物撞击、裂纹等因素的存在,第二种失谐形式更能反映叶盘的真实失谐情况。因为叶片的质量和刚度矩阵都取决于几何形状,因此几何失谐可导致两者的同时变化。于长波[81]和姚建尧[84]给出了通过改变有限元模型中的叶片厚度实现几何失谐的方法,并研究了这种失谐方式下的失谐叶盘模态和响应特性。Lim 等[109]提出针对几何失谐的降阶模型,能够考虑叶片的几何变化、掉角以及裂纹等造成的较大失谐。Capiez - Lernout[110]给出了模拟叶片加工几何公差的方法,并特别研究了其对失谐叶盘响应放大的影响。Sinha[111]研究了整体叶盘转子的几何失谐,其中叶片的振动参数由坐标测量机和本征正交分解得到。Fang[112]和 Hou[113]通过悬臂梁模拟叶片,通过解析的方式定性地分析了叶片裂纹对失谐的影响。Kuang 和 Huang[114,115]同样用梁模拟的叶片考察了裂纹对叶盘稳定性的影响。

需要指出的是,这里的概率特性研究工作更多地是涉及结构参数,主要是叶盘失谐参数的随机性,而较少考虑流体激励,尤其是真实流体激励的随机性问题。这应该是今后研究的重点之一[116]。

1.3 叶盘结构的流固耦合分析

如前所述,叶盘结构的流固问题可分为颤振稳定性和强迫响应两大问题[3,22,117-119],本节首先介绍叶盘结构流固耦合的特点,接着从流体激励的模拟以及耦合方式两个方面总结叶盘结构流固耦合的求解方法。

1.3.1 叶盘结构的流固耦合问题

流固耦合问题是典型的多物理场、多学科交叉的耦合问题,主要研究可变形的固体或结构在流体载荷下的动力学行为以及固体运动边界对流场特性的影响。流固耦合分析对众多工程结构(如飞机、海洋平台、桥梁、船舶、高层建筑等)的动态特性、安全性和可靠性有着至关重要的作用。

发动机叶盘结构的工作环境是一个典型的流固耦合场。对压气机而言,随着设计和加工水平的不断提高,叶片的气动负荷越来越高,而叶盘结构越来越轻薄,这导致结构刚度下降,使得流固耦合问题更加突出。对于涡轮而言,由于级数较少,所受的气动负荷较压气机更高,而且工作环境的温度也高,属于流体 – 结构 – 热三种物理场的耦合。航空发动机多物理场的耦合分析,涉及惯性力、弹性力、非定常气动力和热应力等几种,其相互耦合关系如图1.2所示,可认为是气动弹性三角形(Collar Triangle)的扩展。在该图中,各种耦合关系对应的物理现象包括如下几种:

（1）弹性力 + 惯性力($E+I$)：机械振动问题；

（2）气动力 + 惯性力($A+I$)：刚体气动动力学问题；

（3）气动力 + 热力($A+T$)：气动热力问题；

（4）弹性力 + 热力($E+T$)：机械热应力问题；

（5）气动力 + 弹性力($A+E$)：静态气动弹性问题；

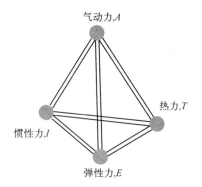

图1.2　发动机多物理场耦合关系

（6）惯性力 + 热力($I+T$)：热力分子动力学问题；

（7）气动力 + 惯性力 + 弹性力($A+I+E$)：气动弹性问题；

（8）气动力 + 惯性力 + 热力($A+I+T$)：考虑热效应的气动问题；

（9）气动力 + 弹性力 + 热力($A+E+T$)：考虑热效应的静气动弹性问题；

（10）惯性力 + 弹性力 + 热力($I+E+T$)：考虑热效应的机械振动问题；

（11）气动力 + 弹性力 + 惯性力 + 热力($A+E+I+T$)：流体 – 结构 – 热耦合问题。

航空发动机叶盘的多物理场耦合结构涵盖了上述所有的问题,根据各种因素重要性的不同,一般情况下会尽量减少耦合场的个数,如对叶盘结构动力学的问题只考虑惯性力和弹性力,对应于问题(1),而流场分析通常只考虑空气动力学和热力学效应,对应于问题(3)。在多场耦合分析中,对于压气机的流固耦合分析问题,可不考虑温度的影响,对应于问题(7),而对于涡轮而言,必须考虑温度的影响,对应于问题(11)。典型情况如图1.3所示。

在航空发动机的流固耦合分析中,最为突出的特征是其空间和时间上的周期性。在空间上,叶盘结构的周期循环性决定了其模态成族出现和对失谐敏感的特性,并直接导致了可能会出现的振动局部化现象。同时,由于转子叶盘的旋转而造成的转静干涉尾迹(作用于叶盘的非定常激励的主要来源)在时间和空间上也具有周期性。这些周期性在叶盘结构流固耦合分析中都有着重要的应用。

（1）这些周期特性被应用至结构和流体分析的模型减缩中。在结构动态特性分析中,基于模态成族出现特性提出的减缩模型大大降低了结构部分的求解规模,在前面已经有所介绍。在流场分析中,基于涡轮机械中流场时域的周期性提出了频域求解的谐波平衡法,将在下一小节进行介绍。

图 1.3　航空发动机中的流固耦合问题

（2）这些周期特性被用来设计结构和流体两方面的人为失谐。在结构方面，通过适当的人为失谐设计，分散了叶盘结构的节径成分，降低了其接受给定阶次激励的能力。在流体方面，通过静子叶片的非均匀设计，同样分散了流体激励的阶次和频率成分，起到降低有效激励的作用。这些内容将在1.4节中进行介绍。

1.3.2　叶盘结构流体激励的模拟

叶盘结构的流体激励模拟有以下四种方法：简化的"谐波点激励"、解析和半解析的非定常气动模型、高保真计算流体力学（CFD）模型和简化的高保真气动模型。

1. 简化的"谐波点激励"

进行叶盘结构强迫响应特性分析最简单的激励形式是简化的"谐波点激励"。这种点激励是以叶片上的具有固定相位差的单点激励模拟叶盘所受的行波激励，简化了流体激励在各叶片上的分布，但保持了流体激励的频率特征和周向空间分布特征。因此这种载荷模拟方法既简化了计算的繁复性，又可以定性地分析流体激励环境下叶盘的振动响应特性，尤其是便于进行考虑流体激励随机性的叶盘概率振动响应特性分析。这种激励形式既可应用于集中参数模型，也可用于高保真的有限元模型。利用这种激励进行叶盘结构振动响应研究的工作可参考文献[29,30,80,81,120,121]的工作。辛健强等[122,123]采用高保真叶盘结构有限元模型结合单点激励载荷，研究了考虑旋转效应时典型叶盘结构在谐调和失谐时的频率响应特性。

2. 解析和半解析的非定常气动模型

应用于透平机叶栅的解析非定常气动模型最早是由 Whitehead[124] 提出的。这种模型基于 Theodorsen 理论,针对二维不可压流体给出了叶片在俯仰和扭转运动时所受的升力和力矩。Smith[125] 和 Adamczyk[126] 分别将该模型拓展应用至可压流体的亚声速和超声速流动中。Kaza 等基于该模型对二维失谐叶栅[127,128]和三维失谐叶盘[129,130]进行了颤振稳定性和强迫响应分析。Dugundji[131] 基于该气动模型利用驻波激励研究了失谐转子的颤振和强迫响应问题。Watson[132,133] 基于该气动模型和摄动法分析了失谐叶盘的强迫响应问题。Lee[134] 基于该气动模型,研究了行波和驻波激励下叶盘的强迫响应和稳定性问题,并研究了人为失谐的影响。

由于这种解析的气动模型不能考虑黏性、叶片几何形状、攻角等因素的影响,而且假设叶片(在三维中是叶片截面)只能做俯仰和扭转刚体运动,因此不能应用于高保真的复杂流动和复杂的叶盘结构模型。

3. 高保真 CFD 模型

随着计算机技术的发展和 CFD 技术的成熟,人们开始关注真实流体激励下叶盘结构的响应问题。在这方面,张大义[12]和孟越[13,135]进行了真实流体激励下叶片的振动响应分析。辛健强[29,30]和姚建尧[84]研究真实流体激励下谐调和失谐叶盘结构的稳态和瞬态耦合振动响应计算分析,他们首先进行了三维非定常流场的 CFD 计算,然后将计算结果转化为叶盘叶片表面的流体激励,从而实现真实流体激励的模拟。在流体计算分析中,还考虑了静子不均匀分布[13,29,30,135]和周向进气不均匀分布[84]的影响。

通过 CFD 的计算得到真实流体激励,并进而研究叶盘结构颤振稳定性和在流体激励下振动响应特性,已成为国际上研究的重点。Seinturier[136] 给出了在叶盘设计阶段利用 CFD 和 CSD 工具预测叶盘强迫响应的分析流程,并给出了工程应用实例。Zemp 利用 CFD 技术对离心叶轮强迫响应进行了研究[137,138]。在叶盘结构流固耦合分析中,需要考虑由于叶片运动而造成的网格变形,因此在强耦合分析时需要引入动网格技术。Sayma[139],Breard[140],Srivastava[141],Campbell[142] 等在叶盘结构 CFD 分析中考虑了动网格的影响,计算了叶盘的强迫响应和气动阻尼。随着计算机硬件水平的进一步发展,高保真 CFD 模型的应用已扩展至多级叶盘的流场和流固耦合分析中[143-145]。

采用高保真的 CFD 模型尽管可以适应复杂的几何结构,得到发动机内详细的流场信息并提供更为精确的激励,但这种模型一般计算规模较大(尤其是对于多级叶盘的情况),因此一般只用于确定性的分析中,而不用于具有随机性且需要抽样计算的失谐叶盘概率动态特性分析。

4. 简化的高保真气动模型

这里,简化的高保真气动模型是指利用发动机内部流动的特点,对流体控制方程进行处理和简化,主要方法有基于泰勒(Taylor)展开的方法、基于本征正交分解

（POD）的降阶模型、频域求解方法、基于结构模态的方法等。

Willcox[146]在假设非定常气动力和网格变形都较小的情况下,对稳态情况下的气动控制方程进行一阶泰勒展开,得到线性化的降阶非稳态气动模型。在气动降阶模型中,应用较为广泛的是基于本征正交分解[147-149],这种方法基于不同状态的样本解,产生应用于减缩模型的一系列基向量。Bui - Thanh 等[150]基于离散伽辽金(DG - CFD)法,采用"贪婪算法",产生自适应的基向量,并使用这些向量构造降阶的适用于几何变化的线性气动模型。这种降阶的非稳态气动模型可用于蒙特卡罗抽样计算,并给出了叶片强迫响应的算例。

利用发动机内部流动在时域和周向空间分布的周期性,He 等[151-155]和Hall[76,148,156-160]等分别提出了在频域利用谐波平衡法求解非定常气动力的方法。在这类方法中,流场变量分解为时间平均量和扰动量的叠加,使得非稳态的气动控制方程变成带有非线性应力项(取决于扰动量)的时间平均的方程。利用发动机内流的周期性,将扰动项用傅里叶展开表示,并在频域内用谐波平衡法分别求解,然后再与时间平均量耦合。这类方法大大降低了非稳态气动方程的求解负荷,并可以应用至多级转子的流场求解中。

在叶盘流固耦合分析中,Pierre 等提出的另一种基于结构模态的非定常气动减缩模型[161-165]也较为常用。该方法中最重要的假设是由叶片运动引起的非定常气动力和叶片运动呈线性关系,这种线性关系在叶片运动较小时是能够成立的[166,167]。基于这种线性假设,非定常气动力也满足模态叠加的原理,从而可以表示成与结构模态相关联的气动刚度矩阵。这样,就可以在叶盘的响应或稳定性分析中考虑气动力的影响。

1.3.3 叶盘结构的流固耦合方式

一般来说,根据耦合强度的不同,可将叶盘结构流固耦合方式分为三类[22]:弱耦合、强耦合和多物理场统一求解。其中前两类方法是将固体域和流体域分开求解;第三类是将多个物理场(流体、固体、热等)在一个统一体系下同时求解。

在弱耦合分析中,将 CFD 分析的流场数据当做外载荷直接施加到叶盘结构上,而不考虑结构变形对流场的影响,也就说所谓的"单向耦合"。这种方法重点在于考察真实工作环境下叶盘结构的响应水平和结构动态特性。姚建尧[84]基于这种耦合方式,提出了一系列激励处理方式及失谐叶盘结构瞬态响应的分析方法。辛健强[29]同样采用这种耦合方式,研究了结构和流体双重失谐情况下的动态特性。这些内容将在本书的多个章节中加以介绍。

强耦合分析是一种"双向耦合"的分开求解方法,既考虑流体对结构的激励作用,也考虑由于叶片运动对流场的影响。这就需要在每一时间步对两个求解域进行数据交换,在某些情况下需要进行迭代以满足耦合界面的平衡关系,提高求解精度。对于真实工程算例来讲,这种迭代往往耗时巨大,因此,国内外学者提出了相应的时域推进算法[168-171]来避免每个时间步的迭代。在这些时域推进方法中,每一时间步流体和结构求解器都只需要调用一次,通过时域载荷或结构位形预测、校正等方式提高计算精度。

目前,分开求解的双向耦合方式在叶盘结构稳定性和强迫响应分析中得到越来越多的应用。Doi[172]以 TLFO 为流体求解器,以 MSC/NASTRAN 为结构求解器,求解了跨声转子的气动弹性响应。张大义[12]则利用 ANSYS 的流固耦合功能分析了某型涡轮转子流固耦合问题。Campbell[142]以 OPENFOAM 为流体求解器,结合结构求解器,对某泵的叶轮进行了流固耦合分析,采用不动点迭代的耦合方式重点考虑了叶片大变形的影响。

多物理场统一求解将流体和固体方程采用统一的离散方式,在空间也采用同样的网格设置,因此耦合效应已融入到系统方程体系中。这种求解方法最为精确,但由于固体和流体两者本身的物理属性有着重大区别,因此统一求解时建立的微分方程组刚性往往很大,给数值求解带来很大困难。所以这种方法在工程中应用并不多,尤其是对于真实的叶盘结构,固体和流体域的节点往往很多,采用这种方法求解几乎是不可能的。

1.4 流体失谐设计与双重失谐振动问题

1.4.1 流体失谐设计问题

叶盘结构的流体激励主要是工作过程中转静件干涉的周期性流体激励,类似于谐调叶盘结构,假设这种周期激励具有圆周周期对称性,可以称为"谐调流体激励"。实际上,由于设计需要,静子叶片或支板在许多情况下往往在周向是非均匀或非对称分布的,因此流体激励不再是周期对称的,可以称为"失谐流体激励(或称为"流体失谐")"。

一般说来,流体失谐问题研究会涉及由于叶盘结构失谐导致的流体激励的失谐[173-176]和由于上下游静子叶片的某种非对称设计导致的流体激励本身失谐两方面。前者的流体失谐是由于结构和流体的耦合作用产生的,一般影响较小;而后者所产生的流体失谐则对叶盘的激励和叶盘的振动响应影响较大,是研究的重点问题之一。美国空军的《发动机结构完整性大纲(ENSIP)》[177]对于这类流体失谐问题的影响表述为"流体失谐会对强迫响应水平产生与激励幅值成比例的作用效果"。因此流体失谐对振动响应水平起到重要作用,对其应该进行深入研究。

首先,人们研究了上述非对称流体失谐设计可有效降低激励幅值进而抑制振动响应方面的问题。早在 1958 年,Kemp 等[178]提出改变一些或者全部静子叶片的位置可以有效地降低激励力水平,虽然这样可能会使谐波激励成分增多,但激励幅值降低了。研究中利用傅里叶级数得到各种叶片间距所贡献的谐波系数。当时,他们研究了四种静子叶片改变(失谐)方式:①所有叶片分为 N 个部分,每个部分中改变某一个叶片两边的间距,其余叶片间的距离不变;②在 N 个部分间改变叶片间距,但是每个部分中各个叶片间距一致;③结合上述①与②的分布方式;④在原始位置基础上随机分布各个叶片间距。他们的研究表明,仅有部分静子失谐设计可将激励水平降低 60% 以上。当静子叶片被分为几组,并且组之间具有不同的叶片间距时,得到的激励降低效果较好,其中将叶片分为 3 组,叶片间距变化 10% 时,激励水平降低 68%。

2002 年,Gottfried 和 Fleeter[179] 研究了 Purdue 超声压气机进口导向器叶片(IGV)在引入几何失谐时的流体激励振动问题。利用了 TAM - ALE 三维流体 - 结构耦合有限元模型进行分析,建立了 IGV 和下游转子的模型。他们给出了两种失谐准则:①利用对下游转子进行人为失谐设计的方式,使其具有不同的切向间隙,进而降低了转子产生的对上游 IGV 的激励水平;②通过改变 IGV 叶片之间的周向间距而改变 IGV - 转子叶片的非定常气动耦合作用。结果显示利用 IGV 静子叶片失谐设计,IGV 非定常力大为降低。

2004 年,Kaneko 等[180] 利用三维 CFD 技术和三维有限元方法研究了静子叶片非对称分布对叶片响应水平的影响。他们的研究表明利用 $N = 2$ 非对称静子叶片设计后转子叶片响应水平可以降低接近 50%。

2007 年,孟越等[135,181] 研究了流体失谐时尾流激振下的叶片振动响应问题。通过对静子叶片进行流体失谐设计,研究了流体失谐形式对尾流激振力的影响。在研究中比较了静子叶片非均匀和不对称两种分布方式的失谐流体尾流激振力的频率和幅值,表明非均匀分布并不能有效降低尾流激振力,而不对称分布则可将均匀分布模型的尾流激振力由单频率高幅值激励转变为多频率成分低幅值激励,分散了尾流激振力能量,降低了激振力幅值水平。

1.4.2 双重失谐叶盘结构流体激励振动问题

上述的研究主要集中在流体失谐对叶片振动响应的影响。最近,辛健强等[29-31] 进一步研究了流体失谐对叶盘结构振动响应的影响。由于研究中同时考虑了流体和叶盘结构两方面的失谐,因此形成了一般性的叶盘结构流体激励问题的双重失谐振动分析理论与方法。这方面的论述将在本书第 9 章至第 11 章中系统阐述。

这方面的研究工作主要包括三方面:

1. 双重失谐的叶盘结构振动响应问题

基于上述双重失谐的概念,考虑失谐的不同组合,流体激励叶盘结构振动响应问题会包含:①双重谐调叶盘结构振动响应,即谐调流体激励的谐调叶盘响应;②单重失谐叶盘结构振动响应,包括谐调流体激励的失谐叶盘振动响应和失谐流体激励的谐调叶盘响应;③双重失谐叶盘结构振动响应,即失谐流体激励的失谐叶盘响应。激励可以是简化的点载荷,也可以是真实流体激励载荷。

2. 基于双重失谐叶盘结构的流体激励共振原理

同样地,考虑了双重失谐后,叶盘结构的共振原理也相应包含更丰富的内涵。无论是流体激励还是叶盘结构,均具有圆周对称的空间特征。这种空间特征的节径分布特征可以由定义的"节径谱"进行描述[23,30,86,87]。谐调时其节径谱是"单频"的,传统的进行轮盘共振判断的"三重点"准则即是以此为基础的。失谐后其节径谱的谱成分更加复杂,因此原有的"三重点"准则不再适用,需要建立基于节径谱的共振判断原则。

3. 流体失谐设计和叶盘结构失谐设计问题

在上述两方面工作的基础上,需要研究基于共振的和基于响应的失谐设计问题。应综合考虑流体和结构两方面的失谐形式和程度,研究避免共振和抑制流体激励下叶盘结构振动响应的途径和手段,从而改善叶盘结构的抗高周疲劳失效的能力。

1.5　结构振动方程代数动力算法

如前所述,流体激励的谐调和失谐叶盘结构耦合振动响应分析十分繁复,计算量大,除了进行模型减缩和简化(结构的和流体的)外,寻找高效的响应计算方法是解决该问题的关键和有效途径之一。

在结构振动响应求解的直接积分法中,目前主要采用基于时间差分的多种方法,包括 Newmark 法、中心差分法、Houbolt 法、Wilson θ 法和广义 α 法等。这些方法的算法实现过程是类似的。以典型的 Newmark 法为例,其主要优点如下:

(1) 参数适当选取时,算法是无条件稳定的。

(2) 求解过程中线性方程组的系数矩阵保持了有限元系统矩阵的稀疏性和对称性。

(3) 在不考虑结构非线性的情况下,每个时间步的系数矩阵是相同的,在求解线性方程组时只需对系数矩阵分解一次。而对于大规模的有限元模型,往往采用稀疏矩阵的直接解法,如多波前解法等。

Newmark 法主要不足是精度对步长的依赖性较强,并且在每一时间步都需要求解线性方程组,当系统矩阵随时间变化时,计算效率比较低。

为避免一般时域方法的不足,近年来人们研究了高效的以精细积分法为代表的代数动力算法。下面主要讨论该算法的主要思路,以便于在下面的相关章节中阐述这类算法用于求解叶盘结构振动响应问题。

1. 代数动力算法的基本格式

实际上,许多随时间发生变化的过程均可由

$$\dot{\boldsymbol{v}} = \boldsymbol{H}\boldsymbol{v} + \boldsymbol{f}, \quad \boldsymbol{v}(0) = \boldsymbol{v}_0 \tag{1.1}$$

表示。该一阶微分方程的解可以写为

$$\boldsymbol{v}(t) = \exp(\boldsymbol{H}t)\boldsymbol{v}_0 + \int_0^t \exp[\boldsymbol{H}(t-s)]\boldsymbol{f}(s)\mathrm{d}s \tag{1.2}$$

假设时间步长为 $\tau = t_{k+1} - t_k$，则递推关系为

$$\boldsymbol{v}_{k+1} = \exp(\boldsymbol{H}\tau)\boldsymbol{v}_k + \int_0^t \exp[\boldsymbol{H}(\tau-s)]\boldsymbol{f}(t_k+s)\mathrm{d}s \tag{1.3}$$

若激励与时间的关系比较简单，如 $\boldsymbol{f}(t)$ 是多项式、指数函数、正弦或余弦的形式，则后面的积分式可以解析地表达出来，但在一般情况下需要附加求解线性方程组。此时，若能精确地得到状态转移矩阵 $\exp(\boldsymbol{H}\tau)$，则可以得到任意时刻的解。一般称这种基于状态转移的算法为"代数动力算法"[182]。

2. 精细积分法

目前，利用"代数动力算法"求解上述方程主要有两类算法：一类是精细积分法，是基于直接求解矩阵 $\exp(\boldsymbol{H}\tau)$ 的算法；另外一类是基于求解矩阵函数和向量乘积的算法，即计算 $\exp(\boldsymbol{H}\tau)\boldsymbol{v}_k$。

精细积分方法的基础是利用 2^N 算法计算 $\exp(\boldsymbol{H}\tau)$[183-186]，其计算要点是：①充分利用了指数函数的加法定理；②将注意力放在增量上，而不是其全量。这样，即使时间步长取得很大，仍可以得到精确的矩阵函数。对于规模较小的情况，还可以通过其他多种方法计算矩阵的指数函数，具体可参考文献[183]。目前，精细积分方法关于如何计算 $\exp(\boldsymbol{H}\tau)$ 已不是主要的研究方向，国内学者的研究重点在于非齐次项的处理和非线性问题的求解。

对非齐次项的处理上，主要有线性化或其他可积形式表达[186,187]、非定常项的精细积分方法[188,189]和非定常项的数值积分方法[190-192]等；对非线性情况的处理，主要有预测-校正格式[193,194]、迭代格式[195-197]和同伦摄动方法等[198]。

在各种非齐次项的处理方法中，多数情况下仍需要求解线性方程组或涉及矩阵求逆的问题，不但增加了计算负荷，而且在某些情况下可能出现逆矩阵接近奇异或是不存在的情况。为了解决这一问题，顾元宪等[199,200]提出了处理非齐次项的增维方法，即将已知的非齐次项也作为状态向量的一部分。通过引入增维的变量 $\boldsymbol{v}^*$，将非齐次动力方程转化为齐次动力方程，相应问题规模也扩大 1 倍，但避免了再求解线性方程组。

精细积分方法的优点在于，在求解过程中矩阵函数 $\exp(\boldsymbol{H}\tau)$ 只用求解一次，且时间步长可以很大。但其缺点也是非常明显的，在许多实际问题中，矩阵 $\boldsymbol{H}$ 一般是大型的稀疏矩阵，而 $\exp(\boldsymbol{H}\tau)$ 在绝大多数情况下却不再保持稀疏性。这一方面造成了计算和存储的困难，另一方面，随着计算量的增加，也不能再达到提高计算效率的目的。因此，这种精细积分方法只能适用于规模不大的问题（一般来说 $N < 1000$）。

3. 基于求解 $\exp(\boldsymbol{H}\tau)\boldsymbol{v}$ 的算法

对于规模较大的问题，需要避免直接求解矩阵函数 $\boldsymbol{f}(\boldsymbol{A})$，为此，有研究者提出

了基于矩阵向量乘积的算法。

基于矩阵向量乘积的算法避免了直接求解和存储 $\exp(\boldsymbol{H}\tau)$，而是通过计算稀疏矩阵 $\boldsymbol{H}$ 和向量 $\boldsymbol{v}$ 的乘积得到矩阵函数和向量的乘积 $\exp(\boldsymbol{H}\tau)\boldsymbol{v}$。这种算法有两类实现方式：一种是基于 Krylov 子空间的方法；另一种是基于多项式插值的方法。两种方法都是用插值的矩阵多项式函数来得到原求解函数的值。

（1）基于 Krylov 子空间的方法。基于 Krylov 子空间方法的基本原理是将矩阵 $\boldsymbol{H}$ 投影至其维数为 m 的 Krylov 子空间上，子空间的基向量记为 $\boldsymbol{V}_m$，投影的矩阵约束记为 $\boldsymbol{H}_m$，这两个矩阵通过标准的 Arnoldi 过程得到[201]。这样，$\exp(\boldsymbol{H}\tau)\boldsymbol{v}$ 的计算就转化为

$$\boldsymbol{w}=\exp(\boldsymbol{H}\tau)\boldsymbol{v}\approx\beta\boldsymbol{V}_m\exp(\boldsymbol{H}_m)\boldsymbol{e}_1,\quad \beta=\parallel\boldsymbol{v}\parallel \tag{1.4}$$

由于 $m\ll N$，因此 $\exp(\boldsymbol{H}_m)$ 的计算负荷要远小于直接计算 $\exp(\boldsymbol{H}\tau)$。

标准的 Krylov 方法[202-205]就是直接基于上面的原理求解 $\exp(\boldsymbol{H}\tau)\boldsymbol{v}$，其优点在于计算过程中主要涉及求解稀疏矩阵和向量的乘积，并且对于指数函数，具有超线性的收敛速度。其主要的缺点在于计算过程中需要存储 $\boldsymbol{V}_m$，当计算步长 τ 比较大时，需要很大的 m 才能保证精度，这给存储带来一些困难。

为了解决 $\boldsymbol{V}_m$ 的存储问题，有的学者提出了不同形式的重开始的 Krylov 子空间方法[206-210]。这种方法规定了子空间基向量的最大维数，当 m 达到规定的最大值时，继续重新开始生成另一个维数不大于 m 的 Krylov 子空间，第 k 次重开始过程的起始向量是第 $k-1$ 次重开始过程得到的最后一个向量。这样，每次重开始过程只要存储维数为 m 的基向量空间，并且 m 是可以控制的，就解决了问题规模过大时 $\boldsymbol{V}_m$ 的存储压力。

（2）基于多项式插值的方法。多项式插值方法[211]一直是计算矩阵函数的主要方法之一。采用多项式插值的方法同样可以只通过计算矩阵向量乘积得到 $\exp(\boldsymbol{H}\tau)\boldsymbol{v}$，关键在于插值函数和插值点的选取。与基于 Krylov 子空间的算法不同，多项式插值不一定对矩阵规模进行减缩，但多数情况下需要预先估计矩阵 $\boldsymbol{H}\tau$ 特征值的范围，以便确定插值点。在矩阵 $\boldsymbol{H}\tau$ 为大型稀疏的非对称矩阵时，多项式插值算法的效率与基于 Krylov 子空间的算法相当，甚至会优于后者。

在实际应用中，根据插值多项式形式的不同，多项式插值方法可以分为两类：一类是基于特殊多项式（多为 Faber 多项式）的插值方法[212-215]；另一类是基于牛顿（Newton）插值多项式的方法[216,217]。根据问题规模的不同，两类方法插值运算的矩阵既可以直接是矩阵 $\boldsymbol{H}\tau$，也可以是经过基于 Krylov 子空间的矩阵 $\boldsymbol{H}_m$ 或 $\boldsymbol{H}_{km}$。

4. 代数动力算法的特点

1）代数动力算法的主要优点

（1）精度高，并且理论上讲其精度不受步长的限制，因此非常适用于求解刚性微分方程；

（2）对于齐次问题，在求解过程中只需要进行矩阵和向量的乘积，完全避免了

求解线性方程组；

（3）对于某些非齐次问题，通过增维方法或是预先求解少数线性方程组等两种手段避免在时间推进过程中解线性方程组。

2）代数动力算法的主要缺点

（1）该方法只适用于一阶微分方程，对于结构动力学中常用的二阶微分方程，需要首先进行增维降阶处理。而若再采用增维方法处理非齐次项，则问题的维数是原来的4倍。幸运的是，处理非齐次项时所增加的矩阵一般都非常简单，带来的计算负荷不会增加太多。

（2）由于运动方程是采用状态向量的形式表示，使得该算法的前后处理与目前计算结构力学中通用的有限元程序有所不同，给处理带来一些不便。

（3）从计算效率上看，精细积分方法要优于基于计算 $\exp(H\tau)\nu$ 的算法，但精细积分方法的应用受到问题规模的严格限制。

（4）对于基于计算 $\exp(H\tau)\nu$ 的算法，虽然理论上其精度不受计算步长的影响，但在实际操作中，出于对精度的要求，往往有最大允许步长的限制，且该步长与矩阵 $H\tau$ 的特征值范围相关。

对于结构动力学问题，与传统的基于时间差分的直接积分法（如 Newmark 法）相比，代数动力算法具有比较明显的优势，在某些情况下是这些方法的有效替代。但目前代数动力算法主要应用于热传导或是对流扩散等方程，在结构动力学中的应用并不多见，其适用性和有效性有待验证。因此，将这种精确高效的算法移植至结构动力方程的求解并进行适当的优化是非常有意义的，对于提高结构响应的计算效率非常有帮助。因此，在第4章较为详细地讨论了利用代数动力算法进行叶盘结构振动响应分析的基本原理和应用实例。

此外，结合叶盘结构振动响应分析的特点，文献[84,85]分别结合不同的模型形式，应用代数动力算法，进行了相应的振动响应求解，取得了较好的效果。相关内容将分别在第3、第6、第7和第10章进行描述和讨论。

1.6 科氏力对叶盘结构振动特性的影响

航空发动机叶盘转子系统是高速旋转的弹性结构系统，结构的旋转会存在科里奥力（简称科氏力），从而影响其振动特性，因此在这方面人们进行了许多研究。

首先，人们对叶盘结构的叶片进行了旋转科氏力影响的研究[218]。在国内，徐自力等[219]采用解析的方法，建立了高速旋转汽轮机叶片中科氏力的计算模型，导出了科氏动应力和非稳态气流动应力比值的计算公式以及科氏力和离心力比值的计算公式，并进行了实例分析。李永强等[220]利用薄壳理论的瑞利 - 里兹(Rayleigh - Ritz)方法和虚位移原理，建立了叶片在既考虑弯扭变形又考虑科氏惯性力时的平衡方程。他们利用动力学一般方程得到了叶片的动频方程，并进行了实例分析。上述学者的研究工作都是基于简单板壳模型模拟的根部固支单独叶片结构,认为科氏力的影响较小。

对于发动机转子系统动力学研究,传统的研究模型分为三类:①经典的转子动力学模型,这种模型是柔性轴和刚性盘模型;②叶盘结构系统,则是刚性轴连接弹性叶盘结构;③上述两种模型的结合,同时考虑弹性转子轴和弹性叶盘的系统。长期以来,转子系统科氏力影响的研究主要针对第①类模型,此时转子的振动方向与转轴之间往往存在夹角,由旋转带来的"陀螺效应"的作用非常明显,因此受到重视[221]。

由于刚性盘模型不能考虑叶盘振动特性对转子系统的影响,对于上述第③类模型(弹性转子轴和弹性叶盘耦合的系统模型)的研究受到重视。Sakata 等[222]采用有限元模型,研究了弹性转子轴、弹性轮盘和弹性叶片耦合系统考虑陀螺效应的振动特性。Jacquet 等[223]利用循环对称性建立了轮盘 – 叶片 – 转子轴系统有限元模型,考虑了科氏力和离心力影响的耦合振动。他们的研究表明,转子轴刚度对系统动力特性有很大影响,而且叶盘在 0 节径模态时,轴将出现扭转和轴向的振动,而叶盘为 1 节径模态时轴会出现弯曲模态,并且仅在叶盘为 0 节径和 1 节径模态时轴产生运动。Chun[224]用子结构模态综合法和假设模态方法研究叶盘结构刚度对弹性转子系统动力特性的影响。他将科氏力、陀螺力矩和离心刚化效应都引入了模型中,研究了转子轴和叶盘的耦合作用,并且分析了预扭角和安装角变化、轴转速变化的影响规律。

在后续的研究中,国内外学者进一步考虑叶盘的失谐。Khader[225]利用连续参数模型,建立了弹性叶片 – 刚性盘 – 弹性转子轴耦合模型,研究了失谐对于叶盘转子系统动力特性的影响规律。研究表明,失谐后叶盘和轴的耦合作用发生了变化,科氏力的作用效果也发生了变化。因此,人们又进行了失谐叶盘结构(上述第②类模型)考虑科氏力的振动特性研究。Huang 和 Kuang[226]利用连续参数模型分析了科氏力对模态局部化的影响。Nikolic 等[227]采用有限元方法,建立了简化叶盘结构的模型,研究了科氏力和失谐共同作用对叶盘结构振动特性的影响。研究工作都表明科氏力对谐调和失谐叶盘结构振动特性将产生重要影响。

随着研究的深入,人们发现了科氏力对于叶盘本身振动特性也会产生影响,并且由于失谐会彻底改变叶片和轮盘振动模态的耦合程度,科氏力的影响会更加明显。因此,文献[122,123]建立了典型工程叶盘结构的高保真有限元模型,深入研究了考虑科氏力对谐调和失谐叶盘结构的振动特性。这方面的工作将在第 11 章中进行详细讨论。

1.7　本书的主要内容和特点

本书以研究航空发动机叶盘结构振动问题为主体,以叶盘转子的转静件流体干涉激励和流体激励下叶盘结构耦合振动响应为研究重点,基于典型工程叶盘结构的高保真有限元模型,较为系统深入地阐述了叶盘结构流体激励振动响应计算方法,流体和结构双重失谐叶盘转子系统的共振激励原理,谐调、单失谐和双重失谐的典型叶盘结构振动响应特性等。

1. 流体激励叶盘结构耦合振动响应计算方法

这部分包括第 2 章至第 5 章,分别讨论了多种叶盘结构振动响应的求解方法。其中第 2 章介绍了目前常用的结构动力学振动响应计算的振型叠加法、激励叠加法、基于时间差分的直接积分法和精细积分法等四种算法,并结合叶盘结构振动响应计算讨论了这些算法的稳定性、精度和效率等。第 3 章给出了一种基于模型双重减缩的响应分析方法。在模型方面,采用了静力减缩与模态减缩相结合的双重减缩技术,最大限度地减小振动方程的自由度数。在时域求解方面,采用了无条件稳定的精细积分方法,可以有效地进行叶盘结构的瞬态振动计算。考虑到直接使用精确积分方法的不足,第 4 章主要介绍了代数动力算法的基本理论及其在动力响应求解中的应用,对已有的算法进行了适当改进,并与传统的基于时间差分的算法进行比较,给出了用于叶盘结构振动响应计算的实例。利用叶片轮盘的结构特点,第 5 章提出了基于叶盘结构周期对称性的瞬态响应求解方法。在求解谐调叶盘结构时,首先建立其基本扇区模型和方程,然后对激励进行节径展开和运动方程求解,最后将各节径的解叠加得到整个结构的振动响应。对于失谐叶盘结构,将其表示成谐调叶盘结构和相应失谐量的叠加,将失谐部分移到方程右端作为激励,再利用叶盘结构周期对称性进行计算。

2. 典型工程叶盘结构的流体激励和振动响应特性

第 6 章采用第 3 章的计算方法,建立了典型工程叶盘结构的有限元模型,详细计算和讨论了在模拟简化"谐波点激励"下,具有多种失谐(一般随机失谐、人为失谐和错频失谐)情况下,叶盘结构的稳态振动响应和基本规律。

第 7 章基于某型发动机压气机转子典型整体叶盘结构,综合应用第 2 章至第 5 章讨论的计算方法分别对谐调和失谐整体叶盘结构进行了流体激励下的响应分析。首先给出弱耦合流体激励下响应计算的分析框架和计算方法;然后进行了流场计算和流体激励特性分析,得到典型流场基本的频率和空间激励阶次等;最后在分析了典型谐调和失谐叶盘结构固有模态特性基础上,分别进行了流体激励下的频率域和时域的响应分析研究。

在第 7 章的最后,结合失谐叶盘结构振动模态特性和本章研究的典型叶盘结构在三维(3D)非定常流体激励下的振动响应特性,讨论了抑制失谐响应的几种措施。

3. 双重失谐激励原理、流体激励特性与叶盘结构振动响应特性

在这一部分,第一次提出和全面阐述了同时具有流体失谐和结构失谐的双重失谐叶盘结构共振原理(第 8 章)、失谐流体基本激励特性(第 9 章)和流体、结构多种失谐组合的叶盘结构振动响应特性(第10章)。

第8章基于对"节径谱"(包括叶盘结构振动模态和流体激励空间特征的"节径谱")和叶盘结构共振"三重点"原理的讨论,阐述了叶盘结构双重失谐共振原理,讨论了典型叶盘结构和流场激励的频率特性和空间节径特性。

第9章进行了典型发动机叶盘转子的两级全环三维流体动力学计算,并特别讨论了谐调和两种设计流体失谐分布的叶盘非定常气动载荷激励的频率谱特性和空间谱特性。

第10章考虑流体激励和叶盘结构存在旋转周期对称性的双重失谐,基于转静件干涉的激励和节径谱的关系,研究了双重失谐叶盘结构振动响应特性,从减小和降低叶盘振动响应的角度讨论了双重失谐设计的基本思路和原则方法。

4. 叶盘结构的典型振动问题和失谐振动抑制

第11章基于典型工程叶盘结构谐调和失谐有限元模型,较为系统地计算和讨论了考虑科氏力和离心力时的振动模态、频率响应特性。

第12章,结合典型航空发动机压气机叶盘振动失效实例,对排故措施所设计的两种程度不同叶盘主动失谐模式的振动响应实验研究结果进行了数值验证。本章基于有限元方法和数值仿真研究了具有这样两种失谐模式的叶盘振动响应特性,分析了相应的影响规律,表明了实验研究中采用较大程度失谐设计对减小叶盘振动响应的效果。

第 2 章　整体叶盘结构振动响应求解方法

2.1　引　　言

目前,叶盘结构响应的预估技术主要有频域方法、时域弱耦合方法和时域强耦合方法等三类。频域方法首先将激励分解为一系列谐波激励的叠加,然后通过谐响应分析得到叶盘结构的稳态响应。这种方法计算简便、效率高,尤其适用于稳定工况下的线性响应问题的求解。但由于叶盘结构所受的激励形式很复杂,并且在服役过程中经常存在加速、减速以及各种机动飞行动作,这使得激励表现出很强的瞬态特性,很多情况下频域稳态响应并不能真实反映叶盘结构的响应状态。

随着计算机软硬件水平的发展,后两种时域方法得到了越来越广泛的应用。两种时域求解方法都涉及结构动力方程式(2.1)的时域求解,本章的研究重点就在于此。从数学上讲,式(2.1)是一个二阶常微分方程,可以用求解常微分方程组的标准方法,如龙格 – 库塔(Runge – Kutta)法等进行求解。但有限元离散得到的系统质量、刚度等矩阵的阶数很高,这些标准算法往往是不经济的,因而在有限元分析中,采用了更为有效的方法,这些方法可以分为两大类:直接积分法和振型叠加法[228]。

本章主要关注目前较为成熟的算法,包括振型叠加法、激励叠加法、基于时间差分的直接积分法和精细积分法等,将对算法的理论和格式进行介绍,并将从稳定性、精度和效率这三方面对这几种算法进行讨论,说明它们在叶盘结构响应计算中的适用性。

2.2　振型叠加法

振型叠加法利用系统的固有振型进行坐标变换,将方程组转换为 n 个互不耦合的方程,对这些解耦的方程进行解析或数值积分,得到每个振型的响应,然后再将各振型的响应按一定方式叠加,得到系统的响应。

设叶盘结构振动方程表示为

$$M\ddot{x}(t) + C\dot{x}(t) + Kx(t) = Q(t) \tag{2.1}$$

首先引入坐标变换

$$x(t) = \boldsymbol{\Phi}\boldsymbol{\varsigma}(t) = \sum_{i=1}^{n} \boldsymbol{\varphi}_i \boldsymbol{\varsigma}_i(t) \tag{2.2}$$

式中，$\boldsymbol{\Phi}$ 为系统的振型矩阵；$\boldsymbol{\varsigma}$ 为广义位移（模态坐标）向量。

将式（2.2）代入式（2.1），两边同时前乘 $\boldsymbol{\Phi}^{\mathrm{T}}$，并考虑到 $\boldsymbol{\Phi}$ 关于矩阵 $\boldsymbol{K}$ 和 $\boldsymbol{M}$ 的正交性，得到系统在以 $\boldsymbol{\varphi}_i$ 为基向量的模态空间运动方程为

$$\ddot{\boldsymbol{\varsigma}}(t) + \boldsymbol{\Phi}^{\mathrm{T}}\boldsymbol{C}\boldsymbol{\Phi}\dot{\boldsymbol{\varsigma}}(t) + \boldsymbol{\Lambda}\boldsymbol{\varsigma}(t) = \boldsymbol{r}(t) \tag{2.3}$$

式中，$\boldsymbol{r}(t)$ 为广义力（模态激励），其表达式为

$$\boldsymbol{r}(t) = \boldsymbol{\Phi}^{\mathrm{T}}\boldsymbol{Q}(t) \tag{2.4}$$

式（2.3）表明，如果忽略阻尼的影响，叶盘结构有限元振动方程可以用相应的振型矩阵 $\boldsymbol{\Phi}$ 解耦成 n 个互不耦合的单自由度系统运动方程。由于阻尼机理的复杂性，在许多情况下，阻尼矩阵 $\boldsymbol{C}$ 无法给出显式的表达式，并且即使给出也不一定能够满足解耦的条件，只能近似地考虑阻尼的影响。因此在计算中一般使用特殊的阻尼矩阵，在计入所需的阻尼影响的同时又能有效地求解运动方程。在振型叠加法中常用的阻尼矩阵有两种形式，分别是模态阻尼比矩阵和比例阻尼（Rayleigh 阻尼）矩阵。

模态阻尼比矩阵假设阻尼矩阵与振型矩阵正交，即

$$\boldsymbol{\varphi}_i^{\mathrm{T}}\boldsymbol{C}\boldsymbol{\varphi}_j = 2\omega_j\xi_j\delta_{ij} \tag{2.5}$$

式中，ξ_j 为第 j 振型的模态阻尼比。

此时

$$\boldsymbol{\Phi}^{\mathrm{T}}\boldsymbol{C}\boldsymbol{\Phi} = \mathrm{diag}(2\omega_i\xi_i) \tag{2.6}$$

比例阻尼假设阻尼矩阵可简化为质量矩阵和刚度矩阵的线性组合，即

$$\boldsymbol{C} = \alpha\boldsymbol{M} + \beta\boldsymbol{K} \tag{2.7}$$

此时

$$\boldsymbol{\Phi}^{\mathrm{T}}\boldsymbol{C}\boldsymbol{\Phi} = \boldsymbol{\Phi}^{\mathrm{T}}(\alpha\boldsymbol{M} + \beta\boldsymbol{K})\boldsymbol{\Phi} = \alpha\boldsymbol{I} + \beta\boldsymbol{\Lambda} \tag{2.8}$$

采用上面两种形式的阻尼，可将式（2.3）变为 n 个互不耦合的单自由度二阶常微分方程

$$\ddot{\boldsymbol{\varsigma}}_i(t) + c_i\dot{\boldsymbol{\varsigma}}_i(t) + \omega_i^2\boldsymbol{\varsigma}_i(t) = r_i(t), \quad i = 1,2,\cdots,n \tag{2.9}$$

式中，c_i 为式（2.6）或式（2.8）表示的阻尼矩阵中的第 i 对角元素。式（2.9）中每一个方程都相当于一个单自由度振动方程，可以用数值或解析的方法求解。

得到所有 n 个方程的响应 $\boldsymbol{\varsigma}_i(t)$ 后，再利用式（2.2）将它们叠加起来，即可得到叶盘结构振动位移响应向量 $x(t)$。但高阶振型通常对实际响应的贡献较小，并且有限元法只能较好地近似低阶振型。因此在实际分析中，利用振型叠加法常常只需要考虑一小部分低阶振型就可很好地近似系统的实际响应，因此，在计算和叠加时只需对前 $p(p \ll n)$ 阶进行操作。这样，将 n 个耦合的常微分方程组的求解转换为 p 个解耦的单自由度常微分方程的求解，在保证计算精度的前提下大大提高了计算效率。

振型叠加法在一般线性结构的响应求解中得到了广泛的应用,在叶盘结构中,利用结构的周期对称性和模态成族密集分布的特点,可以对上述的一般振型叠加法进行改进,得到更为有效的求解方法。具体内容将在第5章进行详细介绍。振型叠加法最主要的局限性在于只能应用于满足叠加原理的线性系统;同时,振型数 p 的选取与结构本身和载荷的频率成分和空间分布有关,而且对于激励频率成分比较复杂的情况,需要选取更多的振型数才能满足精度要求。

2.3　激励叠加法

一般来说,叶盘结构所受时变激励主要来自于流道内压强的变化,并且可以通过非定常气动计算得到离散时间点上的压强 $p(t)$。在转速稳定的工作状态下,叶盘结构所受的激励在时域中是周期性的。因此可将其通过傅里叶展开表示成一系列谐波的叠加,即

$$
\begin{aligned}
p(t) &= p_0 + \sum_{K=1}^{R} p_{rK}\cos(K\omega t) + p_{iK}\sin(K\omega t) \\
&= p_0 + \sum_{K=1}^{R} p_K\cos(K\omega t + \theta_K)
\end{aligned}
\tag{2.10}
$$

式中:p_0 为压强的时间均值;p_{rK} 和 p_{iK} 分别表示对应频率为 $K\omega$ 的余弦项和正弦项的幅值;p_K 表示频率为 $K\omega$ 的压强幅值;θ_K 为对应的相角。

需要注意的是,对于有限个离散的数据点,R 的最大值可以取到 $[(N_{num}-1)/2]$,N_{num} 为流体激励数据点的数目(时间步数)。由于叶盘结构所受激励的周期性较好,往往只表现为几个主要频率的叠加,这时并不需要将 K 从 1 取到 R,而只要取几个主要的阶次即可。这时,系统振动方程可以写为

$$
\boldsymbol{M}\ddot{\boldsymbol{x}} + \boldsymbol{C}\dot{\boldsymbol{x}} + \boldsymbol{K}\boldsymbol{x} = \sum_K \boldsymbol{p}_{rK}\cos(K\omega t) + \boldsymbol{p}_{iK}\sin(K\omega t)
\tag{2.11}
$$

需要说明的是,在稳态或瞬态响应计算时通常将时间平均压强 p_0 和转速一起作为预应力来处理,因此式(2.11)右端只包含时变激励。线性系统满足叠加原理,这样,稳定的瞬态结果可以通过一系列谐响应分析结果的叠加表示。这样,若单频激励下的稳态响应的描述值为

$$
[-(K\omega)^2\boldsymbol{M} + \mathrm{j}(K\omega)\boldsymbol{C} + \boldsymbol{K}]\boldsymbol{x}_K = \boldsymbol{p}_{rK} + \mathrm{j}\boldsymbol{p}_{iK}
\tag{2.12}
$$

式中:j 为虚数单位;ω 为激励的基频;K 表示要考虑的激励中最主要的几个频率成分,则在计算各频率的响应幅值 x_K 后,可以通过叠加得到任意时刻叶盘结构的位移响应,即

$$
\boldsymbol{x}(t) = \sum_K \mathrm{Re}(\boldsymbol{x}_K)\cos(K\omega t) + \mathrm{Im}(\boldsymbol{x}_K)\sin(K\omega t)
\tag{2.13}
$$

这里将这种通过谐响应叠加来代替瞬态直接积分的方法称为激励叠加法,该方法只用进行 R 次谐响应计算,并进行叠加即可得到任意周期激励下的稳定时域

结果,计算效率大大提高。在将激励进行傅里叶分解时通过激励的实部和虚部充分考虑了结构上各点之间以及不同激励频率间的相位关系,当傅里叶级数的项数取到足够多时,可以很好地近似叶盘结构上任意一点所受的时域激励,保证了计算的准确性。

激励叠加法属于频域响应计算方法,只能得到已知激励下的稳态响应。对于弱阻尼的整体叶盘结构的响应分析,如果采用直接积分法进行计算,需要很多周期才能消除低阶自由伴随振动的影响,消耗大量的计算资源。而采用激励叠加法进行计算可以直接得到各激励频率成分的稳态响应,因此该方法尤其适用于周期激励下弱阻尼结构的响应分析。

激励叠加法的局限性主要表现在以下几个方面:

(1)激励叠加法只能适用于激励时域信号已知的情况,即流体与结构弱耦合的情况。在流体与结构强耦合分析中,流体的激励与结构的运动状态相关,在时域推进过程中其随时间的变化关系不能再通过傅里叶级数来表示。在这种情况下,一般只能采用直接积分法进行分析。

(2)由于采用了线性叠加的计算,激励叠加法只能用于线性系统。对于考虑干摩擦的带叶冠(凸肩)的叶盘或是其他较强非线性因素的情况,这种方法的应用有一定的局限性。

(3)激励叠加法只能直接得到稳态的受迫响应,而不能考虑稳态之前的带有自由伴随振动的瞬态结果,或发动机加速、减速过程的瞬态振动。

(4)激励叠加法最好应用于激励的频谱成分相对比较单一或是比较集中的情况,对于频谱成分比较复杂的情况,需要的傅里叶级数的项数很多才能保证计算结果的准确性。

激励叠加法不仅适用于叶盘结构,对其他受周期性激励的结构同样非常有效,与振型叠加法相比,该方法只对激励进行了近似简化,完整地保留了有限元模型的结构信息,同时对激励的近似精度也是可以控制的。

2.4 基于时间差分的直接积分法

2.4.1 算法比较

直接积分法不对运动方程进行任何变换,而直接对其求解。通常的直接积分法基于两个概念:一是将在求解域 $0 \leqslant t \leqslant T$ 内任意时刻都应满足运动方程的要求,代之以仅在一定条件下近似满足运动方程,如仅在相隔 Δt 的离散时间点上满足运动方程;二是在一定数目的 Δt 区域内,假设位移 x、速度 $\dot{x}$ 和加速度 $\ddot{x}$ 的函数形式。常用的直接积分法有中心差分法、Houbolt 法、Newmark 法、Wilson θ 法和广义 α 法等。

中心差分法和 Houbolt 法都具有二阶精度。前者是条件稳定,且无数值阻尼,但其临界步长比较小,同样条件下需要计算步数较多。后者是无条件稳定的,但它对高频分量总是逐渐衰减到零,且这种数值阻尼不能人为调节,更重要的是它对低频响应的阻尼较大。因此两者在结构振动响应计算方面的应用不多。

Newmark 法和 Wilson θ 法实质上都是线性加速度法的推广,都可以通过调整算法参数来取得最佳的稳定性和精度。当 $\theta \geqslant 1.37$ 时,Wilson θ 法是具有二阶精度的无条件稳定算法。但谱半径分析表明,它在中频段的数值阻尼大于高频段的数值阻尼,可能滤掉一些有用的响应信息。而当参数选取适当时,Newmark 法是无数值阻尼、二阶精度的无条件稳定算法。同时在大多数分析中,两者的计算工作量没有多少差别,因此,Newmark 法在实际工程中的应用更为广泛。

广义 α 法中速度和加速度的近似格式和 Newmark 法一样,但求解的不是同一个方程。当其参数符合一定条件时,该算法具有二阶精度,且无条件稳定,并能在有效地滤掉高频响应的同时,对低频响应的衰减最小。当参数选取不同时,广义 α 法可以退化为 Newmark 法、HHT 法或 Bossak 法,由于其良好的适应性,该算法在工程实践中应用也较为广泛。

目前较为通用的商业有限元软件(ANSYS,Nastran)的瞬态分析中多采用 Newmark 法和广义 α 法,因此这里将简单介绍这两种算法的格式和若干特性。

2.4.2 Newmark 法

Newmark 法引入如下的速度和位移的关系

$$
\begin{cases}
\dot{\boldsymbol{x}}_{t+\Delta t} = \dot{\boldsymbol{x}}_t + (1-\gamma)\ddot{\boldsymbol{x}}_t\Delta t + \gamma\,\ddot{\boldsymbol{x}}_{t+\Delta t}\Delta t \\
\boldsymbol{x}_{t+\Delta t} = \boldsymbol{x}_t + \dot{\boldsymbol{x}}_t\Delta t + \left(\frac{1}{2}-\beta\right)\ddot{\boldsymbol{x}}_t\Delta t^2 + \beta\,\ddot{\boldsymbol{x}}_{t+\Delta t}\Delta t^2
\end{cases}
\tag{2.14}
$$

在式(2.14)中,参数 γ 和 β 取不同值时可以得到多种方法,如 $\gamma=1/2,\beta=1/4$ 即为平均加速度法;$\gamma=1/2,\beta=0$ 即为中心差分法;$\gamma=1/2,\beta=1/8$ 即为线性加速度法。该算法中时刻 $t+\Delta t$ 的位移是通过满足时刻 $t+\Delta t$ 的运动方程

$$
\boldsymbol{M}\,\ddot{\boldsymbol{x}}_{t+\Delta t} + \boldsymbol{C}\,\dot{\boldsymbol{x}}_{t+\Delta t} + \boldsymbol{K}\boldsymbol{x}_{t+\Delta t} = \boldsymbol{Q}_{t+\Delta t}
\tag{2.15}
$$

而得到的。将式(2.14)的关系代入式(2.15)中,得

$$
\hat{\boldsymbol{K}}\boldsymbol{x}_{t+\Delta t} = \hat{\boldsymbol{Q}}_{t+\Delta t}
\tag{2.16}
$$

其中

$$
\hat{\boldsymbol{K}} = \boldsymbol{K} + \frac{1}{\beta\Delta t^2}\boldsymbol{M} + \boldsymbol{C}
\tag{2.17}
$$

$$
\begin{aligned}
\hat{\boldsymbol{Q}}_{t+\Delta t} = \boldsymbol{Q}_{t+\Delta t} &+ \boldsymbol{M}\left[\frac{1}{\beta\Delta t^2}\boldsymbol{x}_t + \frac{1}{\beta\Delta t}\dot{\boldsymbol{x}}_t + \left(\frac{1}{2\beta}-1\right)\ddot{\boldsymbol{x}}_t\right] \\
&+ \boldsymbol{C}\left[\frac{\gamma}{\beta\Delta t}\boldsymbol{x}_t + \left(\frac{\gamma}{\beta}-1\right)\dot{\boldsymbol{x}}_t + \left(\frac{\gamma}{2\beta}-1\right)\Delta t\,\ddot{\boldsymbol{x}}_t\right]
\end{aligned}
\tag{2.18}
$$

在初始条件给定的情况下,可以通过在每一时间步求解线性方程组(2.16)得到下一时刻的位移等。

Newmark 法无条件稳定的条件为

$$\gamma \geq \frac{1}{2}, \quad \beta \geq \frac{1}{4}\left(\gamma + \frac{1}{2}\right) \tag{2.19}$$

当 $\gamma = 1/2$ 时,递推矩阵的谱半径 $\rho = 1$,此时 Newmark 法无数值阻尼,并具有二阶精度。当 $\gamma > 1/2$ 时,具有数值阻尼,且其数值阻尼随着 Δt 的增大而光滑地增大,但此时 Newmark 法只有一阶精度。

2.4.3 广义 α 法

广义 α 法中速度和加速度的近似格式和 Newmark 法一样,但在求解 $t + \Delta t$ 时刻的位移时不是利用 $t + \Delta t$ 时刻的运动方程式(2.15),而是利用方程

$$\begin{cases} \boldsymbol{M}\left[(1-\alpha_m)\ddot{\boldsymbol{x}}_{t+\Delta t} + \alpha_m \ddot{\boldsymbol{x}}_t\right] + \boldsymbol{C}\left[(1-\alpha_f)\dot{\boldsymbol{x}}_{t+\Delta t} + \alpha_f \dot{\boldsymbol{x}}_t\right] + \\ \boldsymbol{K}\left[(1-\alpha_f)\boldsymbol{x}_{t+\Delta t} + \alpha_f \boldsymbol{x}_t\right] = \boldsymbol{Q}_{t+(1-\alpha_f)\Delta t} \end{cases} \tag{2.20}$$

式中,α_m 和 α_f 为待定系数。

式(2.20)综合了系统在 t 时刻和 $t + \Delta t$ 时刻的运动方程。将式(2.14)的关系代入式(2.20)中,同样得到

$$\hat{\boldsymbol{K}}\boldsymbol{x}_{t+\Delta t} = \hat{\boldsymbol{Q}}_{t+\Delta t} \tag{2.21}$$

其中

$$\hat{\boldsymbol{K}} = c_k \boldsymbol{K} + c_0 \boldsymbol{M} + c_1 \boldsymbol{C} \tag{2.22}$$

$$\begin{aligned} \hat{\boldsymbol{Q}}_{t+\Delta t} = {} & \boldsymbol{Q}_{t+c_k\Delta t} - \alpha_f \boldsymbol{K}\boldsymbol{x}_t + \boldsymbol{M}(c_0 \boldsymbol{x}_t + c_2 \dot{\boldsymbol{x}}_t + c_3 \ddot{\boldsymbol{x}}_t) + \\ & \boldsymbol{C}(c_1 \boldsymbol{x}_t + c_4 \dot{\boldsymbol{x}}_t + c_5 \ddot{\boldsymbol{x}}_t) \end{aligned} \tag{2.23}$$

其中

$$\begin{cases} c_k = 1 - \alpha_f, \ c_0 = \dfrac{1-\alpha_m}{\beta \Delta t^2}, \ c_1 = \dfrac{c_k \gamma}{\beta \Delta t}, \\ c_2 = \Delta t c_0, \ c_3 = \dfrac{c_2 \Delta t}{2} - 1, \ c_4 = c_k \dfrac{\gamma}{\beta} - 1, \ c_5 = c_k \left(\dfrac{\gamma}{2\beta} - 1\right)\Delta t \end{cases} \tag{2.24}$$

当 $\alpha_m = \alpha_f = 0$ 时,广义 α 法退化成 Newmark 法;当 $\alpha_m = 0$ 时,广义 α 法退化成 HHT 法;当 $\alpha_f = 0$ 时,广义 α 法退化成 Bossak 法。

当广义 α 法满足

$$\alpha_m \leq \alpha_f \leq \frac{1}{2}, \ \beta \geq \frac{1}{4} + \frac{1}{2}(\alpha_f - \alpha_m) \tag{2.25}$$

时算法是无条件稳定的。当满足条件

$$\gamma = \frac{1}{2} - \alpha_m + \alpha_f \tag{2.26}$$

时,算法具有二阶精度。当满足

$$\beta = \frac{(1 - \alpha_m + \alpha_f)^2}{4} \tag{2.27}$$

时,广义 α 法对高频的衰减最大。当满足

$$\alpha_f = \frac{\rho_\infty}{\rho_\infty + 1}, \quad \alpha_m = \frac{2\rho_\infty - 1}{\rho_\infty + 1} \tag{2.28}$$

时,广义 α 法对低频的衰减最小,其中 ρ_∞ 为递推矩阵的谱半径。通过调整 ρ_∞ 可以使得算法在高频段具有所需的数值阻尼,而在低频段的数值阻尼最小。当同时满足式(2.26)~式(2.28)时,算法具有二阶精度,且无条件稳定,并能在有效地滤掉高频响应的同时,对低频响应的衰减最小。关于直接积分法的详细论述可参考文献[228 – 230]。

2.5 精细积分法

2.4 节介绍的直接积分法都是基于拉格朗日(Lagrange)体系下的二阶运动方程,利用泰勒展开和差分的思想,假定位移、速度和加速度等的近似形式,建立离散时间点上的递推方程。实际上,也可以将运动方程在状态空间(相空间)中用一阶微分方程组表示,这样可以在时域上给出以积分形式表达的半解析解。如果能够合理处理该解答中的积分和矩阵指数函数,则可以建立一种高精度和高效的时域求解方案[184,185]。

首先通过增维降阶的方法将有限元离散的运动方程式(2.1)转换为一阶微分方程组,令

$$\begin{cases} \boldsymbol{p} = \boldsymbol{M}\dot{\boldsymbol{x}} + \boldsymbol{C}\boldsymbol{x}/2 \\ \boldsymbol{q} = \boldsymbol{x} \end{cases} \tag{2.29}$$

则式(2.1)可以写为

$$\dot{\boldsymbol{v}} = \boldsymbol{H}\boldsymbol{v} + \boldsymbol{r} \tag{2.30}$$

其中

$$\boldsymbol{v} = \begin{bmatrix} \boldsymbol{q} \\ \boldsymbol{p} \end{bmatrix}, \quad \boldsymbol{H} = \begin{bmatrix} -\boldsymbol{M}^{-1}\boldsymbol{C}/2 & \boldsymbol{M}^{-1} \\ \boldsymbol{C}\boldsymbol{M}^{-1}\boldsymbol{C}/4 - \boldsymbol{K} & -\boldsymbol{C}\boldsymbol{M}^{-1}/2 \end{bmatrix}, \quad \boldsymbol{r} = \begin{bmatrix} \boldsymbol{0} \\ \boldsymbol{Q} \end{bmatrix} \tag{2.31}$$

由于涉及质量矩阵 $\boldsymbol{M}$ 的求逆运算,为了简便,在有限元离散时大多采用集中质量矩阵。

需要说明的是,上面的转换关系并不是唯一的,采用其他数学表达进行转化并不影响算法实现及其精度[186]。如若令 $\boldsymbol{p} = \boldsymbol{M}\dot{\boldsymbol{x}}$,此时运动方程的表达形式仍和式(2.30)一样,但矩阵 $\boldsymbol{H}$ 可简化为

$$\boldsymbol{H} = \begin{bmatrix} \boldsymbol{0} & \boldsymbol{M}^{-1} \\ -\boldsymbol{K} & -\boldsymbol{C}\boldsymbol{M}^{-1} \end{bmatrix} \tag{2.32}$$

由常微分方程理论,式(2.30)积分形式的解为

$$v(t) = \mathrm{e}^{H(t-t_0)} v_0 + \int_{t_0}^{t} \mathrm{e}^{H(t-\xi)} r(\xi) \mathrm{d}\xi \qquad (2.33)$$

将求解域划分为若干时间步长 $\tau = t_{k+1} - t_k$,则在初始条件 v_0 已知情况下各时刻的解可以由如下的递推关系得到

$$v_{k+1} = T v_k + \int_0^{\tau} \mathrm{e}^{(\tau-\xi)H} r(t_k + \xi) \mathrm{d}\xi \qquad (2.34)$$

式中, $T = \mathrm{e}^{\tau H}$。

若不存在外激励,运动方程为齐次的微分方程组,式(2.34)可简化为

$$v_{k+1} = T v_k \qquad (2.35)$$

当式(2.34)右端非齐次项的积分可以解析表达时,可以得到任意时刻状态向量 v 的精确解。但遗憾的是,很多情况下不能给出非齐次激励的解析表达式,而且即使能够给出,可以精确积分的也仅限于多项式、指数函数、正弦或余弦等少数几种表达形式[186]。因此,很多情况下并不是一定要追求在任意时刻完全的解析解,而是利用式(2.34)的递推关系得到求解域内的解。如果非齐次项在时间步长 τ 内是线性的,即

$$r(t) = r_0 + r_1 (t - t_k) \qquad (2.36)$$

那么递推关系可以表示为

$$v_{k+1} = T [v_k + H^{-1}(r_0 + H^{-1} r_1)] - H^{-1}[r_0 + H^{-1} r_1 + r_1 \tau] \qquad (2.37)$$

如果将激励表示成傅里叶级数的形式,即

$$r(t) = b_0 + \sum_{i=1}^{d} [a_i \sin(i\omega t) + b_i \cos(i\omega t)] \qquad (2.38)$$

则递推关系可以表示为

$$v_{k+1} = T\left\{ v_k - B_0 - \sum_{i=1}^{d} [A_i \sin(i\omega t_k) + B_i \cos(i\omega t_k)] \right\} + B_0$$
$$+ \sum_{i=1}^{d} [A_i \sin(i\omega t_{k+1}) + B_i \cos(i\omega t_{k+1})] \qquad (2.39)$$

其中

$$\begin{cases} B_0 = -H^{-1} b_0, A_i = (i^2 \omega^2 I + H^2)^{-1} (-H a_i + i\omega b_i) \\ B_i = (i^2 \omega^2 I + H^2)^{-1} (-H b_i - i\omega a_i) \end{cases} \qquad (2.40)$$

从上面的推导过程可知,采用精细积分法求解运动力方程在每一时间点上得到的是解析解,误差只来自式(2.36)和式(2.38)所示的激励近似误差和计算机的数值截断误差,是一种高精度的算法,并且算法本身的精度受步长的影响很小。该算法的关键在于准确地求解矩阵 T,Moler 和 Van Loan[183] 总结了近几十年来计算矩阵指数函数的算法,钟万勰等[184,185] 采用基于泰勒展开的缩放–平方(scaling and squaring)法来计算矩阵 T。

精细积分法最大的特点是算法在步长很大的情况下仍能保持极高的精度,在

递推过程中不需求解线性方程组,而只涉及矩阵向量的乘积运算,并且递推矩阵 $\boldsymbol{T}$ 只需计算一次。但该算法有两个致命的缺陷,严重影响其应用范围。

第一个缺陷是当存在非齐次项时,需要进行矩阵 $\boldsymbol{H}$ 的求逆运算,这将引起程序实现的困难,特别是求逆过程可能产生数值不稳定甚至逆矩阵不存在,这对求解是非常不利的,并且当系统规模较大时,矩阵求逆几乎是不可能的。为了解决这一问题,顾元宪等[199,200]提出了结构动力学方程的增维精细积分法,通过进一步增维将激励也作为状态向量的一部分,从而将非齐次微分方程组转化为齐次的。

第二个缺陷来自于大规模系统递推矩阵 $\boldsymbol{T}$ 的求解。工程实际中有限元离散得到的矩阵规模很大,但大多是稀疏的,由这些矩阵组集的矩阵 $\boldsymbol{H}$ 也是稀疏的。然而尽管矩阵 $\boldsymbol{H}$ 是稀疏的,其指数函数矩阵 $e^{\tau H}$ 却不能再保持稀疏性,对于大规模问题,这给求解和存储带来很大的困难。同时,即使能够计算和存储 $e^{\tau H}$,也会因其不再是稀疏阵而起不到提高计算效率的效果。

由于上面的两个缺陷,尤其是第二个缺陷,精细积分法只能在中小规模($n <$ 1000)的问题中得到应用。工程中的叶盘结构形式复杂,其有限元模型规模很大,因此一般来讲,不能直接应用精细积分法进行响应求解,但如果结合模态减缩等技术减小求解规模,该算法仍能发挥很大作用。

2.6　常用算法比较

前面简要描述了结构动力学常用的计算振动响应的方法。对于线性系统,振型叠加法的精度取决于所取振型阶数和解耦方程的求解方法。激励叠加法属于基于频域响应的计算方法,其精度取决于傅里叶级数对激励的近似程度。这两种方法的计算精度和效率已经得到广泛的验证,这里不再赘述。

对于各种直接积分法,当选取不同的算法参数值时,算法的精度会有所不同,同时目前对算法的考察主要针对共振状态,而对其他状态的关注不够。对于叶盘结构,多数情况下处于多频或者更复杂激励情况下的近共振或非共振状态,因此研究非共振状态下各种算法的性质也是非常必要的。

需要指出的是,利用振型叠加法可以将 n 自由度系统的运动方程组变换为 n 个互不耦合的微分方程,其性质不变,因此在讨论算法的稳定性或精度问题时,通常以其中一个解耦方程为研究对象。这里取式(2.9)中的一个方程

$$\ddot{\varsigma}(t) + c\,\dot{\varsigma}(t) + \omega^2\,\varsigma(t) = r(t) \tag{2.41}$$

为例,研究 Newmark 法、广义 α 法以及精细积分法在不同参数取值情况下的精度。

2.6.1　共振状态

令 $\omega = 1$、$c = 0.01$,单自由度系统的固有频率为1,阻尼比为 0.5%。在零初始

条件下,取激励 $r(t)=\sin t$,则位移的精确解为

$$x(t)=100\mathrm{e}^{-0.005t}\left(\cos\omega_d t+\frac{0.005}{\omega_d}\sin\omega_d t\right)+100\sin\left(t-\frac{\pi}{2}\right) \quad (2.42)$$

首先考察同一算法在不同步长取值时的情况。分别取一个振动周期的 1/20、1/40、1/60 和 1/100 为积分步长。图 2.1 表示 $\gamma=1/2$、$\beta=1/4$ 的 Newmark 法在几种步长下的计算结果。从图中可以看出,在瞬态分析起始阶段,不同步长的计算结果相差不大,如图 2.1(a)所示。随着时间增加,步长较大的 Newmark 算法的幅值和相位误差逐步积累,变得越来越明显,最终达到稳定的状态,但步长越大,响应结果的幅值和相位的误差也越大,如图 2.1(b)所示。需要注意的是,这种幅值和相位的误差并不随时间推进而一直增加,当计算结果稳定后,误差也随之稳定,如图 2.1(c)所示。

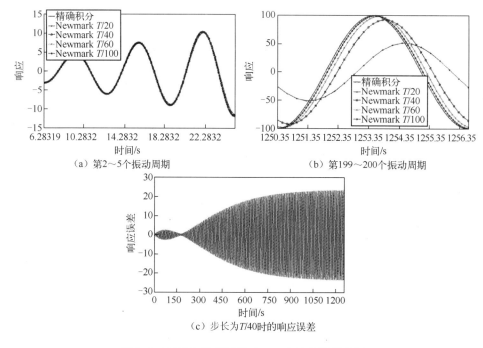

（a）第2～5个振动周期　　　　　　（b）第199～200个振动周期

（c）步长为T/40时的响应误差

图 2.1　不同步长情况下 Newmark 法的计算结果

对于广义 α 法,以 $\rho_\infty=0.75$ 的情况为例考察不同步长情况下的计算结果,如图 2.2 所示。计算结果表明,广义 α 法得到的响应与 Newmark 法类似,都存在误差从起始阶段到稳定阶段的积累过程,同样是步长越大,计算结果的幅值和相位的误差也越大。

下面对比同一步长情况下不同方法得到的计算结果,如图 2.3 所示。图中增加了两种精细积分法的计算结果,分别采用式(2.36)所示的激励线性近似(PIM－LIN)和式(2.38)所示的谐波激励(PIM－HAR)。由于这里的激励为单频的谐波

激励,因此由式(2.39)所示的精细积分法得到的是精确激励下的解,理论上讲其误差仅来自矩阵 T 的计算。计算结果表明,精细积分法的幅值精度最高,且不存在相位误差;但由于 PIM – LIN 存在激励近似的情况,当步长较大时,幅值精度稍差,而 PIM – HAR 得到的结果与精确解完全一致。

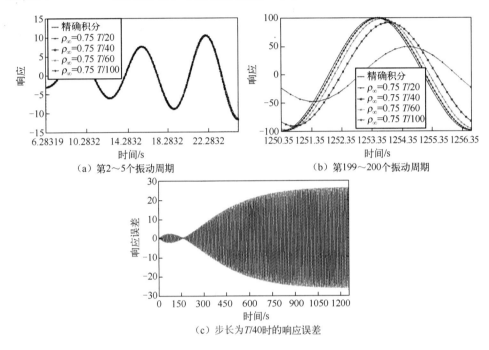

(a) 第2~5个振动周期　　　　　　(b) 第199~200个振动周期

(c) 步长为T/40时的响应误差

图2.2　不同步长情况下 $\rho_\infty = 0.75$ 的广义 α 法的计算结果

　　几种差分方法得到的结果差别不明显,并随积分步长的减小幅值和相位的误差都明显减小。$\gamma = 1/2, \beta = 1/4$ 的 Newmark 法和 $\rho_\infty = 1$ 的广义 α 法理论上都不存在幅值衰减,两者的计算结果最为接近。这种没有数值阻尼的算法称为保辛的算法,即在时间推进过程中不存在由于数值阻尼而造成的能量损耗,但这些差分方法保辛的代价是损失了动力学参数的精度,因此和精确解相比存在着相位差。

　　当 $\rho_\infty < 1$ 时,广义 α 法对高频的衰减同样会影响到低频,因此得到的幅值结果比 $\rho_\infty = 1$ 时要小一些,但这种幅值误差随着步长的减小而减小。

　　当步长很小时,精细积分法和差分法都能得到幅值精度很好的计算结果,如图 2.3(d) 所示,但后者得到的结果仍有一定程度的相位误差。

　　为了精确衡量各种算法的幅值和相位误差,这里采用稳定状态下的振幅衰减 AD 和周期延长 PE 的概念[228,229]

$$AD = \frac{A_a - A_n}{A_a}, \quad PE = \frac{T_a - T_n}{T} \tag{2.43}$$

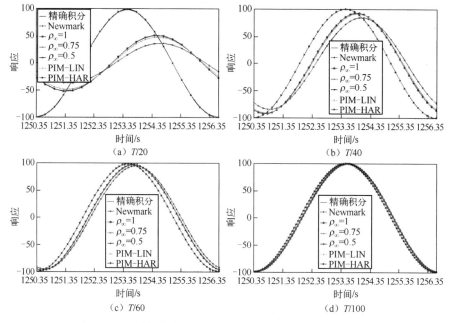

图 2.3　共振状态下同一步长下不同方法的计算结果

式中,A 为响应幅值;下标 a 和 n 分别代表解析解和数值解;T_a 和 T_n 分别表示解析解和数值解达到峰值的时间;T 为振动周期。

　　不同算法稳态结果的幅值和相位误差如表 2.1 所列。结果表明,同样步长下精细积分法的精度最高,差分法中没有数值阻尼的 Newmark 法和 $\rho_\infty = 1$ 的广义 α 法要比其他参数情况下的算法精度要高,但当步长较小时,几种方法的幅值误差都在 1% 之内。表中差分方法的相位误差为负表明共振状态下差分方法的计算结果存在不同程度的相位滞后。

　　需要注意的是,理论上讲 PIM – HAR 的幅值误差应该是非常接近于 0 的,而这里给出的结果在步长较大的情况下仍有明显的误差。这是因为根据式(2.43)的定义,选取稳态响应中一个周期内的响应最大值作为 A_n,而在时间离散的情况下,离散点对应的最大值未必是连续时间的最大值 A_a,因此产生了一定的误差。

表 2.1　不同算法共振状态下稳态结果的幅值和相位误差(%)

方法 \ 步长	$T/20$		$T/40$		$T/60$		$T/100$	
	幅值	相位	幅值	相位	幅值	相位	幅值	相位
Newmark	48.8074	− 15.0	7.8326	− 5.0	1.8415	− 3.33	0.4217	− 1.0
$\rho_\infty = 1$	48.1693	− 15.0	7.5475	− 5.0	1.7067	− 3.33	0.3726	− 1.0
$\rho_\infty = 0.75$	51.9126	− 15.0	8.7511	− 5.0	1.9974	− 3.33	0.4239	− 1.0
$\rho_\infty = 0.5$	63.4073	− 20.0	15.9305	− 7.5	4.0303	− 5.0	0.7665	− 2.0
PIM – HAR	0.3274	0	0.1052	0	≈ 0	0	≈ 0	0
PIM – LIN	1.0094	0	0.3962	0	0.2824	0	≈ 0	0

2.6.2 非共振状态

前面给出了单自由度系统共振条件下各种算法的精度比较,接下来考虑非共振状态。此时式(2.41)右端激励取为 $r(t) = \sin(\omega_e t)$,其中,ω_e 为激励频率。这里主要考察稳定状态下的幅值和相位误差。取 $\omega_e = 0.95$,不同步长情况下得到的稳态响应的结果如图 2.4 所示和表 2.2 所列。计算结果表明,非共振状态差分方法的相位误差并不明显,并且步长较大时对应的幅值误差也明显减小,如步长为 $T/20$ 时,共振状态下差分方法的误差约为 50% 甚至更高,而在非共振状态下多在 20% 左右(见表 2.2)。当步长逐步减小时,计算结果的幅值精度不断提高。

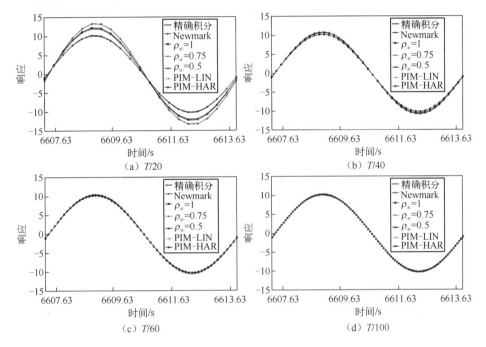

图 2.4 非共振状态下同一步长下不同方法的计算结果

表 2.2 不同算法非共振状态下稳态结果的幅值和相位误差(%)

步长 方法	T/20 幅值	相位	T/40 幅值	相位	T/60 幅值	相位	T/100 幅值	相位
Newmark	− 17.2987	0	− 3.8201	0	− 1.7560	0	− 0.6189	0
$\rho_\infty = 1$	− 18.7609	0	− 4.1412	0	− 1.8957	0	− 0.6686	0
$\rho_\infty = 0.75$	− 20.6994	0	− 4.5151	0	− 2.0528	0	− 0.7238	0
$\rho_\infty = 0.5$	− 29.6934	0	− 6.1989	0	− 2.7537	0	− 0.9698	0
PIM − HAR	0.4208	0	0.1290	0	≈0	0	≈0	0
PIM − LIN	1.2372	0	0.3341	0	≈0	0	≈0	0

2.7 本章小结

本章简单介绍了结构动力学响应计算中几种常用的算法,包括振型叠加法,激励叠加法,Newmark 法,广义 α 法和近些年发展起来的精细积分法,并对各种算法的理论基础和特点进行了说明。本章还对各种差分方法在共振及非共振状态下的计算精度进行了对比。通过本章的工作,考虑各种算法在叶盘结构响应求解中的应用前景,可以得到以下几点结论:

(1) 对于叶盘结构时域线性响应的求解,振型叠加法和激励叠加法都能大大提高计算效率。前者通过模态减缩减小了方程规模,而后者通过对激励的近似将时域积分问题转化为一系列谐响应问题的求解。振型叠加法的误差来自于舍去的模态对响应以及在模态激励求解中对激励的影响,激励叠加法的误差只存在于对激励的近似上,但其只能应用于激励已知的情况,并且只能得到稳态的响应。

(2) 各种基于时间差分的直接积分法是目前求解结构动力学响应问题的最主要和最通用的方法。在工程实践中,应用最为广泛的是 Newmark 法和广义 α 法,在参数选取适当的情况下,两者都是具有二阶精度的,无条件稳定的算法。目前,多数商用有限元软件的瞬态响应求解都是采用这两种算法,实际工程中复杂叶盘结构的响应分析也多采用这些算法。这两种方法的优点是算法实现简单,适应性强,能够应用于大型结构的线性和非线性响应分析;其缺点是计算结果的精度对步长的依赖性较强,并且在每一积分步中都需要求解线性方程组。

(3) 精细积分法是基于矩阵指数函数的半解析方法,最大的特点是精度高且不依赖于积分步长,另外在时间推进过程中只需要计算矩阵和向量的乘法而不需要求解线性方程组。在大型结构动力方程求解中,该方法有两个较大的缺陷:一是该方法涉及到矩阵的求逆;二是矩阵的指数函数不能再保持原来的稀疏特性。这两个缺陷给存储和计算带来很大的困难,使得精细积分法只能应用于中小规模的问题。

(4) 当步长较大时,基于时间差分的直接积分法的计算结果误差较大,并且共振状态下的幅值和相位误差要比非共振状态下大,这说明计算共振状态下的响应需要更小的时间步长才能得到满足精度要求的结果。而采用精细积分法在步长很大的情况下仍可以得到精度极高的结果。

(5) 基于时间差分的直接积分法的误差来自于三个方面:一是时间差分造成的误差;二是在每个时间步中激励线性近似的误差;三是由于保辛造成的相位误差(共振状态下尤为突出)。从共振状态下的位移结果来看,最后一个因素的影响最大,但这三种因素造成的影响都可以通过减小积分步长来缓解。

第3章 基于模型双重减缩的失谐叶盘 时域响应求解方法

3.1 引　　言

将第2.3节的激励叠加法用于叶盘结构振动分析时,假设响应服从简谐形式,各叶片间的相角为常数,叶片上的载荷通过傅里叶变换分解为前几阶不同频率的简谐分量之和。频域方法的优点在于,只需得到系统的阻抗或导纳矩阵,即可得到各阶激振力单独作用下的响应幅值,计算规模小、效率高,一般用于研究叶盘结构稳态振动响应。

但是,发动机往往是在高温、高压和高转速的环境下工作,加之飞行中各种战术动作的要求,使得叶盘结构的工作状态十分复杂,系统的响应往往体现出较强的瞬态特性。另外,叶盘结构振动属于典型的流体激励振动,气动激振力分布于叶身各点,采用频域方法会造成加载不完全、相位信息丢失的问题,而且叶片各节点激振力的频率成分并不一致,在激励较为复杂的情况下给加载带来困难。

采用时域方法可以克服激励转化过程中的信息丢失和加载复杂繁琐的问题,将非定常气动力在时域内通过载荷步完整加载到叶片上,再由时间积分方法得到响应的时间历程。由于无需对结构的响应形式和相角进行假设,因而保证了激励信息的完整性。而且相对于频域方法,更容易实现气动分析模块、热分析模块和振动抑制模块的结合。综合上述优点,采用时域方法计算叶盘结构的瞬态响应已经成为叶盘结构振动研究的重点之一。

众所周知,失谐叶盘结构时域响应分析主要存在两个困难:一是整体有限元模型规模过大;二是传统隐式格式的积分精度严重依赖于时间步长。必须在这两方面同时进行改进,才能顺利、有效地开展失谐叶盘的瞬态响应研究。

本章提出了一种基于模型双重减缩的响应分析方法(a Doubly Response Analysis Reduction Method,DRARM),分别从模型减缩和时域积分方法两个方面入手,以求能够高效准确地预测失谐叶盘结构的瞬态响应,DRARM方法的计算流程如图3.1所示。在模型规模方面,DRARM采用了静力减缩与模态减缩相结合的双重减缩技术,最大限度地减小振动方程的自由度数,提高求解效率。在时域求解方法方面,DRARM采用了无条件稳定的精细积分方法,并根据阶次激励的形式特点改进了算法的格式,使其适用于叶盘结构的瞬态分析。

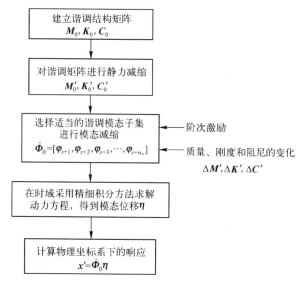

图 3.1   DRARM 的算法流程图

本章首先说明了 DRARM 方法各环节的基本原理,然后,分别以简化平板叶盘结构和典型工程叶盘结构为算例,进行了算法的实际应用,对 DRARM 的计算精度和计算效率进行了说明。

3.2   失谐叶盘结构有限元模型的双重减缩基本原理

DRARM 采用了双重减缩技术——首先采用 Guyan 静态减缩技术进行物理减缩,只保留轮盘上的一些关键节点,生成轮盘超单元,而对于叶片部分则保留其上原有的单元和节点;然后通过模态减缩方法,将失谐结构的响应由相应的谐调结构的部分阶模态线性表达,仅保留结构位于激励频率附近的模态成分,再次降低模型规模,提高求解效率。

3.2.1   静力减缩原理

在叶盘结构的振动中,轮盘的振动一般比较微弱,而且叶盘的流体载荷主要作用在叶片上,振动能量通常主要集中在叶片部分,叶片节点振动是主要的。叶盘结构模型静力减缩的核心思想就是,把轮盘部分节点自由度用静力位移差值函数描述,忽略其惯性的影响。由于轮盘对系统振动的贡献很小,因而这种忽略不会对计算精度带来很大的影响。

系统的静力方程可以写成

$$Ku = F$$

(3.1)

式中，$\boldsymbol{F}$ 为载荷向量；$\boldsymbol{K}$ 为刚度矩阵；$\boldsymbol{u}$ 为位移向量。

由于叶片失谐与轮盘部分无关，因而可以将式(3.1)中所有的自由度划分为需要保留的主自由度(由下标"m"表示)与将被省略的从自由度(由下标"s"表示)两部分，前者包含叶片上所有的节点自由度(包括叶–盘交界面处的节点自由度)以及轮盘上需要施加边界条件的自由度，而后者则由轮盘上所有其他的自由度构成。这样，式(3.1)则可以表示为

$$\begin{bmatrix} \boldsymbol{K}_{mm} & \boldsymbol{K}_{ms} \\ \boldsymbol{K}_{sm} & \boldsymbol{K}_{ss} \end{bmatrix} \begin{Bmatrix} \boldsymbol{u}_m \\ \boldsymbol{u}_s \end{Bmatrix} = \begin{Bmatrix} \boldsymbol{F}_m \\ \boldsymbol{F}_s \end{Bmatrix} \tag{3.2}$$

或者展开写成

$$\boldsymbol{K}_{mm}\boldsymbol{u}_m + \boldsymbol{K}_{ms}\boldsymbol{u}_s = \boldsymbol{F}_m \tag{3.3}$$

$$\boldsymbol{K}_{sm}\boldsymbol{u}_m + \boldsymbol{K}_{ss}\boldsymbol{u}_s = \boldsymbol{F}_s \tag{3.4}$$

由于施加在从自由度上的载荷向量 $\boldsymbol{F}_s = 0$，由式(3.4)可得

$$\boldsymbol{u}_s = -\boldsymbol{K}_{ss}^{-1}\boldsymbol{K}_{sm}\boldsymbol{u}_m \tag{3.5}$$

将式(3.5)代入式(3.3)，可得

$$\boldsymbol{F}_m = (\boldsymbol{K}_{mm} - \boldsymbol{K}_{ms}\boldsymbol{K}_{ss}^{-1}\boldsymbol{K}_{sm})\boldsymbol{u}_m \tag{3.6}$$

则减缩的刚度矩阵可以写成

$$\boldsymbol{K}' = \boldsymbol{K}_{mm} - \boldsymbol{K}_{ms}\boldsymbol{K}_{ss}^{-1}\boldsymbol{K}_{sm} \tag{3.7}$$

由上述推导可以得到变换矩阵 $\boldsymbol{T}$，从而有

$$\begin{Bmatrix} \boldsymbol{u}_m \\ \boldsymbol{u}_s \end{Bmatrix} = \begin{bmatrix} \boldsymbol{I} \\ -\boldsymbol{K}_{ss}^{-1}\boldsymbol{K}_{sm} \end{bmatrix} \boldsymbol{u}_m = \boldsymbol{T}\boldsymbol{u}_m \tag{3.8}$$

同理，减缩的质量矩阵和阻尼矩阵可以写成

$$\boldsymbol{M}' = \boldsymbol{M}_{mm} - \boldsymbol{K}_{ms}\boldsymbol{K}_{ss}^{-1}\boldsymbol{M}_{sm} - \boldsymbol{M}_{ms}\boldsymbol{K}_{ss}^{-1}\boldsymbol{K}_{sm} \\ + \boldsymbol{K}_{ms}\boldsymbol{K}_{ss}^{-1}\boldsymbol{M}_{ss}\boldsymbol{K}_{ss}^{-1}\boldsymbol{K}_{sm} \tag{3.9}$$

$$\boldsymbol{C}' = \boldsymbol{C}_{mm} - \boldsymbol{K}_{ms}\boldsymbol{K}_{ss}^{-1}\boldsymbol{C}_{sm} - \boldsymbol{C}_{ms}\boldsymbol{K}_{ss}^{-1}\boldsymbol{K}_{sm} \\ + \boldsymbol{K}_{ms}\boldsymbol{K}_{ss}^{-1}\boldsymbol{C}_{ss}\boldsymbol{K}_{ss}^{-1}\boldsymbol{K}_{sm} \tag{3.10}$$

通过上述变换，结构模型的自由度数由初始的 N 降低至了主自由度数 n_m。由于减缩的刚度矩阵是由所有的初始刚度矩阵中的元素构成，因而系统的弹性项并未受到损失，系统的减缩质量矩阵则是通过刚度和质量项进行描述的，只有轮盘的惯性项在减缩中受到一定损失，而轮盘的动能在系统动能中所占的比重较小，因此，静力减缩方法的计算精度能够得到保证。

3.2.2 模态减缩原理

根据发动机的工作原理，叶盘结构的载荷主要以阶次激励为主，结构响应表现为阶次振动，可以通过对激励频率附近的密集模态族进行线性叠加表示，因而可以借鉴基于系统模态族的模态综合理论，在静力减缩的基础上对模型进行二次减缩，

进一步推动模型的降阶,提高时域求解的效率。

失谐叶盘结构模型经过静力减缩后,系统运动方程写成

$$(M'_0 + \Delta M')\ddot{u}' + C'\dot{u}' + (K'_0 + \Delta K')u' = F' \tag{3.11}$$

式中,M'_0 和 K'_0 为一次减缩后的谐调质量和刚度矩阵;$\Delta M'$ 和 $\Delta K'$ 为减缩矩阵中的失谐量;u'、$\dot{u}'$ 和 $\ddot{u}'$ 分别为经过一次减缩的位移、速度和加速度向量;F' 为经过一次减缩的载荷向量。

假设系统阻尼为比例阻尼,可以写成

$$C' = \alpha M' + \beta K' = C'_0 + \Delta C' \tag{3.12}$$

式中,α 和 β 为比例阻尼系数。

由于谐调结构的模态集是完备的,因而失谐结构的振动位移可以通过谐调模态线性表达。一般说来,叶盘结构的固有模态具有成族高度密集分布的特点,而各族模态对响应的贡献又与其距离激励频率的远近有关,贡献的程度会随着这个距离的增加而迅速衰减,因而远离激励频率的模态成分对于受迫响应的贡献较小,这样,失谐结构的位移响应就可以通过一组截断的谐调模态近似表达

$$u' = \hat{\boldsymbol{\Phi}}_0 \boldsymbol{\eta} \tag{3.13}$$

式中,$n_m \times n_n$ 阶的模态矩阵 $\hat{\boldsymbol{\Phi}}_0$ 具有如下形式(n_n 是所选取的谐调模态数),即

$$\hat{\boldsymbol{\Phi}}_0 = [\boldsymbol{\varphi}_1, \boldsymbol{\varphi}_2, \boldsymbol{\varphi}_3, \cdots, \boldsymbol{\varphi}_{n_n}] \tag{3.14}$$

模态坐标向量可以写成

$$\boldsymbol{\eta} = [\eta_1, \eta_2, \cdots, \eta_{n_n}]^{\mathrm{T}} \tag{3.15}$$

式中,η_j 为第 j 阶谐调模态 $\boldsymbol{\varphi}_j$ 对于响应的贡献。

对于时不变系统,将式(3.13)代入式(3.11),并在等式两端都前乘 Hermite 矩阵 $\hat{\boldsymbol{\Phi}}_0^{\mathrm{H}}$,即可得到经过第二重减缩的系统运动方程

$$(\hat{M}'_0 + \Delta \hat{M}')\ddot{\boldsymbol{\eta}} + (\hat{C}'_0 + \Delta \hat{C}')\dot{\boldsymbol{\eta}} + (\hat{K}'_0 + \Delta \hat{K}')\boldsymbol{\eta} = \hat{F}' \tag{3.16}$$

式中,$\hat{M}'_0$、$\hat{C}'_0$ 与 $\hat{K}'_0$ 分别为减缩后的模态质量、模态阻尼与模态刚度矩阵;$\Delta \hat{M}'$、$\Delta \hat{C}'$ 和 $\Delta \hat{K}'$ 分别为上述矩阵中由失谐引起的变化、$\hat{F}'$ 为减缩后的模态载荷向量。

可以看到,上述静力 – 模态双重减缩充分利用了叶盘结构不同于其他一般结构的特点:第一,系统的振动形式以叶片振动为主导;第二,载荷形式为阶次激励而且结构频率成分成族密集分布。另外,在模态线性叠加的描述中采用了相应的谐调模态,这可以通过周期对称的扇区模型得到,避免了完整模型规模过大造成的计算量激增问题。经过双重减缩后,模型的规模得到了显著的降低,为高效地求解系统时域响应做好了充分的模型准备。

3.3 精细积分时域求解方法

在上述减缩模型的基础上,可以采用第 2.4 节讨论的 Newmark 法等隐式格式

的时间积分方法求解瞬态响应问题。Newmark 算法实际上是线性加速度方法的一种,求解精度严重依赖于积分的时间步长,而且在每一时间步都需要求解线性方程组,计算效率比较低。

为了克服传统隐式方法的上述缺陷,改进代数动力方程的求解精度和效率,人们提出了精细积分方法,可以准确求解线性定常结构振动方程。其核心思想是:将定常系统的逐步积分公式转化成一系列的矩阵向量乘法,通过指数矩阵的加法定理以及增量算法精确地求得该乘法的递推系数矩阵;再根据初始条件,即可得到任意时间点的积分结果。这种方法虽然不是完全解析的,但其数值结果高度准确,因而得名"精细积分"。精细积分方法是近年来代数动力方程领域的一项重要研究进展。关于这种方法的一般性描述可以参考 2.5 节的讨论。下面结合上述的双重减缩失谐叶盘振动方程说明其具体应用。

由于采用了递推表达,精细积分法适于处理一阶常微分方程组,因而需要对系统方程进行增维降阶处理。首先将经过二重减缩的系统方程转化到状态空间

$$\begin{cases} \dot{q} = Aq + Dp + r_q \\ \dot{p} = Bq + Cp + r_p \end{cases} \tag{3.17}$$

其中

$$\begin{cases} p = (\hat{M}'_0 + \Delta \hat{M}')\dot{\eta} + \frac{1}{2}(\hat{C}'_0 + \Delta \hat{C}')\eta \\ q = \eta \end{cases} \tag{3.18}$$

且

$$\begin{cases} A = -\frac{1}{2}(\hat{M}'_0 + \Delta \hat{M}')^{-1}(\hat{C}'_0 + \Delta \hat{C}') \\ B = \frac{1}{4}(\hat{C}'_0 + \Delta \hat{C}')(\hat{M}'_0 + \Delta \hat{M}')^{-1}(\hat{C}'_0 + \Delta \hat{C}') - (\hat{K}'_0 + \Delta \hat{K}') \\ C = -\frac{1}{2}(\hat{C}'_0 + \Delta \hat{C}')(\hat{M}'_0 + \Delta \hat{M}')^{-1} \\ D = (\hat{M}'_0 + \Delta \hat{M}')^{-1} \end{cases} \tag{3.19}$$

非齐次向量为

$$\begin{cases} r_p = \hat{F}' \\ r_q = 0 \end{cases} \tag{3.20}$$

由于式(3.17)是非齐次的,根据常微分方程的求解理论,需要首先求解齐次方程

$$\dot{v} = Hv \tag{3.21}$$

其中

$$H = \begin{bmatrix} A & D \\ B & C \end{bmatrix} \tag{3.22}$$

39

$$v = \begin{Bmatrix} q \\ p \end{Bmatrix} \tag{3.23}$$

定义时间步长为 τ，则时不变系统的通解可以写为

$$v_1 = Tv_0, \quad T = \exp(H \cdot \tau) \tag{3.24}$$

一但矩阵 T 被求得，那么时间步积分就可以看作是一系列以下形式的矩阵向量乘法

$$v_1 = Tv_0, \quad v_2 = Tv_1, \quad \cdots, \quad v_k = Tv_{k-1}, \quad \cdots \tag{3.25}$$

可以看出，如果能够精确地求解指数矩阵 T，那么根据给定的初始条件，就可以递推得到系统任意时刻的响应。

指数矩阵的精细计算有两个要点：一是运用指数函数的加法定理，即运用 2^N 类算法；二是将注意力放在增量上，而不是其全量。根据指数矩阵函数的加法定理可得

$$\exp(\tau H) = \left[\exp\left(\frac{\tau H}{m} \right) \right]^m \tag{3.26}$$

式中，m 为任意正整数。式(3.26)可以表达成幂级数展开的形式，即

$$\exp(\tau H) \approx I + \tau H + \frac{1}{2}(\tau H)^2 + \frac{1}{3}(\tau H)^3 + \cdots \tag{3.27}$$

为了控制高阶项截断带来的误差，可以将每个积分步分解为若干很小的子步，令 $m = 2^N$，那么子步长 $\Delta t = \tau/m$ 是一个小的时间增量，且有

$$\exp(\Delta t H) \approx I + \Delta t H + \frac{1}{2}(\Delta t H)^2 = I + T_a \tag{3.28}$$

由于与 I 相比，T_a 的值非常小，那么式(3.28)在计算中关键是要存储 T_a，而不是 $I + T_a$，否则 T_a 就会成为一个附加项，其精度会在计算机的舍入操作中丧失殆尽，这便是前面提到的第二个要点。

为了计算矩阵 T，应将式(3.26)进行因式分解

$$T = (I + T_a)^{2^N} = (I + T_a)^{2^{(N-1)}} \times (I + T_a)^{2^{(N-1)}} \tag{3.29}$$

这种分解一直进行 N 次，由于对任意矩阵 T_b 和 T_c，有

$$(I + T_b) \times (I + T_c) \equiv I + T_b + T_c + T_b \times T_c \tag{3.30}$$

当 T_b 和 T_c 很小时，不应加上 I 后再执行乘法。将 T_b 和 T_c 都看成 T_a，那么式(3.29)的 N 次乘法在计算机中相当于执行以下语句

$$\text{for}(\text{iter} = 0; \text{iter} < N; \text{iter} + +) \quad T_a = 2T_a + T_a \times T_a \tag{3.31}$$

当以上语句循环结束后，再执行

$$T = I + T_a \tag{3.32}$$

由于 N 次乘法之后 T_a 已不再是很小的矩阵了，式(3.32)已经没有严重的舍

入误差了。以上便是指数矩阵的精细计算方法。

对于发动机中的阶次激励,可以将式(3.17)中的非齐次向量表示为三角函数形式

$$r(t) = \begin{Bmatrix} r_q \\ r_p \end{Bmatrix} = r_1 \sin\omega t + r_2 \cos\omega t \tag{3.33}$$

式中,r_1 和 r_2 为常向量。

当递推系数矩阵 T 求得后,时间积分的表达式便可以写成

$$v_{k+1} = T(v_k - A\sin\omega t_k - B\cos\omega t_k) + A\sin\omega t_{k+1} + B\cos\omega t_{k+1} \tag{3.34}$$

其中

$$\begin{cases} A = \left(\omega I + \dfrac{H^2}{\omega}\right)^{-1}\left(r_2 - \dfrac{Hr_1}{\omega}\right) \\ B = \left(\omega I + \dfrac{H^2}{\omega}\right)^{-1}\left(-r_1 - \dfrac{Hr_2}{\omega}\right) \end{cases} \tag{3.35}$$

3.4 板状叶盘结构分析实例

3.4.1 分析模型和模态特性

下面通过具体的算例来验证 DRARM 的有效性。首先选择一个带有 12 个叶片的简单板状叶盘结构进行数值验证,其有限元模型如图 3.2(a)所示。结构采用 8 节点的实体单元划分网格,在轮盘的内径处施加位移全约束。通过改变某悬臂叶片的弹性模量引入失谐,失谐量为 5%。虽然模型本身比较简单,但是仍可体现出各种基本的叶盘耦合振动形式,而且可以比较方便地进行完整非减缩的有限元分析以得到基准解与减缩方法的结果进行比较。

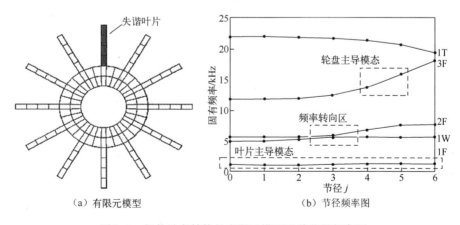

(a) 有限元模型　　　　　　　　(b) 节径频率图

图 3.2　板状叶盘结构的有限元模型及其节径频率图

上述叶盘结构的节径频率曲线如图 3.2(b)所示。可以看出结构的模态按照叶片的振动形式特征可以划分为若干族,每一族模态对应于一条曲线。图中按照频率由低到高,各条曲线对应的振动形式分别为叶片的一阶弯曲(1F)、一阶摆动(1W)、二阶弯曲(2F)、三阶弯曲(3F)以及一阶扭转(1T)振动。曲线的倾斜程度(斜率)代表了是哪一部件的振动占主导地位。对于叶片主导的振动,这些模态会密集地分布于单独叶片本身的频率附近,节径频率曲线相对比较平缓;而轮盘振动主导的模态则分布于较陡的节径频率曲线上,这是由于轮盘刚性的影响,轮盘振动的频率会随着节径数的增加而升高。在一些频率范围,两种类型的振动并非独立的,不同族的频率曲线会趋于相交,然后受到轮盘柔性的影响又会迅速分离,这种现象称为"频率转向"[231]。

在模型上施加单位幅值的简化模拟阶次激励(即"谐波点激励")

$$f_E = \left\{ 1 \quad e^{jN_E\phi} \quad e^{j2N_E\phi} \quad \cdots \quad e^{j(N-1)N_E\phi} \right\} e^{i\omega t} \tag{3.36}$$

式中,N_E 和 ω 分别为激励的阶次和激励频率;$\phi = 2\pi/N_b$ 为叶间相角,N_b 为叶片数。

激励载荷施加在每个叶片的叶尖,与叶片表面方向垂直(轴向)。计算中假设初始时结构处于静止状态,且结构的模态阻尼比为 1%。计算得到的振动响应为失谐叶片的叶尖节点位移响应(以下的响应分析均是叶尖节点的振动位移)。

为了比较各种减缩方法的精度和效率,分别采用静力减缩方法、模态减缩方法以及 DRARM 对上述板状失谐叶盘结构进行受迫振动响应计算。考虑到当时间步长较小时,Newmark 法具有很高的精度,因而将基于完整有限元模型的 Newmark 法计算结果作为标准,对上述三种方法的计算精度进行检验。

3.4.2　静力减缩－精细积分法的数值结果

首先采用静力减缩模型计算失谐叶盘结构的时域响应,并将结果与完整有限元模型的解进行比较。

在失谐叶盘上施加 1E 激励,叶片主导振动对应的时域响应如图 3.3(a)所示。由于激励频率靠近叶片的 1F 固有频率,因而结构的响应主要体现为叶片的 1F 振动。可以看出,通过静力减缩计算得到的响应具有较高的精度——峰值处的响应结果仅与整体有限元解相差不到 0.3%。这主要是由于系统振动由叶片主导,轮盘的振动并不明显,因而被静力减缩忽略掉的轮盘惯性项作用十分有限。

随后考虑了激励频率接近于轮盘主导模态频率时的情况,施加激励的频率为图 3.2(b)中 2F 模态族的 4 节径振动频率。计算得到的时域响应如图 3.3(b)所示,根据计算结果,当轮盘振动被激起时,静力减缩方法的计算误差会略有上升,但其水平仍保持在 2% 以下,因而可以较准确地预测叶片响应。上述结果表明,弹性项(刚度)在轮盘振动中所起的作用要大于惯性项(质量)。因此,无论激励频率落在叶片振动频段、轮盘振动频段抑或是频率转向区域,静力减缩方法都可以获得满意的计算结果。

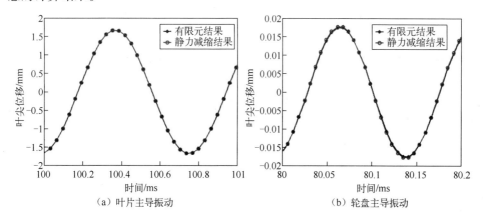

（a）叶片主导振动　　　　　　　　　（b）轮盘主导振动

图 3.3　静力减缩模型的时域响应

3.4.3　模态减缩 – 精细积分法的数值结果

　　下面采用模态减缩模型计算失谐叶盘结构的时域响应，仍将结果与完整有限元模型的解进行比较。

　　首先考虑叶盘结构在 1E 激励下以叶片 1F 振动为主导的响应。分别选取了谐调结构的第 1 族(1F)和第 1~3 族(1F、1W 和 2F)模态作为模态基进行减缩，计算得到时域响应曲线如图 3.4 所示。可以看出，由于后者模型中所考虑的响应成分相对更加完备，因而其计算精度要略好于前者，但是由于激起的响应成分以相对孤立的 1F 族模态为主，因而两种模态减缩模型的计算结果都与有限元结果具有较好的一致性，二者都具有较高的精度。

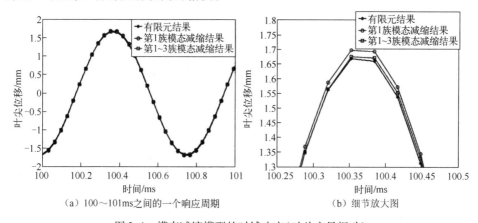

（a）100~101ms 之间的一个响应周期　　　　（b）细节放大图

图 3.4　模态减缩模型的时域响应(叶片主导振动)

　　为了验证当轮盘模态被激起时模态减缩模型的计算精度，在叶片上施加 4E 激励，激励频率仍为图 3.2(b)中 2F 模态族的 4 节径振动频率。分别选取谐调结

43

构的第1~3族和第1~5族(1F、1W、2F、3F和1T)固有模态进行减缩。典型时域的失谐响应如图3.5(a)所示。与较孤立的叶片模态族被激起时不同，采用第1~3族模态进行减缩的模型计算精度明显较差，这主要是由于轮盘刚性相对较大，同一类型的轮盘主导模态往往并不仅仅处在同一条节径频率曲线上，而可能位于附近的几条曲线上。如图3.2(b)所示，当节径数 $j=0$ ~ 2 时，结构的2F族模态对应于叶片主导的振动，而当节径数 $j=4$ ~ 5 时，2F族模态则相应于轮盘主导的振动。由此可见，当轮盘振动可能被激起时，需要同时选取激励频率附近的若干族谐调模态参与减缩，以保证计算结果的精确性。

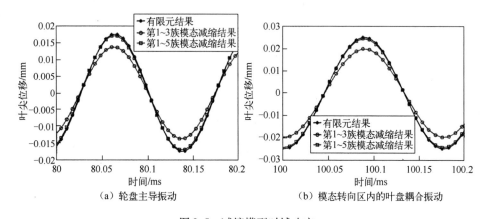

（a）轮盘主导振动　　　　　　（b）模态转向区内的叶盘耦合振动

图3.5　减缩模型时域响应

前面分别考察了模态减缩模型对于叶片主导的振动和轮盘主导的振动的有效性，而在频率转向区附近，叶片模态和轮盘模态相互耦合作用，结构系统对失谐更加敏感，响应成分也更加复杂，因而需要对减缩模型在频率转向区的有效性加以验证。

在叶片上施加频率为 5700 Hz 的 3E 激励（该激励频率位于转向区内），选取不同数目的谐调模态进行减缩，计算得到的典型时段失谐响应如图3.5(b)所示。与轮盘主导振动的情况相似，当选取第1~3族谐调模态进行减缩时，计算结果的误差明显较大，而当选取的模态增加至前5族时，计算结果具有满意的精度——峰值响应的误差不大于2%。由于频率转向区是叶片模态向轮盘模态过渡的区域，因而在其附近的响应是叶片模态与轮盘模态共同参与的结果，因而在模态减缩过程中需要保留激励频率附近的几族模态以确保兼顾了两种振动形式的影响。

3.4.4　模型双重减缩(DRARM)的数值结果

在分别验证了静力减缩和模态减缩两种方法的有效性后，将两种方法结合起来，采用基于模型双重减缩的时域算法 DRARM 进行计算，并将结果与完整有限元模型的解进行对比。

首先在叶片上施加 1E 激励,考虑叶片 1F 振动被激起的情况。根据前面的计算结果,由于这一阶模态族的相对孤立性,进行模态减缩时只需选取叶片的 1F 模态族即可。结构的典型时域响应如图 3.6 所示,与模态减缩模型的计算结果相似,DRARM 同样具有较高的计算精度,这主要是由于系统中的运动主要集中在叶片部分,故而在静力减缩时忽略轮盘的惯性不会带来过大的误差。

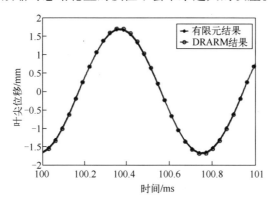

图 3.6 DRARM 模型的时域响应(叶片主导振动)

在结构上分别施加 4E 激励和 3E 激励以考察双重减缩模型对轮盘主导的振动和叶盘耦合振动的适用性,得到的时域响应如图 3.7 所示,其中在模态减缩时选取了静力减缩结构的第 1~5 族谐调模态。计算结果表明,当轮盘振动明显参与甚至主导了系统振动时,DRARM 仍可以取得较高的精度,响应峰值处的误差只有 2%。而且由于静力减缩不会严重地影响计算精度,那么只要构造的减缩模态基是适当的,这种双重减缩时域算法的计算精度就能够得到保证。

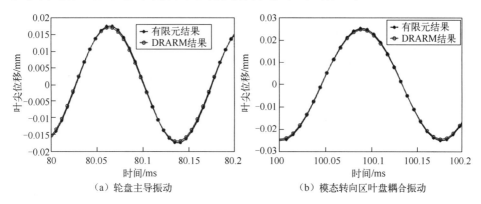

(a)轮盘主导振动 (b)模态转向区叶盘耦合振动

图 3.7 DRARM 模型时域响应

3.4.5 DRARM 的数值效率

DRARM 的计算效率主要可以从计算时间的角度衡量,为此,基于 DRARM 模

型,采用不同时域算法,进行图 3.2(a)的板状失谐叶盘结构的振动响应计算,相应的算法组合包括:

(1) 基于完整有限元模型的 Newmark 方法计算(记为"FE – NM");

(2) 基于双重减缩模型的 Newmark 方法计算(记为"DROM – NM");

(3) 基于双重减缩模型的精细积分方法计算(记为"DRARM – τ");

(4) 基于双重减缩模型的精细积分方法计算,其中前 $N_c - 1$ 个周期的时间步长为 24τ(N_c 为振动周期数),最后一个周期的积分步长为 τ(记为"DRARM – 24τ")。

利用上述的算法计算了当不同主导振动形式被激起时,失谐叶盘结构从初始状态至达到一定稳态振动时的时域响应历程,所需要的计算时间和积分步数列于表 3.1 中(如果未进行特殊说明,时间步长 τ 都取为振动周期的 1/24)。计算在联想双核计算机上完成,主频为 2.99 GHz,内存为 2 GB。

表 3.1 计算时间(CPU)与积分步数

算　　法	叶片主导振动		转向区内的耦合振动		轮盘主导振动	
	时间/s	步数	时间/s	步数	时间/s	步数
FE – NM	13 843.60	2352	100 184.42	10 248	134 432.30	11 976
DROM – NM	60.41	2352	2032.38	10 248	2754.60	11 976
DRARM – τ	37.78	2352	1301.88	10 248	1780.93	11 976
DRARM – 24τ	0.98	121	4.96	450	6.17	522

可以看出,这种基于双重减缩 – 精细积分的时域方法 DRARM 具有较高的效率,这主要体现在以下几个方面:

(1) 根据"FE – NM"与"DROM – NM"的结果对比,模型经过两次减缩后,规模得到了较大的减缩:经过静力减缩(第一重减缩)后,轮盘部分的自由度有较大降低,整个结构的自由度数从 1008 降低至了 720,为模态减缩时在物理域和模态域之间进行的每一步坐标变换节省了计算成本;在模态减缩(第二重减缩)过程中,由于仅选取了给定的若干族谐调模态来近似表达失谐响应,对于每一步时间积分,问题的规模只取决于参与减缩的谐调模态数。根据表 3.1 中给出的"FE – NM"和"DROM – NM"计算时间,经过两重减缩后,采用相同积分算法所需的计算时间降低了 2 ~ 3 个量级。此外,由于结构的谐调模态只需计算一次,因而 DRARM 也可以用于 Monte Carlo 数值模拟方法进行随机失谐叶盘结构的时域概率响应计算。

(2) 根据"DROM – NM"与"DRARM – τ"的结果对比,在积分步数完全相同的情况下,精细积分所需的求解时间只是传统 Newmark 方法的 60% ~ 70%,这是由于精细积分法把问题转化成了由一系列矩阵向量的加法和乘法组成的递推表达过程,计算中运用了 2^N 类算法,充分发挥了定常系统的时间均匀性,即动力方程对于时间坐标的平移群是性质不变的。在整个求解过程中只需要求解一次状态转移矩阵 **H**，而不用在每一个时间步都求解线性方程组，从而保证了计算的高效性。

（3）由于精细积分方法将注意力放在增量上，而不是其全量，这样即使时间步长取得很大，仍可以得到精确的矩阵函数，避免了计算精度对积分步长的依赖。图 3.8 所示为采用不同步长的精细积分算法得到的失谐结构在 4E 激励下的时域响应片段，其中"DRARM $-\tau$"代表每次积分的时间步长均为振动周期的 1/24，"DRARM -24τ"代表只在最后一个周期中每次积分的时间步长保持为振动周期的 1/24，而前面的 N_c-1 个周期中的时间步长等于振动周期，即在每个振动周期只进行一次时间积分。由图中可以看出，当前 N_c-1 个周期的积分步长增大为原来的 24 倍时，精细积分方法在最后一个周期内的求解精度仍保持不变，而积分次数却缩减了 90% 以上，根据"DRARM $-\tau$"与"DRARM -24τ"的结果，计算时间缩短了 2~4 个量级。相关数据也列于表 3.1 中。

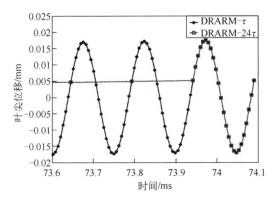

图 3.8　采用不同步长的精细积分算法得到的平板叶盘结构时域响应

3.5　典型工程叶盘结构分析实例

现在以某典型叶盘结构为例，对 DRARM 的有效性进行验证。有限元模型如图 3.9 所示，模型共 12 600 个实体单元，20 720 个节点。以叶片的弹性模量作为失谐参数，图中深色叶片的弹性模量较公称值增加了 5%。在盘心处施加位移约束，在每个叶片的叶尖相应节点处施加轴向的单点简化模拟阶次激励（谐波点激励）。假设初始分析不考虑结构的旋转效应，模态阻尼比为 1%。叶盘的模态特性可以参考 6.3 节的分析。

这里仍以完整有限元模型的计算结果作为

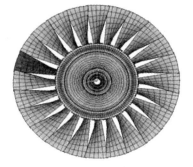

图 3.9　典型叶盘结构有限元模型

比较的基准。考虑到有限元方法中采用 Newmark 方法进行时域积分的求解精度依赖于时间步长,因此为了取得较高的精度,在每个振动周期选取 72 个积分点。此外,由于在前述的简单板状叶盘结构计算中,静力减缩的精度已经得到了很好的验证,因而这里主要考察在 DRARM 的模态减缩中,选取不同的模态基对计算结果带来的影响。

首先考虑叶片 1F 模态族被激起的情况。此时结构振动能量主要集中在叶片上,轮盘的振动较弱。计算得到失谐叶片上的时域响应如图 3.10(a)所示,其中分别选取静力减缩后结构的第 1 族、第 1~2 族和第 1~3 族模态构成双重减缩模型。根据计算结果,3 个减缩模型的计算结果与完整的有限元结果具有很好的一致性,在响应的峰值处,取第 1 族模态进行减缩的 DRARM 计算结果的误差为 1%,而取第 1~2 族和第 1~3 族模态进行减缩的 DRARM 的结果误差均只有 0.4% 左右。由此可见,DRARM 具有很高的精度,对于叶片的 1F 振动响应,计算中只需选取静力减缩结构的前 2~3 族谐调模态即可。

下面分析当轮盘振动被激起时 DRARM 的有效性。以轮盘主导的 1 节径振动为例,分别选取谐调结构的第 1~3 族、第 1~5 族和第 1~10 族模态进行模态减缩,计算得到的时域响应如图 3.10(b)所示。根据对稳态阶段峰值响应的对比可以看出,随着选取模态数的增加,算法的精度逐渐得到改善——选取静力减缩结构的第 1~3 族模态、第 1~5 族模态和第 1~10 族模态的 DRARM 结果误差分别约为 2%、0.5% 和 0.2%。与叶片主导振动的情况相比,叶盘耦合振动的状态更为复杂,参与振动的模态更多,因而减缩时所需要的谐调模态也就更多。计算时,可根据不同的精度要求选择相应的谐调模态族进行减缩,这样可以避免计算资源受到不必要的浪费。

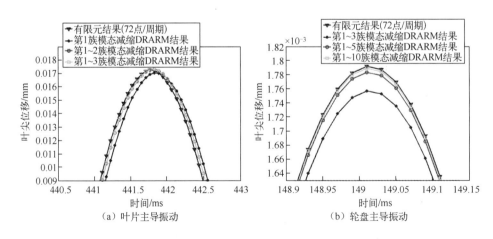

（a）叶片主导振动　　　　　　　　（b）轮盘主导振动

图 3.10　DRARM 计算的时域响应

为了验证 DRARM 应用于典型工程叶盘的计算效率,采用了"FE – NM"(基于完整有限元模型的 Newmark 方法)、"DRARM – τ"(基于双重减缩模型的精细积分方法)和"DRARM – 720τ"(基于双重减缩模型的精细积分方法计算,其中前 100 个周期的时间步长为 720τ,即每 10 个周期进行 1 次时间积分,最后 10 个周期的时间步长为 τ)等对上述的典型叶盘结构进行振动响应计算。计算了当不同部件主导的振动形式被激起时,失谐叶盘结构由静止状态开始的前 110 个振动周期的时间响应历程,并将所需要的计算时间和积分步数列于表 3.2 中(如未进行特殊说明,时间步长 τ 都取为振动周期的 1/72)。其中,符号"MF1/MF1 – 3"代表在叶片主导的振动中选择结构的第 1 族谐调模态(Mode Family 1)进行减缩,而在轮盘主导的振动中选择结构的第 1 ~ 3 族谐调模态(Mode Family 1 – 3)进行减缩,以此类推。计算在 DELL8 核服务器上进行,主频为 2.66 GHz,内存为 32 GB。

表 3.2　计算时间(CPU)与积分步数

算　　法		叶片主导振动		轮盘主导振动	
		时间/s	步数	时间/s	步数
FE – NM		23976	7920	24198	7920
DRARM – τ	MF1/MF1 – 3	2300	7920	2347	7920
	MF1 – 2/MF1 – 5	2394	7920	2402	7920
	MF1 – 3/MF1 – 10	2441	7920	2520	7920
DRARM – 720τ	MF1/MF1 – 3	14.36	730	29.21	730
	MF1 – 2/MF1 – 5	22.27	730	50.28	730
	MF1 – 3/MF1 – 10	33.37	730	64.37	730

　　由上述计算结果可以看出,DRARM 应用在典型叶盘的高保真有限元模型上仍具有很高的效率。主要特点如下:

　　(1)根据"FE – NM"与"DRARM – τ"的结果对比,在积分步数完全相同的情况下,DRARM 所用的计算时间约为有限元的 10%。这主要是出于两方面的原因:第一,双重模型减缩使得结构的自由度由 61 080 依次降低至 7776 和 24n(本算例模态减缩中保留的模态数 $n = 1 \sim 10$),计算中所耗费的资源被大大地降低;第二,DRARM 中的精细积分方法利用了定常系统中动力方程对于时间坐标的平移群是不变的性质,整个求解过程中只需要计算一次状态转移矩阵 H,因而保证了计算的高效性。

　　(2)DRARM 避免了计算精度对积分步长的依赖。"DRARM – 720τ"代表在最后 10 个周期中每次积分的时间步长为振动周期的 1/72,而在前面的 100 个周期中积分的时间步长等于振动周期的 10 倍。由之计算得到的时域响应如图 3.11 所示,增大步长后,DRARM 的计算精度与原来完全一致,而计算步骤却被减少至只有 10% 左右,计算时间被缩短了 2 个量级,这是传统的隐式积分方法所不可比拟的优点。根据这一优点,可以采用 DRARM 进行"跨越式运算"——在不感兴趣的振动时段设置较大的时间步长,每几个甚至几十个振动周期运算一次,以节省运算时间;而在关键的振动时段则可以设置较小的积分步长,以精确地捕捉系统振动的时间历程。

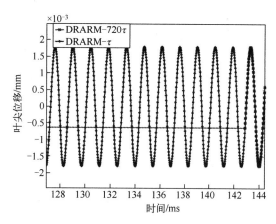

图 3.11　不同时间步长的 DRARM 得到的典型叶盘结构时域响应

3.6　本章小结

本章讨论了一种精确高效的,基于模型双重减缩和时间精细积分的失谐叶盘结构时域响应分析方法 DRARM,讨论了减缩原理和特点,并分别以简化的平板叶盘结构和某典型工程叶盘结构为算例,验证了方法的计算精度和计算效率,得到的主要结论如下:

(1) 根据叶盘结构的振动形式和载荷特征,DRARM 分别在物理域和模态域对有限元模型的规模进行了双重减缩。首先通过静力减缩,只保留初始模型中的叶片自由度和部分轮盘自由度,忽略轮盘的惯性对结构振动的贡献;然后再对静力减缩模型进行模态减缩,将失谐结构的响应由相应的谐调结构的相关模态子集线性表达,由于方法略去了对响应贡献较小的模态成分,而且谐调模态还可以通过周期对称分析得到,因而模型的规模被再次降低,使得振动方程的自由度数目大幅减少。

(2) 在时域求解方法上,DRARM 采用了时间精细积分方法,其基础是利用 2^N 算法计算递推系数矩阵 $\boldsymbol{T} = \exp(\tau \boldsymbol{H})$,充分利用了指数函数的加法定理,将每个积分步分解为若干子步,抑制了级数展开时高阶项截断带来的较大误差。而且,方法将矩阵求解的注意力放在增量上,而不是其全量,避免舍入误差累积对精度的影响。由于摆脱了计算精度对时间步长的依赖,在应用中可以根据实际需要有针对性地进行"跨越式运算",通过加大时间步长的手段直接略过不关心时段的积分过程,从而可以大幅提高计算效率。

（3）在两个有代表性的数值算例中，DRARM 的计算精度和计算效率与完整有限元模型进行了比对。结果表明，在模态减缩阶段，可以根据不同的精度要求选取模态子集，只要选取得当，DRARM 就会具有满意的数值精度，而其计算时间则要比传统方法减少至少 1 个量级。可以看出，DRARM 不仅可用于一般简化模型的机理性研究，也适用于规模较大的工程叶盘高保真有限元模拟分析，具有较为广泛的应用范围。

第4章　整体叶盘结构振动响应分析
的代数动力算法

4.1　引　　言

第2章介绍了常用的响应计算方法,其中的精细积分法虽然具有高效率、高精度的特点,但是仅对较小规模的结构振动问题特别有效。第3章讨论的基于减缩的精确积分方法,可以较为有效地解决失谐叶盘结构振动响应这类大规模结构振动响应问题,但是仍然限制了该方法的应用是基于减缩后的模型的。

精细积分法的使用有两个重大的障碍:一是矩阵求逆的问题;二是直接求解矩阵指数函数时由于不能保持稀疏性而造成的计算和存储的困难,同时也严重降低了算法的效率。这两个障碍使得精细积分法不能应用于大型结构的响应求解,对于矩阵求逆问题,可以采用顾元宪等[199, 200]提出的增维方法解决,该方法将非齐次激励项也看作动力方程的状态变量,将其纳入到求解中去,将非齐次动力方程转化为齐次动力方程,从而避免了精细积分过程中的矩阵求逆问题。

尽管上述增维方法可以避免矩阵的求逆运算,但增维矩阵使得求解规模进一步加大,此时矩阵本身虽保持了稀疏性,但积分过程中要用到的该矩阵的指数函数却不再是稀疏的,这使得该方法的计算和存储问题变得更加突出,甚至不能进行计算。注意到式(2.35)的齐次方程的解中只涉及到矩阵指数函数 $e^{\tau H}$ 和向量 $\boldsymbol{v}_k$ 的乘积,可以通过某些算法直接计算两者的乘积,而不是像精细积分方法中先得到 $e^{\tau H}$ 后再计算矩阵向量乘积那样求解运动方程。在该类算法中,无论是直接求解矩阵的指数函数还是求解 $e^{\tau H}$ 和向量 $\boldsymbol{v}_k$ 的乘积,其根本思想都是在状态空间中通过状态转移的半解析方法求解系统的响应。这类算法称为代数动力算法(Algebraic Dynamic Algorithm)。

如1.5节所介绍的,目前求解 $e^{\tau H} \boldsymbol{v}$ 的算法主要有基于 Krylov 子空间的算法和基于插值的算法等两类。两类方法都充分利用了矩阵 $\boldsymbol{H}$ 的稀疏性,在求解过程中都不需要求解线性方程组。前一种方法通过 Arnoldi 过程将大规模的问题投影到一个较小 Krylov 子空间上进行求解;后一种方法基于多项式插值或是级数展开的形式,按照标量函数的插值算法计算 $e^{\tau H} \boldsymbol{v}$。两类方法各有特点,基于 Krylov 子空间的算法不需要事先知道特征值的范围,能够自适应于 $\boldsymbol{v}$,但需要生成和存储 Krylov 子空间的基向量,其计算量与子空间维数 m 的平方成正比。而采用基于插值的方法,主要的计算只涉及矩阵和向量的乘积,对内存要求较小,但需事先知道特征值范围。

本章将主要介绍代数动力算法的基本理论及其在动力响应求解中的应用,对已有的算法进行适当改进,并与传统的基于时间差分的算法进行比较。首先利用增维方法建立运动方程的代数动力算法基本格式;然后分别介绍基于 Krylov 子空间和基于多项式插值的算法及其改进形式;最后通过算例说明代数动力算法的效率和精度。

4.2　代数动力算法基本格式

为了消除精细积分法中非齐次项带来的矩阵求逆问题,可以采用增维方法重新建立系统的运动方程。考虑到式(2.30)为一组耦合的常微分方程组,若该式的非齐次项 r 为一组(耦合或非耦合的)齐次线性常微分方程组的解,则该方程组与式(2.30)的齐次形式可以合并成一组维数更高的齐次线性常微分方程组,合并后的齐次线性常微分方程组与式(2.30)在数学上是等价的。

令

$$v^* = \left\{ \begin{matrix} v \\ r^* \end{matrix} \right\} = \left\{ \begin{matrix} q \\ p \\ f \\ \dot{f} \end{matrix} \right\} \tag{4.1}$$

这样,运动方程式(2.30)可以写为

$$\dot{v}^* = H^* v^*, \quad H^* = \begin{bmatrix} H & C_1 \\ 0 & D_1 \end{bmatrix} \tag{4.2}$$

其中

$$C_1 = \begin{bmatrix} 0 & 0 \\ I_{n \times n} & 0 \end{bmatrix} \tag{4.3}$$

D_1 取决于非齐次激励项 r^* 与其导数的关系。在实际应用中,积分步长中的激励多是采用式(2.36)所示的线性近似,则有

$$\dot{f}_k = \frac{f(t_{k+1}) - f(t_k)}{\tau}, \quad D_1 = \begin{bmatrix} 0 & I_{n \times n} \\ 0 & 0 \end{bmatrix} \tag{4.4}$$

此时,状态向量间的递推关系可以表示为

$$v_{k+1}^* = \exp(\tau H^*) v_k^* \tag{4.5}$$

这样,将式(2.30)所示的非齐次形式转化为式(4.2)所示的齐次形式,从而避免了矩阵的求逆运算。

需要注意的是,对于有 n 个自由度的结构动力学问题,增维后的系统矩阵 H^*

的维数大小是原矩阵 $\boldsymbol{H}$ 的 4 倍(由 $2n \times 2n$ 变为 $4n \times 4n$)。但在激励线性近似的情况下,增加的矩阵子块为几个零矩阵和 2 个单位阵,由于代数动力算法主要是稀疏矩阵和向量的乘法运算,因此总体需要增加的计算量和存储空间都并不显著。

通过上面的处理,将最初的结构动力学方程式(2.1)转变为式(4.5)来求解,把瞬态的时域积分问题转变为矩阵指数函数和向量乘积 $\exp(\tau \boldsymbol{H}^*) \boldsymbol{v}_k^*$ 的问题。显然,对于规模稍大的问题,直接求解增维矩阵 $\boldsymbol{H}^*$ 的指数函数是不经济也几乎是不可能的,因此,接下来将介绍基于求解 $\exp(\tau \boldsymbol{H}^*) \boldsymbol{v}_k^*$ 的代数动力算法,为了描述方便,下面将 $\exp(\tau \boldsymbol{H}^*) \boldsymbol{v}_k^*$ 改记为 $\exp(\boldsymbol{A}) \boldsymbol{b}$。

4.3 基于 Krylov 子空间的算法

Krylov 子空间方法的基本思想是将矩阵 $\boldsymbol{A}$ 投影至维数较小的 Krylov 子空间上,通过计算小规模矩阵的指数函数近似求解矩阵指数函数和向量的乘积 $\exp(\boldsymbol{A}) \boldsymbol{b}$。本节将详细介绍该算法的理论基础和算法的实现过程。

4.3.1 标准 Krylov 子空间方法

对于矩阵 $\boldsymbol{A} \in \mathbb{C}^{n \times n}$ 和非零向量 $\boldsymbol{b} \in \mathbb{C}^n$,Krylov 子空间的定义为

$$K_m(\boldsymbol{A}, \boldsymbol{b}) = \mathrm{span}\{\boldsymbol{b}, \boldsymbol{A}\boldsymbol{b}, \cdots, \boldsymbol{A}^{m-1}\boldsymbol{b}\} = \{q(\boldsymbol{A})\boldsymbol{b} : q \in P_{m-1}\} \tag{4.6}$$

式中,P_{m-1} 表示最高次数为 $m-1$ 的多项式函数。

这样,如需要求解 $f(\boldsymbol{A})\boldsymbol{b}$,则可以选取 $K_m(\boldsymbol{A}, \boldsymbol{b})$ 中的某种多项式函数 $y_m = q(\boldsymbol{A})\boldsymbol{b}$ 去近似,即用多项式函数 q 去逼近函数 f。最常用的是基于 Arnoldi 过程的逼近方法。首先用 Arnoldi 过程得到 $K_m(\boldsymbol{A}, \boldsymbol{b})$ 的规范正交基 $\boldsymbol{V}_m$,满足

$$\boldsymbol{A}\boldsymbol{V}_m = \boldsymbol{V}_m \boldsymbol{H}_m + h_{m+1,m} \boldsymbol{v}_{m+1} \boldsymbol{e}_m^{\mathrm{T}} \tag{4.7}$$

式中,$\boldsymbol{H}_m$ 为上 Hessenberg 矩阵,是矩阵 $\boldsymbol{A}$ 在 Krylov 子空间 $K_m(\boldsymbol{A}, \boldsymbol{b})$ 上的投影;$\boldsymbol{e}_m$ 为第 m 个元素为 1 的单位向量,$\boldsymbol{V}_m$ 为规范正交基,其表达式为

$$\boldsymbol{V}_m = [\boldsymbol{v}_1, \boldsymbol{v}_2, \cdots, \boldsymbol{v}_m], \quad \boldsymbol{v}_1 = \frac{\boldsymbol{b}}{\|\boldsymbol{b}\|} \tag{4.8}$$

那么,$f(\boldsymbol{A})\boldsymbol{b}$ 的 Arnoldi 逼近为

$$f(\boldsymbol{A})\boldsymbol{b} \approx \beta \boldsymbol{V}_m f(\boldsymbol{H}_m) \boldsymbol{e}_1, \quad \beta = \|\boldsymbol{b}\| \tag{4.9}$$

这样,对于给定的矩阵函数 f,便可以利用式(4.9),在仅需要求解 $f(\boldsymbol{H}_m)$ 的情况下得到 $f(\boldsymbol{A})\boldsymbol{b}$ 的一定精度的近似值,其精度很大程度上取决于 Krylov 子空间的维数 m。Saad[202] 给出了这种 Krylov 子空间法的几种误差的表达式,效果较好的一个表示为

$$\mathrm{err} = h_{m+1,m} |\boldsymbol{e}_m^{\mathrm{T}} \varphi(\boldsymbol{H}_m) \beta \boldsymbol{e}_1| \tag{4.10}$$

式中

$$\varphi(z) = \frac{e^z - 1}{z} \tag{4.11}$$

在实际应用中,由于受到稳定性和精度的限制,通常并不是一步直接求得 $\exp(A)v$,而是将一个时间步长分解为若干子步长来进行积分,初始的最大允许时间步长 τ 可以由 Krylov 子空间的维数 m 和矩阵 A 的范数确定[205]

$$\tau = \frac{1}{\|A\|} \left(\frac{((m+1)/e)^{m+1}}{4\beta \|A\|} \right)^{1/m} \tag{4.12}$$

从上面的表达式可以看出,当矩阵范数 $\|A\|$ 越小或是 Krylov 子空间维数 m 越大时,时间步长 τ 就能越大。

Krylov 子空间方法求解 $\exp(A)v$ 的基本思想是将维数较大的矩阵 A 通过 Arnoldi 过程投影至 Krylov 子空间 $K_m(A,b)$ 上,通过求解其投影矩阵 H_m 的函数得到 $\exp(A)v$。这个求解过程称为标准 Krylov 子空间方法。这种算法的主要计算量在于 Arnoldi 过程和 $\exp(H_m)$(或其他形式的矩阵函数)求解两个方面。在实际应用中,很多情况下需要较大的 m 才能满足逼近的精度要求,当矩阵 A 的维数 n 很大的时候,即使 $f(H_m)$ 的计算比较简单,但 Arnoldi 过程生成和存储 V_m 对计算机硬件要求更高,以至于难以实施这种算法。

4.3.2 重开始的 Krylov 子空间法

为了克服标准 Krylov 子空间算法中 Arnoldi 过程生成和存储 V_m 对计算机硬件的压力,可以采用重开始的 Krylov 子空间方法。所谓重开始 Krylov 子空间方法,就是通过重复进行维数 m 较小的 Arnoldi 过程更好地逼近 $f(A)b$。考虑两个由 Arnoldi 过程得到的 m 维的 Krylov 子空间

$$\begin{cases} AV_m^{(1)} = V_m^{(1)} H_m^{(1)} + h_{m+1,m}^{(1)} v_{m+1}^{(1)} e_m^{\mathrm{T}} \\ AV_m^{(2)} = V_m^{(2)} H_m^{(2)} + h_{m+1,m}^{(2)} v_{m+1}^{(2)} e_m^{\mathrm{T}} \end{cases} \tag{4.13}$$

式中,$v_1^{(1)} = \dfrac{b}{\|b\|}$,$v_1^{(2)} = v_{m+1}^{(1)}$,即第 2 个 Arnoldi 过程的起始向量是第 1 个 Arnoldi 过程生成的第 $m+1$ 个基向量。那么,$W_{2m} = [V_m^{(1)}, V_m^{(2)}]$ 是 $2m$ 维 Krylov 子空间 $K_{2m}(A,b)$,但由于其不是通过 1 次 Arnoldi 过程得到的,因此不是正交的,但仍然有

$$AW_{2m} = W_{2m} H_{2m} + h_{m+1,m}^{(2)} v_{m+1}^{(2)} e_{2m}^{\mathrm{T}} \tag{4.14}$$

其中

$$H_{2m} : = \begin{bmatrix} H_m^{(1)} & 0 \\ E_2 & H_m^{(2)} \end{bmatrix}, \quad E_2 = h_{m+1,m}^{(1)} e_1 e_m^{\mathrm{T}} \tag{4.15}$$

此时

$$f_2 = \beta W_{2m} f(H_{2m}) e_1, \quad \beta = \|b\| \tag{4.16}$$

由于 $\boldsymbol{H}_{2m}$ 是块状下三角阵,因此式(4.16)的近似关系有如下的形式

$$\boldsymbol{f}_2 = \beta \boldsymbol{W}_{2m} f(\boldsymbol{H}_{2m}) \boldsymbol{e}_1 = \boldsymbol{V}_1 f(\boldsymbol{H}_m^{(1)}) \boldsymbol{e}_1 + \boldsymbol{V}_2 \boldsymbol{F}_{2,1} \boldsymbol{e}_1 \tag{4.17}$$

式中,$\boldsymbol{F}_{2,1}$ 是通过计算 $f(\boldsymbol{H}_{2m})$ 得到的,即

$$f(\boldsymbol{H}_{2m}) = \begin{bmatrix} f(\boldsymbol{H}_m^{(1)}) & \boldsymbol{0} \\ \boldsymbol{F}_{2,1} & f(\boldsymbol{H}_m^{(2)}) \end{bmatrix} \tag{4.18}$$

从上面的过程可以看出,如果能够通过计算得到 $\boldsymbol{F}_{2,1}$(其实只需要其第 1 列),则只需要存储由第一次 Krylov 子空间得到的 $\boldsymbol{f}_1 = \boldsymbol{V}_1 f(\boldsymbol{H}_m^{(1)}) \boldsymbol{e}_1$,而不需要再存储 $\boldsymbol{V}_1$,从而达到减小存储量的目的。

经过 k 次重开始过程后,有

$$\boldsymbol{W}_{km} = [\boldsymbol{V}_m^{(1)}, \boldsymbol{V}_m^{(2)}, \cdots, \boldsymbol{V}_m^{(k)}] \in \mathbb{C}^{n \times km} \tag{4.19}$$

$$\boldsymbol{H}_{km} = \begin{bmatrix} \boldsymbol{H}_m^{(1)} & & & \\ \boldsymbol{E}_2 & \boldsymbol{H}_m^{(2)} & & \\ & \ddots & \ddots & \\ & & \boldsymbol{E}_k & \boldsymbol{H}_m^{(k)} \end{bmatrix} \in \mathbb{C}^{km \times km} \tag{4.20}$$

$$\boldsymbol{E}_j = h_{m+1,m}^{(j-1)} \boldsymbol{e}_1 \boldsymbol{e}_m^{\mathrm{T}} \in \mathbb{R}^{m \times m}, \quad j = 2, \cdots, k$$

$$f(\boldsymbol{H}_{km}) = \begin{bmatrix} f(\boldsymbol{H}_m^{(1)}) & & & \\ \boldsymbol{F}_{2,1} & f(\boldsymbol{H}_m^{(2)}) & & \\ \vdots & \vdots & \ddots & \\ \boldsymbol{F}_{k,1} & \boldsymbol{F}_{k,2} & \cdots & f(\boldsymbol{H}_m^{(k)}) \end{bmatrix} \tag{4.21}$$

这样,经过 k 次重开始过程之后得到的近似关系为

$$\boldsymbol{f}_k = \boldsymbol{W}_{km} f(\boldsymbol{H}_{km}) \boldsymbol{e}_1 = \sum_{j=1}^{k} \boldsymbol{V}_j \boldsymbol{F}_{j,1} \boldsymbol{e}_1 = \boldsymbol{f}_{k-1} + \boldsymbol{V}_k \boldsymbol{F}_{k,1} \boldsymbol{e}_1 \tag{4.22}$$

从上面的过程可以看出,在第 k 次重开始的过程中并不需要为下一个重开始过程存储基向量矩阵 $\boldsymbol{V}_k$,而只需存储该次过程得到的函数值 $\boldsymbol{f}_k$,这大大减小了存储和计算的压力。

需要注意的是随着重开始次数的增加,尽管 $\boldsymbol{H}_{km}$ 的规模与 $\boldsymbol{A}$ 相比很小但也在不断增加,因此也需要注意 $f(\boldsymbol{H}_{km})$ 的求解效率问题。对于矩阵指数函数,目前最为通用的计算方法是 2^N – Padé 算法(Matlab 中 expm 函数的内置算法),这种算法精度很高但计算效率有限,尤其当矩阵规模变大时,对 Krylov 子空间方法的效率有一定的影响。

4.3.3 重开始 Krylov 子空间法的算法实现

根据上面的描述和式(4.22)的迭代关系,可以给出重开始 Krylov 子空间方法的算法流程,其伪代码如表 4.1 所列。

56

表 4.1　重开始 Krylov 子空间法的伪代码

1	给定 $A,b,f,\text{tol},\text{maxit}$
2	$f_0 = \exp, f_0 = \mathbf{0}, b_0 = b, \beta = \|b\|$
3	For $k = 1:\text{maxit}$
4	Arnoldi 过程:对 Krylov 子空间 $K_m(A,b^{(k-1)}), AV_m^{(k)} = V_m^{(k)}H_m^{(k)} + h_{m+1,m}^{(k)}b^{(k)}e_m^{\mathrm{T}}$
5	If $k = 1$ then
6	$H_{km} = H_m^{(1)}$
7	Else
8	$H_{km} = \begin{bmatrix} H_{(k-1)m} & \mathbf{0} \\ h_{m+1,m}^{(k)}e_1 e_m^{\mathrm{T}} & H_m^{(k)} \end{bmatrix}$
9	更新 $f_k, f_k = f_{k-1} + \beta V_m^{(k)}[f(H_{km})e_1]_{(k-1)m+1:km}$
10	$\text{err} = \dfrac{\|\beta V_m^{(k)}[f(H_{km})e_1]_{(k-1)m+1:km}\|_2}{\|f_k\|_2}$
11	If $\text{err} < \text{tol}$
12	break
13	End if
14	If $k = \text{maxit}$
15	Error message:The solution is not converged at maximum iterations.
16	End if
17	End

关于伪代码的说明(步序表示表中对应的行号)如下:

第 1 步:初始化参数,给定相对误差 tol,最大重开始次数 maxit。

第 2 步:设定初值,给定函数类型为指数函数。

第 3~17 步:计算 $\exp(A)b$ 的主循环。

第 4~8 步:第 k 次重开始过程应用 Arnoldi 过程计算 $V_m^{(k)}$ 和 $H_m^{(k)}$,组集 H_{km}。

第 9 步:计算 $\exp(H_{km})$,更新 f_k。

第 10 步:得到 f_k 的更新量与 f_k 的比值,定义为相对误差。

第 11~16 步:循环终止条件。如果相对误差小于给定值则终止循环;若重开始次数达到最大值仍不收敛,则输出错误信息。

上面的算法中,最重要的一个部分是 Arnoldi 过程,其算法流程的伪代码如表 4.2 所列。

表 4.2　Arnoldi 过程的伪代码

1	给定 $A,b,m,\beta = \|b\|_2, v_1 = \dfrac{1}{\beta}b$
2	For $j = 1:m$

3	$v_{j+1} = Av_j$
4	For $i = 1:j$
5	$h_{i,j} = v_i^{\mathrm{H}} v_{j+1}$
6	$v_{j+1} = v_{j+1} - h_{i,j} v_j$
7	End
8	$h_{j+1,j} = \| v_{j+1} \|_2$
9	If $h_{j+1,j} == 0$
10	$m = j$, break
11	end
12	$v_{j+1} = \dfrac{1}{h_{j+1,j}} v_{j+1}$
13	End

关于伪代码的说明(步序表示表中对应的行号)如下:

第 1 步:初始化参数,给定 Krylov 子空间的维数 m。

第 2 ~ 13 步:Arnoldi 过程得到矩阵 V_M 和 H_m。

第 3 ~ 7 步:Gram – Schmidt 正交化。

第 9 ~ 11 步:若 $h_{j+1,j} = 0$,终止计算。但对于有限元离散得到的大型矩阵,一般都有 $m \ll 4n$,且矩阵性态较好,一般不会出现这种情况。

4.4　基于多项式插值的算法

前面介绍了基于 Krylov 子空间的求解 $\exp(A)b$ 的方法,另外一类计算方法是基于"矩阵函数"的定义,通过多项式插值的方法进行求解。这类算法只需进行矩阵和向量乘法运算,不需要像 Krylov 子空间方法那样求解小规模矩阵 H_m 的矩阵函数。接下来将详细介绍基于多项式插值的算法的基本理论和算法流程。

4.4.1　插值方法计算矩阵函数的基本思路

这里首先给出"矩阵函数"的定义[201]。设一元函数 $f(z)$ 能够展开为 z 的幂级数

$$f(z) = \sum_{k=0}^{\infty} c_k z^k \quad (\, |z| < r) \tag{4.23}$$

式中,$r > 0$ 表示该幂级数的收敛半径。

当 n 阶矩阵 A 的谱半径 $\rho(A) < r$ 时,把收敛的矩阵幂级数的和 $\sum\limits_{k=0}^{\infty} c_k A^k$ 称为 "矩阵函数",记为 $f(A)$,即

$$f(\boldsymbol{A}) = \sum_{k=0}^{\infty} c_k \boldsymbol{A}^k \qquad (4.24)$$

式(4.24)的定义也可以由有限次的多项式函数表示,即

$$f(\boldsymbol{A}) = \sum_{k=1}^{s} \left[f(\lambda_k) p_{k1}(\boldsymbol{A}) + \cdots + f^{(j_k-1)}(\lambda_k) p_{k j_k}(\boldsymbol{A}) \right] \qquad (4.25)$$

式中,λ_k 为矩阵 $\boldsymbol{A}$ 的特征值;j_k 表示该特征值的重数并且 $\sum_{k=1}^{s} j_k = n$ (n 为矩阵 $\boldsymbol{A}$ 的维数);$P_{kj}(\boldsymbol{A})$ 为关于矩阵 $\boldsymbol{A}$ 的一个最高次数不大于 $n-1$ 的多项式函数。

采用式(4.25)计算 $f(\boldsymbol{A})$ 或 $f(\boldsymbol{A})\boldsymbol{b}$ 有两个主要的缺点:一是该方法需要求得矩阵 $\boldsymbol{A}$ 的所有特征值;二是矩阵多项式 $P_{kj}(\boldsymbol{A})$ 的次数会非常高,不但增加计算量,而且极可能带来数值溢出等问题。因此往往采用 m($m \ll n$)次低阶多项式函数作为插值基函数来近似矩阵函数

$$p_m(\hat{\boldsymbol{A}}) = d_0 \boldsymbol{I} + d_1(\hat{\boldsymbol{A}} - \hat{z}_0 \boldsymbol{I}) + d_2(\hat{\boldsymbol{A}} - \hat{z}_0 \boldsymbol{I})(\hat{\boldsymbol{A}} - \hat{z}_1 \boldsymbol{I})$$
$$+ \cdots + d_{m-1}(\hat{\boldsymbol{A}} - \hat{z}_0 \boldsymbol{I}) \cdots (\hat{\boldsymbol{A}} - \hat{z}_{m-1} \boldsymbol{I}) \qquad (4.26)$$

式中:$\hat{z} = \{\hat{z}_0, \cdots, \hat{z}_{m-1}\}$ 为特征值范围内插值点;$\hat{\boldsymbol{A}}$ 为为了避免数值溢出而对矩阵 $\boldsymbol{A}$ 做了放缩处理后的矩阵;$\boldsymbol{d} = \{d_0, \cdots, d_{m-1}\}$ 为插值系数。

在多项式插值方法的实际应用中,最为关键的有三点:第一是插值基函数的选择;第二是特征值范围内插值点 $\hat{z}$ 的选取;最后是插值系数 $\boldsymbol{d}$ 的精确求解。根据基函数和插值点选取的不同,算法实现的难易程度及效率也会有所不同。在众多的插值方法中,Newton 插值法是最为常用也非常有效的方法。接下来将介绍基于 Newton 插值的实 Leja 点法(ReLPM,Real Leja Points Method)。

4.4.2 ReLPM 方法及其实现过程

ReLPM[216, 217] 是一种高效率的基于多项式插值求解 $\exp(\boldsymbol{A})\boldsymbol{b}$ 的方法,该方法根据式(4.26)的近似关系,选取矩阵 $\boldsymbol{A}$ 特征值范围内的 Leja 点作为插值点,采用 Newton 插值法进行计算。尽管这种方法需要事先估计特征值的范围,但很多情况下,尤其是对于大型的非对称矩阵问题,其效率与基于 Krylov 子空间的方法相当甚至优于后者。

ReLPM 的实现过程如下:

(1)通过已有的成熟的软件包(如 Matlab、Lapack、BLAS 等)得到矩阵 $\boldsymbol{A}$ 的特征值实部的范围 $[a, b]$。对于一般的结构动力学问题,系统的特征值的最小实部一般接近于 0(对应于第 1 阶阻尼系数),这时只需要估计特征值的最大实部。

(2)在给定的特征值范围内生成 Leja 点。为了避免数值溢出,需要将特征值范围放缩至 $[-2, 2]$ 的区间内,令

$$c = \frac{a+b}{2}, \quad \gamma = \frac{b-a}{4} \qquad (4.27)$$

则有

$$[a,b] = [c-2\gamma, c+2\gamma] \tag{4.28}$$

在 $[-2,2]$ 生成一组 $m+1$ 个 Leja 点 ξ_s，被插值的函数为 $f(c+\gamma\xi)$。

（3）求解插值点处对应的差分（差商）系数。由于传统的通过函数值计算得到差分系数对舍入误差非常敏感，这里采用矩阵函数的方法求解。对于给定的函数 $f(c+\gamma\xi)$ 和插值点 $\{\xi_s\}_{s=0}^m \in [-2,2]$，则插值点对应的差分为矩阵 $f(\boldsymbol{D}_m)$ 的第 1 列，其中

$$\boldsymbol{D}_m = c\boldsymbol{I}_{m+1} + \gamma \overset{\Xi}{m}, \quad \Xi_m = \begin{bmatrix} \xi_0 & & & & \\ 1 & \xi_1 & & & \\ & 1 & \ddots & & \\ & & \ddots & \ddots & \\ & & & 1 & \xi_m \end{bmatrix} \tag{4.29}$$

（4）完成插值过程和误差估计

$$p_m(\boldsymbol{A}) = \sum_{i=1}^m d_i \Omega_i \approx f(\boldsymbol{A}), \quad \Omega_i = \prod_{s=0}^i ((\boldsymbol{A}-c\boldsymbol{I})/\gamma - \xi_s\boldsymbol{I}) \tag{4.30}$$

4.4.3 ReLPM 方法的算法实现

在实际应用中，矩阵 $\boldsymbol{A}$ 的特征值的范围很大，m 次插值一般无法得到满足精度要求的结果。此时，利用矩阵指数函数的特性

$$\exp(\boldsymbol{A})\boldsymbol{b} = \exp((h_1 + \cdots + h_k)\boldsymbol{A})\boldsymbol{v} = \exp(h_1\boldsymbol{A}) + \cdots + \exp(h_k\boldsymbol{A})\boldsymbol{b} \tag{4.31}$$

将一个时间步长分为若干个子步完成，通过求解若干个 $\exp(h_i\boldsymbol{A})\boldsymbol{v}$ 得到最终的 $\exp(\boldsymbol{A})\boldsymbol{b}$，其中 $\sum h_i = 1$。在计算实施过程中，这种子步长的划分往往是自动实现的。

取 Δt 为积分时间步长，计算 $\boldsymbol{p} = \exp(\Delta t\boldsymbol{A})\boldsymbol{b}$ 的 ReLPM 算法的程序由主程序和插值程序两个主要部分组成。主程序的伪代码如表 4.3 所列，主要实现步长自动调整并调用各子程序进行计算。插值程序的伪代码如表 4.4 所列，主要通过式（4.30）的插值近似求解 $\boldsymbol{q} = p_m(\boldsymbol{A})\boldsymbol{w}$。

表 4.3　ReLPM 主程序的伪代码

1	给定 $\boldsymbol{A}, \boldsymbol{b}, \Delta t, \text{tol}$
2	生成 Leja 点 $\{\xi_s\}_{s=0}^M \in [-2,2], M=124$
3	$k=0, \rho=\Delta t, \boldsymbol{q}=\boldsymbol{0}, \boldsymbol{w}=\boldsymbol{v}$
4	估计特征值实部的范围 $[a,b]$，得到 $c=\dfrac{a+b}{2}, \gamma=\dfrac{b-a}{4}$
5	$v=s\gamma, \text{oldh}=0$
6	While $\rho > 0$ Do
7	If $h \neq \text{oldh}$ Then

8	计算差分 $\boldsymbol{d} = \{d_0, \cdots, d_{m-1}\}$
9	oldh = h
10	Endif
11	Call INTERP$(\boldsymbol{A}, \boldsymbol{w}, h, \text{tol}, c, \gamma, \{\xi_s\}_{s=0}^{m}, \boldsymbol{d}, \boldsymbol{q}, \text{err}, m)$
12	If $m > M$ Then $h = h/2$
13	Else
14	$\rho = \rho - h$
15	If $\rho > 0$ Then
16	$\boldsymbol{w} = \boldsymbol{q}, k = k+1, \sigma = hy/m$
17	If $\sigma > 1$ Then $h = \min\{\sigma h, M/\gamma, \rho\}$
18	Else $h = \min\{h, \rho\}$
19	Endif
20	Endif
21	Endif
22	End while
23	输出结果 $\boldsymbol{q} \approx \exp(\Delta t \boldsymbol{A}) \boldsymbol{b}$

关于伪代码的说明（步序表示表中对应的行号）如下：

第 1~4 步：初始化参数，估计特征值范围。

第 5 步：给定初始步长，根据文献[216]的建议，一般取 $s = 3$，此时矩阵插值具有超线性的收敛速度。

第 6~22 步：主循环部分，自动调整步长。

第 7~10 步：如果步长改变，根据式(4.29)重新计算差分值。

第 11 步：通过插值程序计算 $\boldsymbol{q} = \exp(h\boldsymbol{A})\boldsymbol{w}$。

第 12~21 步：采用基于二分法的技术自动调整步长。

第 12 步：如果插值多项式次数达到最大值 M 时仍不满足精度要求，则将步长减小为原来的一半。

第 13~14 步：若在当前步长情况下得到满足精度要求的结果，则更新剩余时间步长 $\rho = \rho - h$。

第 15~20 步：如果剩余时间 $\rho > 0$，说明计算时间并没有达到整个步长 Δt，此时记录下中间变量 $\boldsymbol{w} = \boldsymbol{q}$，并重新估计时间子步长。

第 21 步：当剩余时间 $\rho = 0$ 时，结束计算，得到最终结果 $\boldsymbol{q} \approx \exp(\Delta t \boldsymbol{A}) \boldsymbol{b}$。

从上面的算法实现过程可以看出，ReLPM 方法的初始允许步长是由矩阵 $\Delta t \boldsymbol{A}$ 的特征值实部的范围所决定的，该值越大，γ 也就越大，相应地初始允许步长也就越小。

表 4.4　插值程序的伪代码

1	输入 $A, w, h, \text{tol}, c, \gamma, M, \{\xi_s\}_{s=0}^{M}, d$
2	常数 $l = 5$
3	$u = w, q = d_0 w, e_0 = \|q\|_2, \beta = \|w\|_2, m = 0, \text{enorm} = 0$
4	Do $m = 2 : M$
5	$z = (Au)/\gamma, u = z - (c/\gamma + \xi_{m-1})u$
6	$\text{enorm}(m) = |d(m)| \|u\|_2$
7	$q = q + d_m u$
8	If $m \geqslant l$ Then
9	err $= \text{sum}(\text{enorm}(m - l + 1 : m))/l$
10	Else err $= \text{enorm}(m)$
11	End
12	If err $<$ tol $\cdot \|q\|_2$
13	break
14	End
15	If $m == M$
16	break
17	End
18	End do

关于伪代码的说明(步序表示表中对应的行号)如下:

第 1 步:初始化参数,设定相对误差 tol。

第 2 步:常数 $l = 5$ 用来取平均值估计误差,取 5 项是为了消除误差的振荡。

第 3 步:初始化插值过程,$u = \Omega_0 w, q = p_0(A)w, \Omega_0 = I, p_0(A) = \xi_0 I$。

第 4~18 步:插值过程主循环。

第 5 步:计算矩阵向量乘积$((A - cI)/\gamma - \xi_{m-1}I)u = Au/\gamma - (c/\gamma + \xi_{m-1})u = \Omega_m u$。

第 6 步:计算新增加项的范数,用于后来的误差估计。

第 7 步:更新 q。

第 8~11 步:误差估计,若插值项数小于 5 项,即 $l < 5$,则取当前新增项的范数作为误差;若插值项数大于等于 5 项,即 $l \geqslant 5$,则取最后 5 个新增项的范数的平均值作为误差。

第 11~17 步:循环终止条件。若误差小于给定的相对误差或者插值达到最大次数,循环终止。

4.5 代数动力算法在结构动力学方程时域求解中的应用及其改进

前面分别介绍了应用 Krylov 子空间方法和 ReLPM 计算 $\exp(A)b$ 的基本理论和算法流程,本节将这两种算法应用于结构动力学时域响应求解中,并讨论算法的稳定性、精度及其效率改进问题。

4.5.1 代数动力算法在结构动力学方程求解中的应用流程

对于有限元离散得到的大规模稀疏矩阵,应用代数动力算法求解式(4.5)所示时间推进方程的具体应用流程如表 4.5 所列。

表 4.5 代数动力算法在结构动力学方程求解中的应用流程

1	得到有限元离散的刚度和质量矩阵,M,K
2	得到阻尼矩阵 C
3	应用 4.2 中的增维方法生成系统矩阵 $H^*_{4n \times 4n}$
4	给定初始条件 v_0,时间步长 τ,相对误差 tol 若采用 ReLPM 方法,则需要估计特征值实部的范围
5	Do I = 1:NSTP
6	应用 Krylov 子空间法或 ReLPM 计算 $v_1 = \exp(\tau H^*) v_0$
7	如果需要,保存该时间步下的位移结果 $v_1(1:n)$
8	$v_0 = v_1$
9	$v_0(2n+1:3n) = f(i\tau)$
10	$v_0(3n+1:4n) = \dfrac{f((i+1)\tau) - f(i\tau)}{\tau}$
11	End do

关于伪代码的说明(步序表示表中对应的行号)如下:

第 1 步:刚度和质量矩阵可以通过商用有限元软件或其他前处理软件得到,由于在矩阵 H^* 中涉及到质量矩阵的求逆运算,为了简便,这里采用集中质量矩阵。

第 2 步:采用比例阻尼,$C = \alpha M + \beta K$,其中 α 和 β 由给定的两个频率处的模态阻尼比确定,具体内容参考 2.2 节。

第 3 步:在积分时间步内激励采用线性近似,则组集得到的系统矩阵为

$$H^* = \begin{bmatrix} 0 & M^{-1} & 0 & 0 \\ -K & -CM^{-1} & I_{n \times n} & 0 \\ 0 & 0 & 0 & I_{n \times n} \\ 0 & 0 & 0 & 0 \end{bmatrix} \qquad (4.32)$$

第 4 步:给定初始条件,包括 $\boldsymbol{x}_0, \dot{\boldsymbol{x}}_0, \boldsymbol{f}_0, \dot{\boldsymbol{f}}_0$。若采用 ReLPM 方法,估计 $\tau \boldsymbol{H}^*$ 的特征值的范围。

第 5 ~ 11 步:时间推进的主循环过程。

第 6 步:通过 Krylov 子空间法或是 ReLPM 方法在给定相对误差下求解 $\exp(\boldsymbol{H}^*)\boldsymbol{v}_0$。

第 8 ~ 10 步:为下一时间步更新 $\boldsymbol{v}_0$,第 9 行更新激励,第 10 行更新激励导数。

4.5.2 稳定性问题

在第 2 章介绍精细积分法时,只在精度方面与基于时间差分的直接积分法进行了比较。本章前面给出了代数动力算法的定义及其算法实现,并指出精细积分法是代数动力算法的一种。由于前面并未对代数动力算法的稳定性给出证明,因此这里将针对结构动力方程补充讨论该算法的稳定性问题。

对于结构动力学问题,利用振型叠加法可以将 n 自由度系统的运动方程组变换成 n 个形式相似的互不耦合的微分方程,其性质不变,因此可以直接讨论其中一个非耦合微分方程的稳定性。在稳定性讨论中,不考虑非齐次激励的影响,方程形式为

$$\ddot{x} + 2\xi\omega\dot{x} + \omega^2 x = 0 \tag{4.33}$$

利用代数动力算法,得到状态向量间的推进关系为

$$\left\{ \begin{array}{c} x \\ \dot{x} \end{array} \right\}_{t+\Delta t} = \exp\left(\Delta t \begin{bmatrix} 0 & 1 \\ -\omega^2 & -2\xi\omega \end{bmatrix} \right) \left\{ \begin{array}{c} x \\ \dot{x} \end{array} \right\}_t = \exp(\Delta t \boldsymbol{H}) \left\{ \begin{array}{c} x \\ \dot{x} \end{array} \right\}_t \tag{4.34}$$

如果在求解过程中,每一积分步的含入误差(rounding error)不随时间推进而放大,则称算法是稳定的。如果时间步长 Δt 无论取多大,在给定任意初始条件下积分结果都不会无界增大,则称算法是无条件稳定(unconditionally stable)的。如果 Δt 必须小于某个临界值 Δt_{cr} 时,积分结果才不会无界增大,则称此方法是条件稳定(conditionally stable)的。时间推进过程中 $\boldsymbol{T} = \exp(\Delta t \boldsymbol{H})$ 称为递推矩阵或放大矩阵(amplification matrix)。

直接积分法的稳定准则可以归纳如下:

(1)如果递推矩阵 $\boldsymbol{T}$ 没有重特征根,要求 $\rho(\boldsymbol{T}) \leqslant 1$,其中 $\rho(\boldsymbol{T})$ 为递推矩阵的谱半径。

(2)如果递推矩阵 $\boldsymbol{T}$ 存在重特征根,要求它们的模必须小于 1。

对于式(4.34)中的递推矩阵 $\boldsymbol{T}$,其特征值为

$$\lambda_{1,2} = \exp\left(\omega \Delta t \left(-\xi \pm \sqrt{\xi^2 - 1} \right) \right) \tag{4.35}$$

当 $\xi \geqslant 1$ 时,显然 $\lambda_{1,2} < 1$,且为实数。当 $0 < \xi < 1$ 时,令 $\xi = \cos\theta$,则

$$\lambda_{1,2} = \exp\left(\omega \Delta t \left(-\cos\theta \pm \mathrm{i}\sin\theta \right) \right)$$

$$= \exp(\omega \Delta t(-\cos\theta)) \exp(\pm \mathrm{i}\omega \Delta t \sin\theta) \tag{4.36}$$

式中,两项的模均小于1,有$\rho(\boldsymbol{T}) < 1$。因此,式(4.34)表示的推进关系是无条件稳定的。

4.5.3　精度和效率问题

本章介绍的两种针对大规模问题的代数动力算法的精度问题本质上讲与精细积分法相同,理论上讲只存在由激励近似带来的误差。但由于两种算法并不是直接求解完整的矩阵指数函数,计算终止条件是用相对误差来控制的,因此最终响应结果的精度也受到算法中规定的相对误差的影响。

代数动力算法的精度受步长影响很小,这使得在计算中可以采用较大的步长来提高计算效率。但是在前面两节的算法介绍中已经说明,由于受到计算精度、数值稳定性和收敛性的限制,算法所能允许的时间步长并不能取到很大。标准的Krylov子空间方法的最大允许时间步长由子空间维数m和矩阵$\boldsymbol{A}$或$\Delta t\boldsymbol{A}$的范数所决定,注意到重开始的Krylov子空间法是标准Krylov子空间法的改进,因此,其最大允许步长也受到上述两个因素的影响。基于多项式插值的ReLPM方法的初始允许步长由矩阵$\Delta t\boldsymbol{A}$特征值的实部范围所确定。

在结构动力方程的求解中,需要在每一时间步得到$\boldsymbol{v}_1 = \exp(\tau \boldsymbol{H}^*)\boldsymbol{v}_0$,采用前面介绍的两种算法时最大允许子步长依然会受到限制。一般来说,在中低频激励条件下,最大允许子步长会小于激励离散步长,即积分时间步长τ。但当激励中存在不可忽略的高频分量时,为了准确反映激励信息,必须将时间步长τ取得比较小,接近甚至小于算法的允许子步长,此时同一积分步长中计算子步数很少,计算效率提高。因此,这里介绍的两种代数动力算法特别适用于结构在高频激励下的响应分析,与整体叶盘结构的流体激励下响应分析的特征相吻合。

需要注意的是,与基于时间差分的直接积分法不同,代数动力算法所需的计算时间是由响应求解终止时间所确定的,与积分步长的关系不大,例如,在一个激励周期内设置n个积分点或是$2n$个积分点代数动力算法的计算量变换可能不大,但基于时间差分的直接积分法计算量要增加1倍。这一点将结合后面的算例作更为详细的说明。

4.5.4　算法的改进措施

4.3节和4.4节中分别介绍了基于Krylov子空间和基于多项式插值的方法计算$\exp(\boldsymbol{A})\boldsymbol{b}$,本节将针对上述两种方法的一些不足,提出一些改进措施。

首先讨论重开始的Krylov子空间的方法改进。从4.3节给出的算法流程可知,重开始的Krylov算法的计算量主要有两个部分:

(1) Arnoldi过程中的Gram-Schmidt正交化,其计算量取决于子空间维数m,并且m的选取对算法的效率影响很大。因此在完全计算之前,最好先通过少数几个时间步的试算来选择适当的m。对于Arnoldi过程,这种标准算法改进的空间不大,不作为研究的重点。

(2) 重开始过程中 $f(\boldsymbol{H}_{km})$ 的计算,尽管 $km \ll n$,但随着 k 的增加,$f(\boldsymbol{H}_{km})$ 的计算负荷越来越大;同时虽然只需要 $f(\boldsymbol{H}_{km})$ 第 1 列的最后 m 个元素,但需要计算整个 $f(\boldsymbol{H}_{km})$。这里主要通过改进 $f(\boldsymbol{H}_{km})$ 的计算以提高整个算法的效率。

在所研究的问题中,需要求解的是 $\boldsymbol{H}_{km}$ 的指数函数,即 $\exp(\boldsymbol{H}_{km})$。对于中小规模的矩阵,目前最为通用的计算方法是 2^N – Padé 算法(Matlab 中 expm 函数的内置算法)。这种算法精度很高,但计算效率有限,尤其当矩阵规模变大时,对 Krylov 子空间方法的效率有一定的影响。

为了提高重开始 Krylov 子空间法的计算效率,可以利用 ReLPM 方法在每次重开始过程中计算 $\exp(\boldsymbol{H}_{km})$,将两种方法结合起来。另外,可以采用最佳有理逼近[210](rational approximation)方法,通过在每个重开始过程中求解线性方程组来提高计算效率,但该方法需要的 Krylov 子空间的维数 m 较大,而且数值稳定性不好,比较容易发生发散现象,精度不如 expm 高,同时,求解结构动力学方程的效率优势也并不明显,因此建议不采用这种方法。

接着讨论 ReLPM 方法的改进。ReLPM 算法的计算量集中在插值计算部分,主要涉及矩阵和向量的乘法运算,每一积分步中乘法的次数直接决定了实现算法的计算时间。同时注意到若给定的 Δt 太大,则需要将其分成若干个子步进行插值计算,因此每一(子)步中步长 h 的选择和自动调整非常重要。

将计算 $\exp(\Delta t A)\boldsymbol{b}$ 所需的矩阵向量乘法(插值多项式的次数)的次数记为 MVM,它可以表示为

$$MVM \approx n_1 M + n_2 m + n_3 \qquad (4.37)$$

式中,n_1 为将子步长 h 划分为 $h/2$ 的次数;$n_2 = [\Delta t / h_f]$([ ] 表示取整)为对最终子步长 h_f 进行的重复次数;m 为对应的插值多项式的次数;n_3 为对于剩余积分时间 $\Delta t - n_2 h_f$ 所需的插值多项式的次数。

对于初始步长的选择,文献[216]推荐 $h = \min\{\Delta t, M/(3\gamma)\}$,这里分母上的系数 $s = 3$ 是一个经验值。在某些情况下,得到的初始的 h 太大,而使得 $n_1 > 1$,造成计算资源的浪费(计算 M 次后发现不满足精度要求,而必须减小步长);而在某些情况下,得到的初始的 h 又太小,从而使得 $n_2 m + n_3$ 又过大。因此正式计算之前的试算过程中,通过适当调整 s,能有效地减小所需的矩阵与向量乘法次数,从而达到提高计算效率的目的。

4.6　数　值　算　例

本节将分别以悬臂板和某典型叶盘结构为算例,分别讨论模型规模、阻尼和算法参数选取等因素对算法精度和效率的影响。

4.6.1 悬臂板分析实例和算法特点

悬臂板的有限元模型如图 4.1 所示,采用 8 节点六面体单元,模型中共有 1000 个单元,1683 个节点,在一端施加位移约束,另一端施加谐波形式的激励。假设结构中存在比例阻尼,考虑的频率范围为悬臂板的第 1 ~ 4 阶固有频率,即 271 ~ 3266 Hz,不同阻尼比对应的比例阻尼系数如表 4.6 所列,表中 a 为取该比例阻尼时矩阵 H^* 特征值实部的最小值。由于结构中存在较小的阻尼,因此特征值的实部不可能大于 0 但接近于 0,因此取特征值实部最大值 $b = 0$。

图 4.1 悬臂板的有限元模型

表 4.6 悬臂板的阻尼数据(271 ~ 3266 Hz)

ζ_1	ζ_2	α	β	a
2.0%	1.0%	65.74	8.19×10^{-7}	-7.42×10^{8}
1.0%	0.5%	32.87	4.09×10^{-7}	-3.69×10^{8}
0.5%	0.2%	16.58	1.56×10^{-7}	-1.35×10^{8}
0.5%	0.1%	16.86	5.74×10^{-7}	-2.61×10^{7}

我们将从计算效率和精度两个方面来考察各种算法的性能。取谐波激励的频率为悬臂板的第 4 阶固有频率 3266.7 Hz,将步长取为 $\tau = (1/3266.7)/40$,相对误差 tol 都取为 1×10^{-12}。

首先考虑 ReLPM 方法的计算效率,不同的 s 取值所对应的平均每步消耗的 CPU 时间(记为 t)和 MVM 列于表 4.7 中。

表 4.7 悬臂板步长为 $T/40$ 时 ReLPM 方法的计算效率比较

ζ_2	s	MVM	t	s	MVM	t	s	MVM	t	s	MVM	t
1.0%	3	1784	3.47	1	1045	2.21	0.5	982	2.18	0.2	1271	3.03
0.5%	3	932	1.94	1	523	1.29	0.5	460	1.39	0.2	757	2.26
0.2%	3	368	0.94	2	282	0.78	1	215	0.66	0.5	340	1.08
0.1%	3	542	1.67	2	551	1.73	7	305	0.92	15	288	0.94

从表 4.7 中可以看出:

(1) 在所考虑的几种阻尼情况下,文献[216]推荐的 $s = 3$ 并不具有最好的计算效率,对于阻尼较大的情况,由它得到的初始步长偏小,而对于阻尼较小的情况,得到的初始步长又会偏大。因此,需要根据不同的参数进行试算,以得到优化的算法参数提高计算效率。

（2）平均每步的 MVM 数与所消耗的 CPU 时间正相关,即 MVM 越大,t 就越大。

（3）多数情况下,阻尼越小算法的效率越高;但当阻尼很小时（$\zeta_2 = 0.1\%$）,所需的 MVM 增加,计算效率又下降。

（4）需要注意的是,采用 Newmark 法对该模型进行计算时,每步消耗的 CPU 时间仅为 0.16 s,计算效率远高于 ReLPM 方法,且其计算效率不受阻尼等结构参数的影响。因此,对于本例这种规模的模型,ReLPM 方法并没有效率上的优势。

不同子空间维数 m 的 Krylov 子空间的计算效率如表 4.8 所列,表中 k 为重开始的次数。从表中可以看出:

（1）子空间维数 m 的选取对算法效率影响很大,显然当 m 较为适中时算法的效率最高。

（2）尽管可以通过调整 m 提高算法的效率,但在给定的计算条件下该方法的计算效率依然比 Newmark 法要低得多。

（3）从算法本身来看,当阻尼较大或较小时,每步所需的 CPU 时间比较多,但相对来说,Krylov 子空间法的计算效率受阻尼的影响比 ReLPM 方法要稍小一些。

表 4.8　悬臂板步长为 $T/40$ 时 Krylov 子空间方法的计算效率比较

ζ_2	m	k	t	m	k	t	m	k	t	m	k	t
1.0%	5	57	12.1	10	20	1.85	20	8.5	1.47	50	3.8	1.81
0.5%	5	34	1.94	10	16	1.26	20	7.3	1.20	50	3.4	1.58
0.2%	5	30	1.26	10	13	0.98	20	6.7	1.09	50	3	1.50
0.1%	5	30.6	1.45	10	13.6	1.11	20	7	1.15	50	3.8	2.09

接着考察计算精度问题。前面以步长为 $T/40$ 为例,研究了代数动力算法的计算效率,下面将着重考虑该步长下稳定响应的误差,并改变步长考察计算精度的变化。这里以 $\zeta_2 = 1.0\%$ 为例,ReLPM 方法选取 $s = 0.5$,Krylov 子空间法选取 $m = 20$,将这两种代数动力算法的步长取为 $T/40$,其中 T 为频率为 3266.7 Hz 的谐波激励的周期。

分别采用 ReLPM、Krylov 子空间和步长分别为 $T/40$ 和 $T/100$ 的 Newmark 算法,以悬臂板自由端中部节点的横向位移为结果监测点,计算 700 个激励周期,几种方法得到的计算结果如图 4.2 所示。从计算结果的总体趋势来看,几种算法得到的结果没有特别显著的差别。但对某一较小的时间段进行局部考察,可以发现不同算法之间的区别。在起始阶段,即自由伴随振动还明显存在时,代数动力算法和 Newmark 法的区别比较明显,但两种代数动力算法的结果一致性很好,如图 4.3(a)所示;在位移幅值基本稳定阶段,4 种算法得到较为一致的位移,但步长为 $T/40$ 的 Newmark 法的计算结果与其他三者有明显差异,计算精度最差,如图 4.3(b)所示。

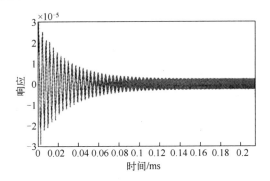

图 4.2　悬臂板不同算法的响应计算结果

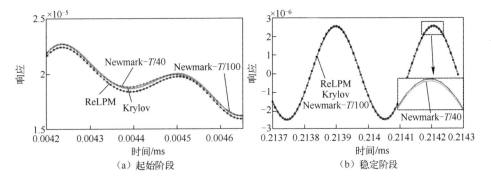

（a）起始阶段　　　　　　　　　　　（b）稳定阶段

图 4.3　不同时间段位移结果的对比

为了精确对比几种方法的差别,这里分别以步长为 $T/100$ 的 Newmark 法和 ReLPM 法为基准,求得几种算法的对比误差,如图 4.4 所示。对比结果表明:

（1）在响应幅值稳定的阶段,步长为 $T/100$ 的 Newmark 法和 ReLPM 法得到的结果最为接近。

（2）ReLPM 法和 Newmark 法得到的计算结果的波动比较小,尤其在幅值稳定阶段,误差随时间也具有谐波的形式;但 Krylov 子空间法得到的结果存在波动。

（3）在起始阶段,代数动力算法和 Newmark 法的差别比较大,随着时间推进,这种差别逐渐减小并稳定下来。

（4）两种代数动力算法得到的结果尽管有所区别,但变化趋势是一致的,两者之间的差别的绝对值一直在 6×10^{-8} 的范围内,约为稳定响应幅值的 2%。

特别需要注意的是,基于时间差分的方法如 Newmark 法可以通过减小积分步长来提高计算精度,但代价是计算量成倍地增加;而代数动力算法的计算量主要取

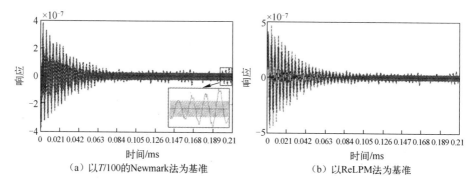

（a）以 $T/100$ 的 Newmark 法为基准　　　　　（b）以 ReLPM 法为基准

图 4.4　不同算法的对比误差

决于计算终止时间,减小时间步长所增加的计算量是非常有限的。因此代数动力算法更加适合计算高频激励的情况,此时为了保证计算精度,Newmark 等差分方法必须取很小的时间步长,而代数动力算法在小步长情况下计算量较小,能够充分体现其效率优势。

4.6.2　叶盘结构分析实例和算法特点

4.6.1 节的悬臂板算例表明,与传统的基于时间差分的方法(Newmark 法)相比,代数动力算法对于小规模有限元模型的响应计算并没有优势。本节将以一个规模较大的叶盘结构有限元模型为例,考察模型规模对算法效率的影响。

算例叶盘结构的有限元模型如图 4.5 所示,采用 8 节点六面体单元,模型中共有 56 160 个单元,73 216 个节点。在轴向的一个端面施加位移约束,在叶片顶部截面上施加周向的谐波激励。模态分析表明,该叶盘结构 0 节径第 1 阶固有频率为 1662.4 Hz,第 4 阶固有频率为 6827.6 Hz,将计算比例阻尼的起始和终止频率分别取为 $\omega_1 = 1600$ Hz,$\omega_2 = 7000$ Hz,不同阻尼比情况下对应的比例阻尼系数和相应的特征值实部最小值列于表 4.9 中。

图 4.5　叶盘结构的有限元模型

表 4.9　某叶盘结构的阻尼数据(1600 ~ 7000 Hz)

ζ_1	ζ_2	α	β	a	$\lambda / \text{E7}$
2.0%	0.5%	400	2.06×10^{-8}	-2.67×10^7	$-2.67 + 4.34\text{i}$
1.0%	0.25%	200	1.03×10^{-8}	-1.33×10^7	$-1.33 + 4.92\text{i}$
0.5%	0.2%	96.4	4.11×10^{-8}	-6.95×10^7	-6.95

以第 4 阶固有频率为激励频率,将每个激励周期分为 40 份($T/40$),ReLPM 法和 Krylov 子空间法的每个时间步平均消耗的 CPU 时间分别列于表 4.10 和表 4.11 中。采用同样步长的 Newmark 法进行计算,每个时间步平均消耗的 CPU 时间为 132.35 s,比表中各种参数情况下的代数动力算法的效率都要低。这是因为随着系统规模的增加(该叶盘算例的非约束自由度数是上节悬臂板算例的 44 倍),求解线性方程组所增加的计算负荷要远比矩阵向量乘法多,因此代数动力算法更适合于大型结构的响应分析。

表 4.10 某叶盘结构步长为 $T/40$ 时 ReLPM 方法的计算效率比较

ζ_2	s	MVM	t	s	MVM	t	s	MVM	t	s	MVM	t
0.5%	3	586	69.3	6	461	52.3	20	322	35.8	25	324	36.0
0.25%	3	662	76.2	6	537	60.7	18	405	44.4	20	402	44.1
0.2%	3	184	22.1	2	320	36.3	4	194	22.8	6	190	22.3

表 4.11 某叶盘结构步长为 $T/40$ 时 Krylov 子空间方法的计算效率比较

ζ_2	m	k	t	m	k	t	m	k	t	m	k	t
0.5%	5	33	45.8	10	16	41.7	20	8	43.8	8	19	36.6
0.25%	5	50	70.6	10	20	49.9	20	9	51.5	30	6	60.2
0.2%	5	21	29.21	10	11	27.1	20	6	33.9	8	13	26.7

和悬臂梁算例一样,代数动力算法的计算效率受结构阻尼的影响很大。对于 ReLPM 法,从理论上讲该算法主要受特征值实部的最小值 a 的影响。但需要特别注意的是,表 4.9 中所列的 a 并不是随阻尼比的减小而一直减小,而是与阻尼形式相关联。如当 $\zeta_2 = 0.2\%$ 时,比例阻尼系数 β 比另外两种大阻尼情况要大,由于 a 一般是最高频率所对应的特征值的实部,而 β 主要影响高频段,因此此时得到的 a 也更小,即 β 对 a 影响更加显著。算例表明,ReLPM 法的最优初始步长的选择与 a 所对应的特征值的性质有关,当 λ 为虚数时,由 $s=3$ 得到的初始步长一般都偏大;而当 λ 为实数时,由 $s=3$ 得到的初始步长一般是比较合适的。

对于重开始的 Krylov 子空间法,其计算效率同样受到阻尼的影响,对于所研究的几种阻尼情况,将子空间维数 m 取 8 ~ 10 时计算效率较高。需要注意的是,在所考虑的几种计算条件下,两种代数动力算法都是在最大特征值为实数时计算效率最高,因此代数动力算法更加适合求解高频阻尼较大的结构。

以某一叶片叶尖位置周向位移为检测点,不同算法得到位移结果如图 4.6 所示,这里只取了第 1 个激励周期内的响应结果。图中,ReLPM 和 Krylov 算法的步长为 $T/40$,两种 Newmark 法的步长分别为 $T/40$ 和 $T/160$。计算结果表明,4 种算法得到的计算结果吻合较好。

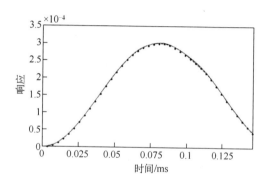

图4.6 叶盘结构不同算法的响应计算结果

4.6.3 关于算法效率的说明

在瞬态计算中,往往需要计算很多个振动周期才能将自由伴随振动衰减下去以得到稳定的响应结果,因此计算所需的总 CPU 时间由一个激励周期所需的 CPU 时间所决定。前面已经说明,对于基于时间差分的 Newmark 法等方法,其每个时间步的计算量是基本不变的,因此其计算时间与一个激励周期内的步数是成正比的;而代数动力算法的计算量由计算终止时间所决定,其在一个激励周期的计算量是基本不变的,受激励周期内步数的影响较小。

4.6.1 节和 4.6.2 节分别给出了悬臂板和某叶盘结构的算例,两个模型在一个激励周期内不同算法所需的 CPU 时间对比如图 4.7 所示,其中各组阻尼系数对应的"柱组"由左至右分别相应于 ReLPM 算法、krylov 算法、Newmark - T/40 和 T/100 算法。图中代数动力算法都是选取所考虑的几种算法参数中效率最高的一组。从对比结果来看,对于规模较小的有限元模型(悬臂板),代数动力算法的效率比基于时间差分的直接积分法低得多;而对于大型有限元模型(叶盘),在各种阻尼条件下代数动力算法的效率都要比基于时间差分的直接积分法高得多。

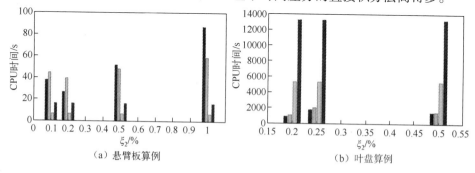

(a)悬臂板算例   (b)叶盘算例

图4.7 一个激励周期内不同算法所需的 CPU 时间

需要指出的是,这里给定的激励频率都是第 4 阶(族)固有频率,当激励频率变高时,对应一个激励周期的时间变短,此时通过优化算法参数,代数动力算法的计算量肯定会减少,而基于时间差分的方法则需要在该激励周期内设置足够多的积分步才能得到满足精度要求的结果,计算量不会减少甚至可能比低频率激励时还要增加。因此,代数动力算法特别适用于高频激励下大型模型的响应计算,而基于时间差分的直接积分法适用于中小规模模型的响应计算。

4.7　本　章　小　结

本章主要介绍了代数动力算法的基本理论、算法实现流程和算法参数优化问题,并通过算例说明了算法的有效性,讨论了其精度和效率问题。主要工作及结论有以下几点:

(1) 通过增维方法将非齐次的结构动力方程变为齐次的,从而避免了在时间递推关系中的矩阵求逆运算,大大提高了代数算法的适用性和计算效率。

(2) 介绍了计算 $\exp(A)b$ 的 Krylov 子空间法和 ReLPM 法的理论和算法实现,并将其应用到结构动力方程的响应求解中。根据两种代数动力算法的特点,可以分别通过调整 Krylov 子空间的维数和 ReLPM 法的初始步长来提高算法的效率。

(3) 选取了悬臂板和某叶盘结构的有限元模型作为算例,考察了不同算法的计算效率和精度。计算表明,几种算法的结果吻合很好,都能得到满足工程精度要求的响应结果。采用同样的相对误差控制水平,ReLPM 法得到结果精度要比 Krylov 子空间方法高一些。

(4) Krylov 子空间法和 ReLPM 法的计算效率受阻尼的影响很大,但并不随阻尼比单调变化,而是与阻尼的性态相关联。两者比较而言,Krylov 子空间法受阻尼的影响要稍小一些。

(5) 对于中小规模的模型,在一般激励条件下(指激励频率在中低频段)代数动力算法与 Newmark 等基于时间差分的积分方法相比并没有效率上的优势;而对于规模较大的有限元模型,即使在激励频率不高的情况下,代数动力算法的效率优势也很明显。这是因为受到计算精度限制,代数动力算法的允许步长在中低激励频段时显得过小,需要将一个时间步分为若干个子步来计算,而对中小规模的模型来说,尽管代数动力算法主要是矩阵向量的乘法运算,但此时采用 Newmark 等方法求解线性方程组所需要的计算量更小,因此代数动力算法并不具有效率优势。当模型规模增加时,求解线性方程组的计算量迅速增加,远远超过代数动力算法计算量的增加速度,此时能够充分体现代数动力算法不需求解方程组的优势。

(6) 对于大规模结构高频激励的情况,为了能够精确描述激励的时间历程,需要将积分步长取到很小,采用代数动力算法在每一个时间步的计算量会大大减少,而采用 Newmark 法仍需要在每步都求解线性方程组,此时代数动力算法的效率优势更加明显。

第 5 章　基于周期性的叶盘结构振动瞬态响应计算方法

5.1　引　　言

前面几章分别介绍了多种结构振动响应求解方法,包括基于减缩的方法和高效的代数动力算法,已经应用于谐调和失谐叶盘结构振动响应问题的求解。特别是第 4 章介绍的应用于一般结构动力方程响应求解的代数动力算法,特别适用于大规模模型弱阻尼或高频激励情况下的响应分析。对于叶盘结构的响应分析,代数动力算法也可以充分利用结构的弱阻尼和流体激励高频率的特性来提高求解效率。但是,代数动力算法没有利用周期对称性进行叶盘结构振动分析依然是一个明显的不足。

利用结构的对称性,只要分析其中一个加以适当边界条件的子结构(一个扇区),就可以得到整个叶盘的解答,而不必进行子结构的集成和求解,从而使整个结构的分析和求解大为简化。因此,利用周期对称性对叶盘结构进行求解规模的减缩是提高瞬态响应求解效率的另一个重要手段。

本章利用叶片轮盘的结构特点,提出了谐调及失谐叶盘基于周期对称性的瞬态响应求解方法。对于谐调叶盘,首先建立叶盘结构一个基本扇区的有限元模型和运动方程,然后对激励进行节径的傅里叶展开,得到对应于每个节径的激励,接着对每个节径进行运动方程求解,最后将各节径的解按照其相位关系叠加起来,得到整个结构的位移等响应。

对于失谐叶盘结构,由于各个扇区之间存在小量的差别,破坏了系统的周期对称性,通常情况下需要建立整体叶盘结构的有限元模型进行分析,计算负荷很大。实际上,可以将失谐叶盘结构表示成一个谐调叶盘结构和相应失谐量叠加的形式,将失谐部分移到方程右端作为激励,这样就可以继续利用叶盘结构的周期对称性进行计算。但此时右端激励与同时刻的响应是相关的,需要将原来失谐的线性问题作为一个谐调的激励非线性问题进行迭代求解。

尽管利用叶盘结构的周期对称性可以将对整个结构的计算转化为仅对一个扇区进行计算,但对于工程中复杂的叶盘结构,其基本扇区的高保真有限元模型的自由度依然很多,这时可以考虑在周期对称模型中采用模态减缩的方法进一步减小计算规模(也是一种双重减缩技术)。需要特别指出的是,在失谐叶盘结构中仍采用谐调的振型进行模态减缩,但与目前基于模态族减缩的 SNM 或 FMM 处理失谐的方法不同,这里并不是对刚度、质量以及阻尼矩阵的失谐量直接进行模态减缩,而是像直接求解中那样将失谐部分作为非线性激励来处理。这样处理方法的优势在于通过迭代的方式充分考虑了失谐对响应的影响,使得这种基于谐调模态减缩的方法同样适用于失谐较大或非比例失谐等叶片振型与谐调时相比发生明显变化的情况。

本章将首先在 5.2 节介绍基本扇区表示的谐调叶盘结构的运动方程和激励转换方法,包括叶盘结构振动方程的建立、方程的约化求解和激励转换;在 5.3 节和 5.4 节中分别介绍谐调和失谐叶盘的瞬态求解流程;接着在 5.5 节和 5.6 节讨论基于周期对称模型的模态减缩方法以及代数动力算法在扇区模型响应求解中的应用;在 5.7 节以某压气机叶盘结构为例说明所提出方法的有效性;最后对本章工作进行小结。

5.2   基于扇区描述的叶盘结构振动方程的建立

5.2.1   叶盘结构振动方程及其约化[15]

叶盘结构的一个叶片及其相应的轮盘部分构成一个基本重复扇区,记为 S_k ($k=1,2,\cdots,N$)。各扇区之间的界面记为 t_k,称为波传播面。规定扇区 S_k 为半开半闭区间,即 S_k 包含界面 t_k,但不包含界面 $t_k'=t_{k+1}$,称扇区 S_k 为基本扇区。如果把基本扇区 S_k 扩大到也包含边界 $t_k'=t_{k+1}$,则称该扇区为扩充扇区,记为 $\overline{S}_k$。记 t_k 为主界面,t_k' 为从界面。

在柱坐标系下,基本扇区 S_k 的节点位移向量为

$$\{\boldsymbol{\delta}_k\} = \begin{Bmatrix} \boldsymbol{\delta}_{kt} \\ \boldsymbol{\delta}_{kg} \end{Bmatrix}, \quad k=1,2,\cdots,N \tag{5.1}$$

扩充扇区 $\overline{S}_k$ 的节点位移向量为

$$\{\overline{\boldsymbol{\delta}}_k\} = \begin{Bmatrix} \boldsymbol{\delta}_{kt} \\ \boldsymbol{\delta}_{kg} \\ \boldsymbol{\delta}_{kt'} \end{Bmatrix}, \quad k=1,2,\cdots,N \tag{5.2}$$

式中,下标 t 表示界面 t_k;g 表示扇区内部;t' 表示界面 t_k'。

两位移向量的转换关系或传递关系为

$$\begin{Bmatrix} \boldsymbol{\delta}_{kt} \\ \boldsymbol{\delta}_{kg} \\ \boldsymbol{\delta}_{kt'} \end{Bmatrix} = \begin{bmatrix} \boldsymbol{I} & \boldsymbol{0} \\ \boldsymbol{0} & \boldsymbol{I} \\ \boldsymbol{I}e^{ir\alpha} & \boldsymbol{0} \end{bmatrix} \begin{Bmatrix} \boldsymbol{\delta}_{kt} \\ \boldsymbol{\delta}_{kg} \end{Bmatrix} = S_r \begin{Bmatrix} \boldsymbol{\delta}_{kt} \\ \boldsymbol{\delta}_{kg} \end{Bmatrix}, \quad r=0,1,\cdots,N-1 \tag{5.3}$$

式中,$\boldsymbol{S}_r$ 为转换矩阵;i 为虚数单位;$\alpha = 2\pi/N$ 为每个扇区所对应的角度。

整体叶盘系统的位移向量记为

$$\{\boldsymbol{\delta}\} = \begin{Bmatrix} \boldsymbol{\delta}_1 \\ \boldsymbol{\delta}_2 \\ \vdots \\ \boldsymbol{\delta}_N \end{Bmatrix} \tag{5.4}$$

每个扩充扇区的刚度和质量矩阵是分别相同的,其分块形式为

$$\boldsymbol{K}_0 = \begin{bmatrix} \boldsymbol{K}_{tt} & \boldsymbol{K}_{tg} & \boldsymbol{K}_{tt'} \\ \boldsymbol{K}_{gt} & \boldsymbol{K}_{gg} & \boldsymbol{K}_{gt'} \\ \boldsymbol{K}_{t't} & \boldsymbol{K}_{t'g} & \boldsymbol{K}_{t't'} \end{bmatrix}, \quad \boldsymbol{M}_0 = \begin{bmatrix} \boldsymbol{M}_{tt} & \boldsymbol{M}_{tg} & \boldsymbol{M}_{tt'} \\ \boldsymbol{M}_{gt} & \boldsymbol{M}_{gg} & \boldsymbol{M}_{gt'} \\ \boldsymbol{M}_{t't} & \boldsymbol{M}_{t'g} & \boldsymbol{M}_{t't'} \end{bmatrix} \tag{5.5}$$

式中,$\boldsymbol{M}_0$ 为对称正定矩阵;$\boldsymbol{K}_0$ 为对称半正定矩阵,在引入结构的边界条件后,刚度矩阵也为对称正定的。

由各扩充扇区的刚度矩阵组集得到系统的总刚度矩阵

$$\boldsymbol{K} = \begin{bmatrix} \boldsymbol{K}_{t't'} + \boldsymbol{K}_{tt} & \boldsymbol{K}_{tg} & \boldsymbol{K}_{tt'} & \boldsymbol{0} & \cdots & \boldsymbol{K}_{t't} & \boldsymbol{K}_{t'g} \\ \boldsymbol{K}_{gt} & \boldsymbol{K}_{gg} & \boldsymbol{K}_{gt'} & \boldsymbol{0} & \cdots & \boldsymbol{0} & \boldsymbol{0} \\ \boldsymbol{K}_{t't} & \boldsymbol{K}_{t'g} & \boldsymbol{K}_{t't'} + \boldsymbol{K}_{tt} & \boldsymbol{K}_{tg} & \cdots & \boldsymbol{0} & \boldsymbol{0} \\ \boldsymbol{0} & \boldsymbol{0} & \boldsymbol{K}_{gt} & \boldsymbol{K}_{gg} & \cdots & \boldsymbol{0} & \boldsymbol{0} \\ \vdots & \vdots & \vdots & \vdots & & \vdots & \vdots \\ \boldsymbol{K}_{tt'} & \boldsymbol{0} & \boldsymbol{0} & \boldsymbol{0} & \cdots & \boldsymbol{K}_{t't'} + \boldsymbol{K}_{tt} & \boldsymbol{K}_{tg} \\ \boldsymbol{K}_{gt'} & \boldsymbol{0} & \boldsymbol{0} & \boldsymbol{0} & \cdots & \boldsymbol{K}_{gt} & \boldsymbol{K}_{gg} \end{bmatrix} \tag{5.6}$$

令

$$\boldsymbol{K}_1 = \begin{bmatrix} \boldsymbol{K}_{t't'} + \boldsymbol{K}_{tt} & \boldsymbol{K}_{tg} \\ \boldsymbol{K}_{gt} & \boldsymbol{K}_{gg} \end{bmatrix}, \quad \boldsymbol{K}_2 = \begin{bmatrix} \boldsymbol{K}_{tt'} & \boldsymbol{0} \\ \boldsymbol{K}_{gt'} & \boldsymbol{0} \end{bmatrix} \tag{5.7}$$

则有

$$\boldsymbol{K} = \begin{bmatrix} \boldsymbol{K}_1 & \boldsymbol{K}_2 & \boldsymbol{0} & \cdots & \boldsymbol{0} & \boldsymbol{K}_2^{\mathrm{T}} \\ \boldsymbol{K}_2^{\mathrm{T}} & \boldsymbol{K}_1 & \boldsymbol{K}_2 & \cdots & \boldsymbol{0} & \boldsymbol{0} \\ \vdots & \vdots & \vdots & & \vdots & \vdots \\ \boldsymbol{K}_2 & \boldsymbol{0} & \boldsymbol{0} & \cdots & \boldsymbol{K}_2^{\mathrm{T}} & \boldsymbol{K}_1 \end{bmatrix} \tag{5.8}$$

该矩阵的特点是第 i 块行由第 $i-1$ 块行的元素向右移动一块列位置而得到,具有这种性质的矩阵称为块循环矩阵或块轮换矩阵。整体叶盘的质量矩阵也可由相同的方法得到。这时,整体叶盘的振动方程可以写为

$$\boldsymbol{M}\ddot{\boldsymbol{x}} + \boldsymbol{C}\dot{\boldsymbol{x}} + \boldsymbol{K}\boldsymbol{x} = \boldsymbol{f}(t) \tag{5.9}$$

式中, M 和 K 为块状循环矩阵,若比例阻尼 $C = \alpha M + \beta K$,则 C 也为块状循环矩阵。

根据块循环矩阵的特点,可以对式(5.9)表示的振动方程进行约化。令

$$\begin{cases} K_{pr} = \begin{bmatrix} K_{t't'} + K_{tt} + K_{tt'}e^{ir\alpha} + K_{t't}e^{-ir\alpha} & K_{tg} + K_{t'g}e^{-ir\alpha} \\ K_{gt} + K_{gt'}e^{ir\alpha} & K_{gg} \end{bmatrix} \\ M_{pr} = \begin{bmatrix} M_{t't'} + M_{tt} + M_{tt'}e^{ir\alpha} + M_{t't}e^{-ir\alpha} & M_{tg} + M_{t'g}e^{-ir\alpha} \\ M_{gt} + M_{gt'}e^{ir\alpha} & M_{gg} \end{bmatrix} \\ r = 0, 1, \cdots, N-1 \end{cases} \quad (5.10)$$

式中, K_{pr} 和 M_{pr} 分别为节径 r 下对应的基本扇区的刚度矩阵和质量矩阵,可以由下面的关系得到

$$K_{pr} = S_r^H K_0 S_r \quad M_{pr} = S_r^H M_0 S_r, \quad r = 0, 1, \cdots, N-1 \quad (5.11)$$

则各节径下的振动方程可以写为

$$M_{pr}\ddot{x}_{pr}(t) + C_{pr}\dot{x}_{pr}(t) + K_{pr}x_{pr}(t) = P_r(t), \quad r = 0, 1, \cdots, N-1 \quad (5.12)$$

式中, $P_r(t)$ 为节径 r 下对应的激励; x_{pr} 为相应的位移向量。

基本扇区的位移向量可由各节径的位移向量叠加表示,即

$$x_p = \sum_{r=0}^{N-1} x_{pr} \quad (5.13)$$

当 $r_1 + r_2 = N$ 时,下标为 r_1 和 r_2 的质量和刚度矩阵是互为共轭转置的,因此有

$$x_{pr_1} = \bar{x}_{pr_2} \quad (5.14)$$

式中, $\bar{x}$ 表示对 x 取共轭。

于是,并不需要求解式(5.12)中的所有 N 个方程,当 N 为奇数时,只要求解 $r = 0, 1, \cdots, \frac{1}{2}(N-1)$ 对应的方程;当 N 为偶数时,只要求解 $r = 0, 1, \cdots, \frac{N}{2}$ 对应的方程。这样,经过上面的转换过程,原来求解整体叶盘的运动方程式(5.9)转换成了求解 $\frac{N-1}{2}$ (N 为奇数)或 $\frac{N}{2}$ (N 为偶数)个单扇区的运动方程式(5.12)。

需要指出的是,除了 $r = 0$ 和 $r = \frac{N}{2}$ (N 为偶数)的情况外,其他节径下 K_{pr} 和 M_{pr} 均是复数矩阵,在某些算法的求解中需要将其转化为实系数的方程组

$$\begin{bmatrix} \mathrm{Re}(M_{pr}) & -\mathrm{Im}(M_{pr}) \\ \mathrm{Im}(M_{pr}) & \mathrm{Re}(M_{pr}) \end{bmatrix} \begin{Bmatrix} \mathrm{Re}(\ddot{x}_{pr}) \\ \mathrm{Im}(\ddot{x}_{pr}) \end{Bmatrix} + \begin{bmatrix} \mathrm{Re}(C_{pr}) & -\mathrm{Im}(C_{pr}) \\ \mathrm{Im}(C_{pr}) & \mathrm{Re}(C_{pr}) \end{bmatrix} \begin{Bmatrix} \mathrm{Re}(\dot{x}_{pr}) \\ \mathrm{Im}(\dot{x}_{pr}) \end{Bmatrix} +$$

$$\begin{bmatrix} \mathrm{Re}(K_{pr}) & -\mathrm{Im}(K_{pr}) \\ \mathrm{Im}(K_{pr}) & \mathrm{Re}(K_{pr}) \end{bmatrix} \begin{Bmatrix} \mathrm{Re}(x_{pr}) \\ \mathrm{Im}(x_{pr}) \end{Bmatrix} = \begin{Bmatrix} \mathrm{Re}(P_r) \\ \mathrm{Im}(P_r) \end{Bmatrix} \quad (5.15)$$

式中,Re 和 Im 分别表示取实部和虚部,这里的系数矩阵是实对称阵。

通过求解方程式(5.12)或式(5.15),可以得到基本扇区各节径下的位移向量以及其总位移 $x_p^1(t)$。其他扇区的位移向量均可由 $x_p^1(t)$ 来表示,即

$$\boldsymbol{x}_p = \left\{ \begin{array}{c} \boldsymbol{x}_p^1(t) \\ \boldsymbol{x}_p^1(t)\,\mathrm{e}^{-\mathrm{i}(2\pi r/N)} \\ \vdots \\ \boldsymbol{x}_p^1(t)\,\mathrm{e}^{-\mathrm{i}(j-1)(2\pi r/N)} \\ \vdots \\ \boldsymbol{x}_p^1(t)\,\mathrm{e}^{-\mathrm{i}(N-1)(2\pi r/N)} \end{array} \right\} \tag{5.16}$$

由叠加关系式(5.13)、共轭关系式(5.14)和相位关系式(5.16)可知,当 N 为奇数时,第 j 个扇区的节点位移向量为

$$\boldsymbol{x}_{jp} = \boldsymbol{x}_{p0} + \sum_{r=1}^{\frac{1}{2}(N-1)} \left[\boldsymbol{x}_{pr}\mathrm{e}^{-\mathrm{i}(j-1)(2\pi r/N)} + \bar{\boldsymbol{x}}_{pr}\mathrm{e}^{\mathrm{i}(j-1)(2\pi r/N)} \right]$$

$$= \boldsymbol{x}_{p0} + 2\sum_{r=1}^{\frac{1}{2}(N-1)} \left[\mathrm{Re}(\boldsymbol{x}_{pr}(t))\cos(j-1)\frac{2\pi r}{N} + \mathrm{Im}(\boldsymbol{x}_{pr}(t))\sin(j-1)\frac{2\pi r}{N} \right] \tag{5.17}$$

当 N 为偶数时,第 j 个扇区的节点位移向量为

$$\boldsymbol{x}_{jp} = \boldsymbol{x}_{p0} + (-1)^{j+1}\boldsymbol{x}_{pN/2} + \sum_{r=1}^{\frac{N}{2}-1} \left[\boldsymbol{x}_{pr}\mathrm{e}^{-\mathrm{i}(j-1)(2\pi r/N)} + \bar{\boldsymbol{x}}_{pr}\mathrm{e}^{\mathrm{i}(j-1)(2\pi r/N)} \right]$$

$$= \boldsymbol{x}_{p0} + (-1)^{j+1}\boldsymbol{x}_{pN/2} + 2\sum_{r=1}^{\frac{N}{2}-1} \left[\mathrm{Re}(\boldsymbol{x}_{pr}(t))\cos(j-1)\frac{2\pi r}{N} + \right.$$

$$\left. \mathrm{Im}(\boldsymbol{x}_{pr}(t))\sin(j-1)\frac{2\pi r}{N} \right] \tag{5.18}$$

5.2.2 激励转换

前面建立了叶盘结构周期对称模型的振动方程,其中一个关键的问题是如何得到基本扇区各节径下的激励 $\boldsymbol{P}_r$。对于沿周向任意变化的载荷,需要将其在周向做傅里叶展开以得到每一个扇区的载荷。对于叶盘结构的瞬态分析,可以分两部分完成。首先是根据激励的分布特点得到任意时刻的激励在各扇区的分布形式。然后在周向对激励进行基于节径的傅里叶展开。

1. 叶盘结构任意时刻的激励分布

在叶盘结构瞬态分析中,多考虑作用于叶片上的非定常气动激振力。在转速不变的情况下,叶盘旋转一周的过程中各扇区所受激励的时间历程是一样的,不同扇区之间的激励只存在一个时间差。因此只需要知道一个扇区的激励,就可以根据时间关系推导出其他扇区的激励。

根据叶盘结构所受激励在时间上的周期性,可以将任意时刻各扇区相应节点的激励转换到同一激励周期 T 内,以方便后面的傅里叶展开。在实际应用中,

T 一般为转子扫过一个流道或是转过一周(静子叶片非对称分布的情况)的时间。瞬态分析中,在积分时间 t,若所研究扇区(有限元模型的基本扇区)给定的某一自由度上的激励为 $f(t)$,则整个叶盘其他扇区相应自由度上的激励向量为

$$\boldsymbol{F}(t) = \{f(t) \quad f(t+\Delta t) \quad \cdots \quad f(t+(N-1)\Delta t)\}^{\mathrm{T}} \qquad (5.19)$$

式中,$\Delta t = \dfrac{60}{\omega N}$ 为相邻扇区间激励的时间差;ω 为转速(r/min)。

在周期 T 内,给定时间点上时间 t 与由 CFD 计算或是实验得到的激励 $f(t)$ 是一一对应的,为了方便地通过插值得到任意时刻的各扇区的激励值,需要将式(5.19)中的各个时间值变换至同一周期内,即

$$t_{pj} = t_j - \left[\frac{t_j}{T}\right] \times T \qquad (5.20)$$

式中,[•]表示取整。这样得到 t 时刻的激励向量为

$$\boldsymbol{F}(t) = \{f(t_{p1}) \quad f(t_{p2}) \quad \cdots \quad f(t_{pN})\}^{\mathrm{T}} \qquad (5.21)$$

2. 激励的傅里叶变换

对于如式(5.21)所示的或其他任意形式的沿周向分布的载荷,需要对其进行傅里叶展开以得到应用于周期对称有限元模型的各节径下的载荷。各扇区某对应自由度上(如各扇区叶尖节点的周向自由度)的激励向量 $\boldsymbol{F}(t)$ 中第 j 个元素(对应第 j 个扇区)的傅里叶级数为

$$f_j(t) = \sum_{r=0}^{N-1} P_r(t)\,\mathrm{e}^{-\mathrm{i}(j-1)(2\pi r/N)} \qquad (5.22)$$

式中,$P_r(t)$ 是激励向量 $\boldsymbol{P}_r(t)$ 中的第 $r+1$(因为 r 是从 0 开始的)个元素,是扇区模型中该自由度上 r 节径的激励。

将上面的关系写成矩阵的形式:

$$\boldsymbol{F}(t) = \boldsymbol{\Phi} \boldsymbol{P}_r(t) \qquad (5.23)$$

矩阵 $\boldsymbol{\Phi}$ 的元素为

$$\boldsymbol{\Phi}(p,q) = \mathrm{e}^{-\mathrm{i}2\pi(p-1)(q-1)/N} \qquad (5.24)$$

由于

$$\boldsymbol{\Phi}^{\mathrm{H}}\boldsymbol{\Phi} = N\boldsymbol{I} \qquad (5.25)$$

因此

$$\boldsymbol{P}_r(t) = \frac{1}{N}\boldsymbol{\Phi}^{\mathrm{H}}\boldsymbol{F}(t) \qquad (5.26)$$

从载荷转换的定义和其物理意义可知,对于叶盘结构中经常考虑的阶次激励,傅里叶变换后只在与其激励阶次对应的节径数处有非零分量,这样可以进一步减少求解方程的数目。

采用周期对称模型的整个求解过程中只是利用了结构周期对称性带来的运动学上的特点,而未涉及到任何形式的简化,只是通过减小求解问题规模来提高

计算效率。若每个基本扇区内的自由度数为 n_b 个,采用周期对称模型是将一个 $(N \times n_b) \times (N \times n_b)$ 的大规模问题分解为对应于 0 节径的一个 $n_b \times n_b$ 的实系数和对应于其他非 0 节径的 $(N/2)$ 个 $n_b \times n_b$ 的复系数问题,同时附加有激励转换和响应叠加的过程,但这两个过程所增加的计算是非常有限的。

5.3 谐调叶盘结构瞬态响应求解流程

前面介绍了叶盘结构扇区模型振动方程的建立,本节首先给出通过通用有限元程序如 ANSYS 的前处理器获取叶盘结构刚度和质量矩阵的方法,为建立系统运动方程作数据准备;然后给出利用周期对称性求解谐调叶盘瞬态响应的流程。

5.3.1 系统矩阵的获取

由于实际工程的叶盘分析多采用有限元模型,因此如何得到有限元模型基本扇区的刚度矩阵和质量矩阵是建立和求解叶盘结构运动方程首先要解决的问题。在实际的有限元建模过程中,往往只能借助有限元前处理软件得到扩充扇区的质量和刚度矩阵,因此问题的关键在于获得扩充扇区到基本扇区的转换矩阵 S_r。

首先建立扩充扇区的有限元模型,只需施加结构应有的位移约束条件,保持周期对称边界自由,然后利用 ANSYS 文件输出的功能,可以从 .full 文件中将用 Harwell – Boing 格式表示刚度和质量矩阵写出。

叶盘结构扩充扇区有限元模型的刚度和质量矩阵与式(5.5)中表示矩阵的最大不同在于有限元矩阵并不是按照主界面节点—内部节点—从界面节点的顺序排列的,因此转换矩阵 S_r 并不具有式(5.3)中的形式,而必须根据节点对应关系对矩阵进行初等变换,得到用三元表形式表示的稀疏矩阵 S_r。$S_r(r=0)$ 生成过程的伪代码如表 5.1 所列。

表 5.1 S_r 生成过程的伪代码

1	准备节点文件,扩充扇区节点编号向量为 n_a,基本扇区为 n_b,周期对称边界为[n_l, n_h],记 n = length(n_a),m = length(n_l)
2	开辟 S_r 的存储空间,$S_r = \begin{bmatrix} a \\ b \end{bmatrix}$,ja = 0,jb = 0
3	for i = 1:n
4	for j = 1:m
5	if n_a(i) = n_l(j,1) , ja = ja + 1
6	for k = 1:n − m
7	if n_h(j,2) = n_b(k)
8	a(ja,1:3) = [i,k,1]
9	end

10	end
11	for kk = jb + 1 : n - m
12	if n_a(i) = n_b(kk), jb = jb + 1
13	b(jb,1:3) = [i,kk,1]
14	end
15	end

关于伪代码的说明(步序表示表中对应的行号)如下:

第1步:周期对称边界节点编号矩阵[n_l, n_h]中,同一行中的两个节点编号分别对应主边界和从边界上的轴向和径向位置相同的节点,n_l 为从边界,n_h 为主边界。

第2步:S_r 为从扩充扇区到基本扇区的稀疏矩阵,这里采用三元表的形式表示,ja 和 jb 为计数器。矩阵子块 a 表示随节径数变化的部分,矩阵子块 b 表示不随节径数变化的部分。当节径数为 r 时,a 对应的元素需要乘以 $e^{ir\alpha}$。

第3~15步:按照扩充扇区的节点循环,由其与基本扇区的对应关系给 S_r 赋值。

第4~10步:若为从边界上的节点,则寻找与其对应的主边界节点及其在基本扇区的位置。

第11~14步:若为内部节点,则直接寻找其在基本扇区的位置。

需要特别指出的是,转子叶盘工作转速下的离心力对结构动态特性会产生明显的影响,在多数情况下必须考虑转速造成的预应力的影响。实际上,叶盘振动过程中产生的动应力也会对结构的刚度矩阵产生影响,即系统的考虑预应力的刚度矩阵是时变的,瞬态求解中需要在每个时间步都更新刚度矩阵。但与工作转速下的离心应力相比,动应力对刚度矩阵的影响一般相对较小,因此在简化情况下,可以只考虑离心应力的影响。这样,在瞬态求解过程中刚度矩阵是不变的,减小了求解的困难。

与不考虑预应力的情况相比,由于必须在周期对称边界上施加适当的边界条件(或在 ANSYS 中定义周期对称条件)才能得到预应力刚度矩阵,因此不能再直接应用边界自由的单扇区有限元模型得到扩充扇区的刚度矩阵 K_0。

这里,首先施加 $r = 0$ 的位移约束,在离心载荷下进行静力分析,得到考虑预应力的单元刚度矩阵,然后移除两周期对称面上的位移约束条件,只保留结构中的位移边界条件,输出系统的刚度矩阵,即为考虑预应力的 K_0。再用上述的方法得到转换矩阵 S_r,进而得到各节径下刚度。

5.3.2 谐调叶盘结构运动方程的求解流程

采用 Newmark 法对各节径的运动方程式(5.12)进行直接积分求解,其求解流程如表 5.2 所列。

表 5.2　谐调叶盘周期对称模型 Newmark 法求解流程

1	得到基本扇区的矩阵 K_0, M_0
2	得到一个周期 T 内激励和时间的关系 (T_i, Ex)
3	给定并处理初始条件 $x(t_0)$, $\dot{x}(t_0)$, $\ddot{x}(t_0)$
4	选择时间步长 τ, 并计算积分常数
5	for i = 1 : n_stp
6	for k = 1 : node_ex
7	$F(k,:) = \text{interp1}(t_k, T_i, Ex)$
8	$P_r^k(i\tau) = \dfrac{1}{N}\boldsymbol{\Phi}^{\mathrm{H}}F(k,:)'$
9	end
10	for r = 0 : [N/2]
11	计算 K_{pr} 和 M_{pr}, $K_{pr} = K_{pr1} + K_{p2}$, $M_{pr} = M_{pr1} + M_{p2}$,
12	$C_{pr} = \alpha K_{pr} + \beta M_{pr}$
13	$K_{er} = K_{pr} + c_0 M_{pr} + c_1 C_{pr}$
14	计算 Q_r
15	call $x_{pr}((i+1)\tau) = \text{UMFPACK}(K_{er}, Q_r)$
16	计算 $\dot{x}_{pr}((i+1)\tau)$, $\ddot{x}_{pr}((i+1)\tau)$
17	end
18	计算 x_{jp}
19	end

关于伪代码的说明(步序表示表中对应的行号)如下:

第 1 步:总体刚度矩阵只在柱坐标系下才表现出块状循环的特性,因此这里的矩阵均是在局部的柱坐标系下得到的。

第 2 步:由实验或计算得到的气动载荷数据,或是其他形式的激励。若采用强耦合的计算方式,则不能采用前面给出的时间插值方式得到扇区载荷,需要在每一个时间步进行载荷的转换处理。

第 3 步:若初始条件不为零,则也需要将非零的初始条件做空间傅里叶变换,得到对应于各谐波次数 r 的初始条件。

第 4 步:在给定步长 τ 下确定 $c_0 \sim c_7$ 等积分常数。

第 5 ~ 19 步:按照时间推进进行积分。

第 6 ~ 9 步:各节点自由度上激励的时间插值以及空间傅里叶变换。

第 10 ~ 19 步:根据节径数 r 依次求解。

第 11 步:为了减少基本扇区矩阵的重复计算,这里将 K_p 和 M_p 表示成随 r 变

换的 M_{p1} 和 M_{p1},以及不随 r 变换的 K_{p2} 和 K_{p2} 两部分之和。形成有效刚度矩阵 K_{er}。

第 12 步:计算阻尼矩阵 C_{pr}。

第 13 步:计算有效刚度矩阵 K_{er}。

第 14 步:计算有效载荷 Q_r。

第 15 步:采用多波前法求解软件包 UMFPACK 求解线性方程组。

第 18 步:按照式(5.17)或式(5.18)叠加求得各扇区的节点位移向量。

5.4 失谐叶盘结构建模和振动方程的求解流程

上节给出了利用周期对称性求解谐调叶盘响应的流程,本节将以失谐叶盘为研究对象,首先基于周期对称模型建立失谐叶盘的运动方程;然后给出失谐响应的求解策略和求解流程。

5.4.1 失谐叶盘运动方程的建立

失谐叶盘结构的运动方程可以写为

$$(M + \Delta M)\ddot{x} + (C + \Delta C)\dot{x} + (K + \Delta K)x = f \tag{5.27}$$

式中,ΔM、ΔC 和 ΔK 分别为质量、阻尼和刚度的失谐量矩阵。

在实际应用中,只需建立谐调叶盘中一个扇区的有限元模型,将每个扇区的失谐量分别引入有限元模型,并通过其与谐调模型矩阵的差来求得对应于各个扇区的失谐量矩阵。一般来说,失谐只存在于叶片中,在系统矩阵中表现为失谐量只存在于内部节点,因此失谐矩阵为块状对角阵。以刚度失谐为例,ΔK 可以表示为

$$\Delta K = \mathrm{diag}(\Delta K_1, \cdots, \Delta K_N) \tag{5.28}$$

若考虑比例失谐[23]的情况,则有

$$\Delta K = E_N \otimes \Delta K_0 \tag{5.29}$$

式中,ΔK_0 表示扇区失谐的基准;$E_N = \mathrm{diag}(\delta_1, \cdots, \delta_N)$ 表示各扇区的失谐量;$\otimes$ 表示 Kronecker 积。

对于非比例失谐的情况,有

$$\Delta K = \sum_{j=1}^{N} E_j \otimes \Delta K_j \tag{5.30}$$

式中,E_j 为一个只有第 j 个元素为 1 的 $N \times N$ 的矩阵;ΔK_j 为第 j 个扇区的失谐量。

将失谐量移到方程的右端作为系统激励,有

$$M\ddot{x} + C\dot{x} + Kx = f - \Delta M\ddot{x} - \Delta C\dot{x} - \Delta Kx \tag{5.31}$$

这样,式(5.31)左端的系统矩阵仍旧保持如式(5.9)所示谐调叶盘的形式,而右端的激励项和系统的加速度、速度和位移相关。采用与谐调叶盘结构瞬态分析相同的方法,可以按照表 5.2 的流程只采用一个扇区进行计算,不同之处在于此时的激励形式比较复杂,且与位移等运动参数相关,变为一个非线性问题。

需要说明的是,在流体—结构耦合求解中,由于结构边界运动造成的非定常气动力也是运动参数的函数,即可表示为 $f_a(x, \dot{x}, \ddot{x})$,与失谐引起的激励具有相同的形式。因此,这种方法也适用于流 – 固强耦合的非线性分析。

5.4.2 失谐叶盘的求解策略和求解流程

前面已经指出,由于失谐叶盘方程右端的激励与位移等参数相关,在每一时间步中都需要迭代求解,结果满足残差要求后再继续到下一时间步。这里借助流固耦合分析中的隐式时间积分方法[232, 233]:首先利用 t_{k-1} 时刻的运动参数得到 t_k 时刻的激励,代入式(5.31)右端求解得到该时刻新的运动参数;然后用求得的结果更新右端激励,如此迭代,直至得到收敛的 t_k 的运动参数,再进行到下一时间步,如图 5.1 所示。具体过程可描述如下:

(1)根据初始条件或上一步的收敛结果 $x(t_{k-1})$ 计算 $(f_k(x, \dot{x}, \ddot{x}))^0 = (f(t_k))^0$。

(2)计算当前结构位移 $x(t_k)$ 等。

(3)更新当前运动参数,$x(t_{k-1}) = x(t_k)$ 和右端载荷 $(f_k(x, \dot{x}, \ddot{x}))^1 = (f(t_k))^1$。

(4)重新计算位移 $x(t_k)$。

(5)计算误差 $\text{err} = \|x(t_k) - x(t_{k-1})\| / \|x(t_k)\|$。

(6)重复上述过程直至满足收敛条件。

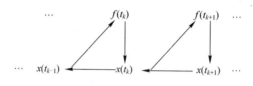

图 5.1　时间积分示意图

失谐叶盘结构的计算流程与谐调叶盘结构大体一样,主要区别在于每一时间步内的迭代过程和激励更新。以只考虑刚度失谐的叶盘为例,具体的计算流程如表 5.3 所列,对于存在质量和阻尼等失谐的情况,只是在激励更新时加以考虑即可。

表 5.3　失谐叶盘周期对称模型 Newmark 法求解流程

1	得到基本扇区的矩阵 K_0, M_0
2	得到各扇区的失谐量 ΔK_i
3	得到转换矩阵 S_r
4	给定并处理初始条件 $x(t_0), \dot{x}(t_0), \ddot{x}(t_0)$
5	选择时间步长 τ,并计算积分常数

6	开辟内存空间记录整个叶盘的位移 $\boldsymbol{d}_0$，$\boldsymbol{d}_1$
7	for i = 1 : n_stp
8	得到外激励 $\boldsymbol{f}(t)$
9	while err > tol
10	分扇区计算失谐引起的力 $\boldsymbol{f}_{mj} = \Delta \boldsymbol{K}_j \boldsymbol{d}_{0j}$
11	$\boldsymbol{f} = \boldsymbol{S}_{re} \boldsymbol{f}_0 - \boldsymbol{f}_m$
12	激励的空间傅里叶变换，得到激励矩阵 $\boldsymbol{f}_r$
13	for r = 0 : [N/2]
14	计算 $\boldsymbol{K}_{pr}$ 和 $\boldsymbol{M}_{pr}$，$\boldsymbol{C}_{pr} = \alpha \boldsymbol{K}_{pr} + \beta \boldsymbol{M}_{pr}$，$\boldsymbol{K}_{er} = \boldsymbol{K}_{pr} + c_0 \boldsymbol{M}_{pr} + c_1 \boldsymbol{C}_{pr}$
15	计算有效载荷向量 $\boldsymbol{Q}_r$
16	call $\boldsymbol{x}_{pr}((i+1)\tau)$ = UMFPACK$(\boldsymbol{K}_{er}, \boldsymbol{Q}_r)$
17	end
18	叠加各节径分量，得到位移向量 $\boldsymbol{d}_1$
19	计算相对误差 err = $\| \boldsymbol{d}_1 - \boldsymbol{d}_0 \| / \| \boldsymbol{d}_1 \|$
20	更新位移 $\boldsymbol{d}_0 = \boldsymbol{d}_1$
21	end
22	由收敛的位移计算加速度和速度，并更新当前位移、速度、加速度
23	end

关于伪代码的说明(步序表示表中对应的行号)如下：

第 1~6 步：模型信息和初始条件等，与计算谐调叶盘时基本相同，需要增加关于失谐量的信息。

第 7~23 步：Newmark 积分过程。

第 8 步：确定与时间相关的激励。

第 9~21 步：在时间步内用 Newmark 方法迭代求解位移，直至收敛。

第 10 步：计算失谐给谐调系统带来的附加力。

第 11~12 步：计算当前激励，并进行傅里叶变换。

第 13~17 步：分节径求解线性方程组。

第 15 步：计算有效载荷向量，在迭代过程中与质量和阻尼阵相关的位移、速度和加速度向量使用上一步的收敛解。

第 18 步：叠加各节径分量，得到新的位移。

第 19 步：计算位移误差。

第 22 步：得到该时间步收敛的位移等向量。

5.5 基于周期对称性的模态减缩方法

5.5.1 扇区模型的模态减缩

在第 2 章简单介绍了一般结构动力学中常用的模态减缩方法,该方法采用某一包括激励频率的频段内的振型作为基向量对系统方程进行解耦和减缩,大大提高了线性(甚至包括某些弱非线性)系统的响应求解效率。在叶盘结构的响应求解中,也经常采用这种模态减缩的方法来提高计算效率(见第 3 章和文献[23]的讨论)。但叶盘结构的模态有成族出现的特点,一个模态族内聚集着 N(N 为叶片数)个频率非常接近的模态,这时采用模态减缩时须将所研究频段内的多族模态都考虑进去,所需的模态基向量比较多。而利用谐调叶盘结构的周期对称性,可只对一个扇区进行模态分析,得到的每个模态向量的长度也仅为原来的 $1/N$,可使得模态减缩方法的计算效率进一步提高。

对于失谐的情况,SNM 和 FMM 等基于系统模态族的减缩方法直接将系统的失谐矩阵也进行了模态减缩[23],其理论基础在于失谐的振型可以用一族或少数几族的谐调振型的线性组合来表示,因此这种方法的精度和适用范围也受到这个假设的限制,只能应用于失谐量较小或是比例失谐的情况。而采用基于周期对称的模态减缩方法是基于完全谐调振型的,对失谐振型没有任何的要求和假设。失谐的作用在这种方法中是以激励的形式通过迭代来实现的,因此对失谐形式也没有要求,适用范围更宽。同时,基于周期对称模型的模态减缩方法需要求解的方程组规模与基于模态族的减缩方法相当,计算量并没有增加。

这里首先介绍叶盘结构周期对称模型模态减缩基本理论。叶盘结构周期对称模型的特征值问题可以写为

$$(\boldsymbol{K}_{pr} - \lambda \boldsymbol{M}_{pr})\boldsymbol{\Phi}_r = \boldsymbol{0}, \quad r = 0, 1, \cdots, N/2 \tag{5.32}$$

式中,λ 为特征值;$\boldsymbol{\Phi}_r$ 为特征向量;下标 r 代表节径数。

分离式(5.32)的实部和虚部,得

$$\left(\begin{bmatrix} \mathrm{Re}(\boldsymbol{K}_{pr}) & -\mathrm{Im}(\boldsymbol{K}_{pr}) \\ \mathrm{Im}(\boldsymbol{K}_{pr}) & \mathrm{Re}(\boldsymbol{K}_{pr}) \end{bmatrix} - \lambda \begin{bmatrix} \mathrm{Re}(\boldsymbol{M}_{pr}) & -\mathrm{Im}(\boldsymbol{M}_{pr}) \\ \mathrm{Im}(\boldsymbol{M}_{pr}) & \mathrm{Re}(\boldsymbol{M}_{pr}) \end{bmatrix} \right) \begin{Bmatrix} \mathrm{Re}(\boldsymbol{\Phi}_r) \\ \mathrm{Im}(\boldsymbol{\Phi}_r) \end{Bmatrix} = \boldsymbol{0}$$

$$\tag{5.33}$$

或记为

$$(\hat{\boldsymbol{K}}_{pr} - \lambda \hat{\boldsymbol{M}}_{pr})\hat{\boldsymbol{\Phi}}_r = \boldsymbol{0} \tag{5.34}$$

上面的矩阵中,$\boldsymbol{K}_{pr}$ 和 $\boldsymbol{M}_{pr}$ 是 Hermitian 阵,$\hat{\boldsymbol{K}}_{pr}$ 和 $\hat{\boldsymbol{M}}_{pr}$ 是实对称阵。根据选取算法的不同,可以选择求解式(5.32)或式(5.34)。

对于每一个 $r \neq 0$(若 N 为偶数还需有 $r \neq N/2$),实特征值问题式(5.34)的 $2n$ 个特征值必定是 n 个二重根,与每一个重根 λ_r 相关联的特征向量分别张成一个二维特征子空间。

设 λ_r 所对应的一个特征向量为

$$\hat{\boldsymbol{\Phi}}_r^{(1)} = \left\{ \begin{array}{c} \mathrm{Re}(\boldsymbol{\Phi}_r^{(1)}) \\ \mathrm{Im}(\boldsymbol{\Phi}_r^{(1)}) \end{array} \right\} \tag{5.35}$$

则不难验证

$$\hat{\boldsymbol{\Phi}}_r^{(2)} = \left[\begin{array}{cc} \mathbf{0} & \boldsymbol{I}_n \\ -\boldsymbol{I}_n & \mathbf{0} \end{array} \right] \hat{\boldsymbol{\Phi}}_r^{(1)} = \left\{ \begin{array}{c} \mathrm{Im}(\boldsymbol{\Phi}_r^{(1)}) \\ -\mathrm{Re}(\boldsymbol{\Phi}_r^{(1)}) \end{array} \right\} \tag{5.36}$$

也是 λ_r 所对应的一个特征向量,且

$$\{\hat{\boldsymbol{\Phi}}_r^{(1)}\}^{\mathrm{T}} \{\hat{\boldsymbol{\Phi}}_r^{(2)}\} = \{\hat{\boldsymbol{\Phi}}_r^{(2)}\}^{\mathrm{T}} \{\hat{\boldsymbol{\Phi}}_r^{(1)}\} = 0 \tag{5.37}$$

$$\{\hat{\boldsymbol{\Phi}}_r^{(1)}\}^{\mathrm{T}} \{\hat{\boldsymbol{\Phi}}_r^{(2)}\} = \{\hat{\boldsymbol{\Phi}}_r^{(2)}\}^{\mathrm{T}} \{\hat{\boldsymbol{\Phi}}_r^{(1)}\} = 0 \tag{5.38}$$

即在实模态域内重频所对应的两个特征向量是正交的,而且这两个特征向量关于质量和刚度矩阵也是加权正交的。同时,满足如下的加权归一条件

$$\{\hat{\boldsymbol{\Phi}}_r^{(1)}\}^{\mathrm{T}} \{\hat{\boldsymbol{\Phi}}_r^{(2)}\} = 0, \quad \{\hat{\boldsymbol{\Phi}}_r^{(2)}\}^{\mathrm{T}} \{\hat{\boldsymbol{\Phi}}_r^{(1)}\} = 0 \tag{5.39}$$

$$\{\hat{\boldsymbol{\Phi}}_r^{(1)}\}^{\mathrm{T}} \hat{\boldsymbol{M}}_{pr} \{\hat{\boldsymbol{\Phi}}_r^{(1)}\} = 1, \quad \{\hat{\boldsymbol{\Phi}}_r^{(1)}\}^{\mathrm{T}} \hat{\boldsymbol{K}}_{pr} \{\hat{\boldsymbol{\Phi}}_r^{(1)}\} = \lambda_r \tag{5.40}$$

对应于不同特征值的特征向量,满足如下的加权正交归一条件

$$\{\hat{\boldsymbol{\Phi}}_{r_i}\}^{\mathrm{T}} \hat{\boldsymbol{M}}_{pr} \{\hat{\boldsymbol{\Phi}}_{r_j}\} = \delta_{ij}, \quad \{\hat{\boldsymbol{\Phi}}_{r_i}\}^{\mathrm{T}} \hat{\boldsymbol{K}}_{pr} \{\hat{\boldsymbol{\Phi}}_{r_j}\} = \delta_{ij} \lambda_{r_i} \tag{5.41}$$

在复模态域内,由式(5.35)和式(5.36)可知,对于重频所对应的特征向量

$$\boldsymbol{\Phi}_r^{(2)} = -\mathrm{i} \boldsymbol{\Phi}_r^{(1)} \tag{5.42}$$

即在复空间内,两个特征向量可以互相线性表出,是线性相关的,并且有

$$\left[\begin{array}{cc} \boldsymbol{\Phi}_r^{(1)} & \boldsymbol{\Phi}_r^{(2)} \end{array} \right]^{\mathrm{H}} M_{pr} \left[\begin{array}{cc} \boldsymbol{\Phi}_r^{(1)} & \boldsymbol{\Phi}_r^{(2)} \end{array} \right] = \left[\begin{array}{cc} 1 & -\mathrm{i} \\ \mathrm{i} & 1 \end{array} \right] \tag{5.43}$$

$$\left[\begin{array}{cc} \boldsymbol{\Phi}_r^{(1)} & \boldsymbol{\Phi}_r^{(2)} \end{array} \right]^{\mathrm{H}} K_{pr} \left[\begin{array}{cc} \boldsymbol{\Phi}_r^{(1)} & \boldsymbol{\Phi}_r^{(2)} \end{array} \right] = \left[\begin{array}{cc} \lambda_r & -\mathrm{i}\lambda_r \\ \mathrm{i}\lambda_r & \lambda_r \end{array} \right] \tag{5.44}$$

不同特征值对应的特征向量依然满足正交和加权正交的关系。

由于重频所对应的两个特征向量在实模态域内是正交的,因此在模态减缩中必须将其同时作为基底;而在复模态域内两者是线性相关的,因此在模态减缩中只需选取其中的一个作为基底即可。这样,在采用周期对称模型时,首先模态计算的效率会大大提高,能够很快地得到系统谐调模态,同时采用模态减缩时所选取的基向量数目只为原来的 $1/2$(但为复数形式),每个模态向量的长度也仅为原来的 $1/N$,最后在计算时只要考虑 $0 \sim (N/2)$ 节径。因此,采用周期对称模型的模态减缩方法减小了计算规模,进一步提高了该算法的效率。

5.5.2 周期对称模型模态减缩方法的计算流程

应用周期对称模型的模态减缩方法对谐调及失谐叶盘进行计算的流程与前面介绍的非减缩方法的流程是相同的,只是需要先进行模态求解的过程,同时在计算过程中求解模态减缩的方程。叶盘结构周期对称模型的模态减缩方法的计算流程如图5.2所示。

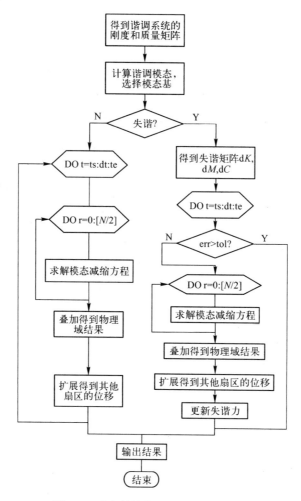

图 5.2 叶盘结构模态减缩法的流程图

首先得到谐调周期对称模型的质量和刚度等,然后进行模态计算并选择模态基的数目。若为谐调叶盘,则直接求解模态减缩的方程;若为失谐叶盘,则需要增加迭代的过程。由于模态减缩后系统的矩阵规模大大减小,往往只包含数十或数百个自由度,此时可以采用较小步长的时间差分方法或是直接采用精细积分法进行计算。

需要指出的是,在周期对称模型的模态减缩过程中,重频对应的振型只需选取其中的一个。0 节径对应的模态减缩矩阵为

$$M_{p0} = I, \quad K_{p0} = \mathrm{diag}(\lambda_{0,1}\lambda_{0,2},\cdots,\lambda_{0,m}) \tag{5.45}$$

重频所对应的模态减缩矩阵为

$$M_{pr} = I, \quad K_{pr} = \mathrm{diag}(\lambda_{r,1},\lambda_{r,3},\cdots,\lambda_{r,2m-1}) \tag{5.46}$$

其中,m 为模态基向量的数目。

5.6 代数动力算法在扇区模型中的应用

第 4 章的研究表明,基于计算 $\exp(A)b$ 的代数动力算法对复杂结构高频激励下的响应计算非常有效,但给出的算例是针对一般结构的,即系统矩阵都是实矩阵。而在周期对称模型中,由于考虑了不同扇区以及两个界面的位移关系,使得系统矩阵是如式(5.10)所示的复矩阵形式。实际上,在算法中并未规定矩阵 A 必须为实矩阵形式,因此,同样可以将代数动力算法应用至周期对称模型中。

需要注意的是,在将运动方程向状态方程转换的增维降阶过程中涉及到质量矩阵的求逆运算,因此在有限元离散过程中必须采用集中质量,这样得到的质量矩阵是对角阵。对于周期对称模型,首先得到扩充扇区的对角形式质量矩阵 M_0,经过式(5.11)的变换,可以得到各节径下的质量矩阵

$$M_{pr} = \begin{bmatrix} M_{t't'} + M_{tt} + M_{tt'}\mathrm{e}^{ir\alpha} + M_{t't}\mathrm{e}^{-ir\alpha} & M_{tg} + M_{t'g}\mathrm{e}^{-ir\alpha} \\ M_{gt} + M_{gt'}\mathrm{e}^{ir\alpha} & M_{gg} \end{bmatrix} \tag{5.47}$$
$$r = 0,1,\cdots,N-1$$

由于 M_0 为对角阵,由式(5.5)中质量矩阵的表示形式可知,式(5.47)中 M_{tg},$M_{t'g}$,M_{gt},$M_{gt'}$,$M_{tt'}$ 和 $M_{t't}$ 等非对角子矩阵均为 $\mathbf{0}$ 矩阵。从而,M_{pr} 也是对角阵,不存在求逆的困难。因此,每一节径下所对应的矩阵 H_r^* 为

$$H_r^* = \begin{bmatrix} \mathbf{0} & M_{pr}^{-1} & \mathbf{0} & \mathbf{0} \\ -K_{pr} & -C_{pr}M_{pr}^{-1} & I_{n \times n} & \mathbf{0} \\ \mathbf{0} & \mathbf{0} & \mathbf{0} & I_{n \times n} \\ \mathbf{0} & \mathbf{0} & \mathbf{0} & \mathbf{0} \end{bmatrix} \tag{5.48}$$

这样,就可以按下式在每一时间步中对各节径求解

$$v_r^{(k+1)} = (\tau H_r^*)v_r^{(k)} \tag{5.49}$$

式中,τ 为时间步长,上标 k 表示第 k 个时间步。计算出各节径的状态向量后,再将其位移部分按照式(5.17)或式(5.18)的形式叠加。

5.7 谐调和失谐叶盘结构瞬态响应分析实例

5.7.1 谐调叶盘

本节以某压气机整体叶盘为算例,该叶盘有 23 个叶片,采用 8 节点六面体单元划分网格,在叶盘两端施加位移约束,前缘叶尖施加周向谐波激励,其有限元模型如图 5.3 所示。整体模型和扇区模型的规模对比列于表 5.4 中,从表中可以看出,整体模型的节点数是扇区模型的 21.7 倍,刚度矩阵所需的内存空间是扇区模型的 22.5 倍。因此,采用周期对称模型大大减小了计算模型的规模。

(a) 整体模型　　　　　　　　　　　　　(b) 扇区模型

图 5.3　某压气机叶盘结构的有限元模型

表 5.4　压气机叶盘有限元模型对比

模　　型	单　元　数	节　点　数	刚度矩阵所需内存/MB
整体模型	79 166	109 618	343.48
扇区模型	3442	5049	15.24

对于谐调叶盘,只需在每一时间步直接求解响应,而不需要进行迭代的过程。这里将讨论周期对称模型的直接积分法、代数动力算法以及模态减缩方法的精度和效率。为了使代数动力算法也能够计算,这里使用集中质量矩阵。由于整体叶盘结构中不存在凸肩等结构阻尼,因此整体阻尼水平较低,取对应于 2000 Hz 的阻尼比为 0.5%,对应于 21 000 Hz 的阻尼比为 0.2%。采用比例阻尼,计算得到 $\alpha = 122, \beta = 2.33 \times 10^{-8}$。

1. 周期对称模型的有效性

选取激励频率为 2172 Hz(0 节径第 1 阶固有频率),将一个激励周期分为 40 份,即步长 $\tau = T/40$,其中 $T = 1/2172$ s。使用同样参数的 Newmark 法,周期对称模型和整体模型的第 1 个激励周期内的计算结果对比如图 5.4 所示。结果表明,两种模型得到的计算结果几乎完全一致,若以整体模型计算的结果为基准;采用周期对称模型的误差如图 5.4(b)所示,误差的量级为 1×10^{-12},比该时间段内的最大响应要小 9~10 个量级,因此,采用周期对称模型得到的计算结果是完全准确的。从计算时间上比较,采用整体模型 1 个时间步需要 CPU 时间为 344 s,而采用周期对称模型只需要 54 s,计算效率大大提高。

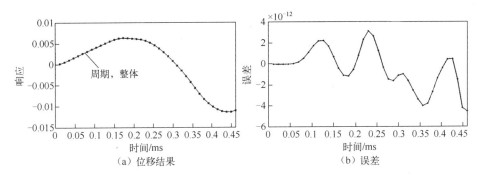

（a）位移结果　　　　　　　　　　（b）误差

图 5.4　周期对称模型和整体模型的结果对比

2. 周期对称模型模态减缩方法的有效性

模态减缩方法的精度主要取决于模态基的选取和振型向量的计算精度两个方面。第一个因素是显然的。之所以提出振型向量的计算精度问题主要是因为对于大型结构,特征向量的计算结果和初始向量的选取有很大关系,最终得到的满足收敛精度要求的特征向量虽然满足质量和刚度矩阵的加权正交关系,但在少数点的具体数值上会有差别。这种数值上的差别在单点或少数几个点激励的情况下可能会造成模态激励的差别,进而造成求解结果的误差。但在多点激励的情况下,少数点上的误差对总体模态激励的影响较小,因此计算结果会比较准确。在特征问题的数值求解中,若采用 Lanczos 或子空间方法,通常将初始向量的所有元素设置为 1。

对于所研究的压气机叶盘结构,在叶尖施加单点周向激励时,采用周期对称模型和模态减缩方法得到的周向位移计算结果对比如图 5.5 所示。这里选取每一节径下的前 30 阶模态作为模态基,选取两个不同位置的节点进行比较,其中节点4593 位于加载的叶尖位置,节点 1163 位于叶片中部。从图 5.5 中可以看出,由于模态振型计算存在误差,模态减缩得到叶尖位移(N4593)存在明显的误差,而叶片中部节点的计算结果与非减缩方法非常吻合。

3. 不同算法的效率比较

下面将对比不同激励下不同算法的效率,包括整体模型的直接积分法(Newmark 法)和代数动力算法,周期对称模型的直接积分法和代数动力算法,以及基于周期对称模型的模态减缩方法。将各种算法的步长都取为 $\tau = T/40$,同样取 $\alpha = 122$,$\beta = 2.33 \times 10^{-8}$,不同算法每积分步所需的 CPU 时间如表 5.5 所列。

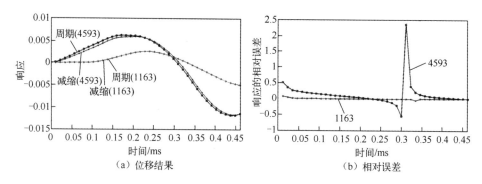

（a）位移结果 （b）相对误差

图 5.5　周期对称模型和模态减缩方法的结果对比

表 5.5　叶盘结构不同算法的 CPU 时间

激励频率/Hz	整体模型/s			周期对称模型/s			
	Newmark	ReLPM	Krylov	Newmark	ReLPM	Krylov	模态减缩
2172	344	162($s=4$)	544($m=80$)	54	228($s=4$)	839($m=80$)	2.0
11 993	344	31($s=4$)	89($m=50$)	54	47.5	135($m=50$)	2.0

计算结果表明：

（1）同样采用 Newmark 法,每个积分步周期对称模型所需的 CPU 时间只是整体模型的 15.7%,效率提高非常明显。

（2）基于周期对称模型的模态叠加法使得计算效率提高了 2 个数量级。这里选取每一节径下的前 30 阶模态作为基向量,每步所需的 CPU 时间由原来的 344 s 变为 2.0 s。

（3）当激励频率(2172 Hz)比较低时,代数动力算法没有效率上的优势,尤其是采用周期对称模型后,所消耗的 CPU 时间反而有所增加。在前面的分析中已经说明,若每个基本扇区内的自由度数为 n_b,采用周期对称模型是将一个 $(N \times n_b) \times (N \times n_b)$ 的大规模问题分解为对应于 0 节径的 1 个 $n_b \times n_b$ 的实系数和对应于其他非 0 节径的 $(N \times 2)$ 个 $n_b \times n_b$ 复系数问题。代数动力算法主要涉及矩阵向量乘法运算,采用周期对称模型只类似于进行分块的运算,且为复数运算,因此这部分计算量并没有减少;同时增加了激励转换和位移叠加等附加运算,总体消耗的 CPU 时间反而有所增加。

（4）当激励频率增加至 11 993 Hz 时,同样步长情况下的整体模型代数动力算法的效率要比 Newmark 法高得多;对于周期对称模型,此时的效率优势仍不明显,但比低频时有了很大改善。需要说明的是,在很多复杂激励情况下,将积分步长取为 $T/40$(T 为主要激励成分中最高频率所对应的激励周期)时,Newmark 法的精度并不一定能满足要求,此时可以选择效率相当,但精度对步长不敏感的代数动力算法。

5.7.2 失谐叶盘结构瞬态响应分析实例

前一小节的算例主要考虑了周期对称性在谐调叶盘响应计算中的应用,验证了周期对称模型及其模态减缩方法的有效性。本小节主要考察基于周期对称性的算法在失谐叶盘响应计算中的应用。仍以图5.3所示的叶盘结构为例,这里引入叶片弹性模量的失谐,失谐量如图5.6所示。

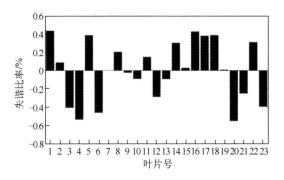

图5.6 各叶片的失谐

首先对比周期对称模型和整体模型的计算结果,取激励频率为 2172 Hz,第 1 个激励周期内的响应对比如图 5.7 所示。从计算结果来看,两种模型得到的计算

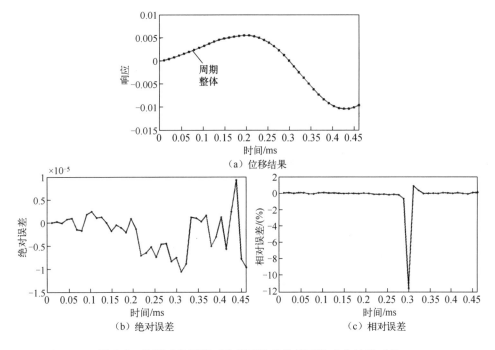

图5.7 失谐叶盘周期对称模型和整体模型的响应结果对比

结果吻合较好,多数时间点上的相对误差在 0.1% 以内,相对误差最大的点位于 0.3 ms 附近,此时的位移本身数值接近于 0,小的绝对数值误差会导致很大的相对误差,具体数值可参考表 5.6。从计算效率来看,计算一个振动周期的响应采用整体模型需消耗 CPU 时间为 1.37×10^4 s,而采用周期对称模型只需要 6.31×10^3 s,计算效率提高了 1 倍。

表 5.6 失谐叶盘周期对称模型和整体模型的响应结果对比

时间/s	整体模型/mm	周期对称/mm	绝对误差/mm	相对误差/%
2.7624×10^{-4}	2.2895×10^{-3}	2.2850×10^{-3}	-4.4612×10^{-6}	-1.9486×10^{-1}
2.8775×10^{-4}	1.2394×10^{-3}	1.2311×10^{-3}	-8.3311×10^{-6}	-6.7217×10^{-1}
2.9926×10^{-4}	6.4488×10^{-5}	5.6972×10^{-5}	-7.5155×10^{-6}	-1.1654×10
3.1077×10^{-4}	-1.1952×10^{-3}	-1.2058×10^{-3}	-1.0587×10^{-5}	8.8579×10^{-1}
3.2228×10^{-4}	-2.4623×10^{-3}	-2.4712×10^{-3}	-8.8820×10^{-6}	3.6072×10^{-1}

前面已经指出,采用周期对称模型计算失谐叶盘的响应需要在每个时间步进行迭代,在给定的相对收敛误差下,所需的迭代次数越少,计算效率就越高。对上面的例子,给定收敛误差为 1×10^{-3},各时间步的迭代次数如图 5.8 所示,从图中可以看出,大多数时间步只需 3 次迭代即可满足收敛要求。5.7.1 节中的计算结果表明,对于这里所研究的叶盘结构,采用周期对称模型计算一次只需整体模型计算时间的 15.7%,因此当迭代次数小于 6 次时,采用周期对称模型具有效率上的优势。此外,当需要考虑非线性因素或是进行流固强耦合计算而必须进行迭代时,采用整体模型的迭代计算代价更大,这时周期对称模型的优势更加明显。

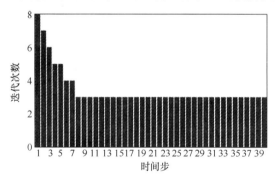

图 5.8 各时间步所需的迭代次数

接下来讨论采用周期对称模型模态减缩法计算失谐叶盘响应的有效性。在模态减缩过程中,仍采用每一节径下的前 30 阶模态作为模态基,建立了两种不同收敛容差的模型,模型 1 的 tol = 1×10^{-3},模型 2 的 tol = 1×10^{-5}。与谐调时相同,在单点激励的情况下,由于特征向量的计算问题,某些点的位移结果会有较明显的误差。同样考虑叶尖位置的节点 4593 和叶片中部的节点 1163,计算结果与周期对称模型的对比分别如图5.9和图5.10所示,其中(b)图是两减缩模型1和2与周期对称模型响应间的差别。不同收敛容差的模态减缩方法计算结果的差别并不明显,但收敛容差小的方法每个时间步的迭代次数较多,如图5.11所示。

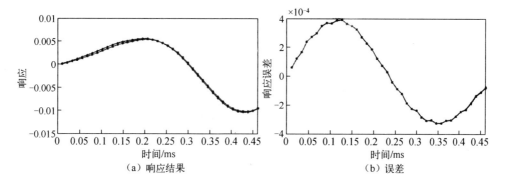

图5.9　模态减缩法得到的叶尖节点(4593)的响应结果

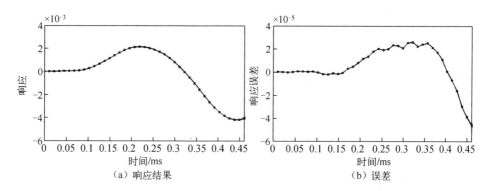

图5.10　模态减缩法得到的叶片中部节点(1163)的响应结果

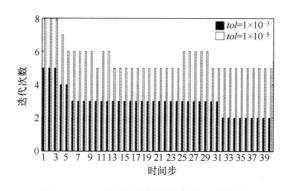

图5.11　不同收敛容差对应的迭代次数

　　从计算结果来看,采用模态叠加法得到叶尖位置的响应存在较为明显的误差,而叶片中部节点处的计算结果吻合较好。以 tol $= 1 \times 10^{-3}$ 的情况为例,其相对误差如图 5.12 所示;与前面图 5.7 中的相对误差一样,这里位移响应接近于 0 的时刻对应的相对误差也非常大,具体数值参考表 5.7,该表给出了第 23～31 个时间步对应的响应及误差。

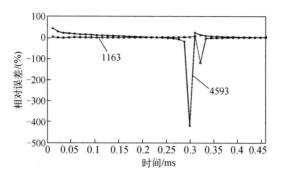

图 5.12　模态计算方法得到的不同位置处响应结果的相对误差

表 5.7　失谐叶盘中不同位置节点对应的位移及误差

周期对称/mm		减缩方法/mm		绝对误差/mm		相对误差/%	
N4593	N1163	N4593	N1163	N4593	N1163	N4593	N1163
3.1939×10^{-3}	1.7208×10^{-3}	3.3144×10^{-3}	1.7009×10^{-3}	-1.2052×10^{-4}	1.9992×10^{-5}	-3.7735	1.1617
2.2850×10^{-3}	1.4848×10^{-3}	2.4714×10^{-3}	1.4616×10^{-3}	-1.8634×10^{-4}	2.3232×10^{-5}	-8.1547	1.5646
1.2311×10^{-3}	1.1860×10^{-3}	1.4570×10^{-3}	1.1634×10^{-3}	-2.2596×10^{-4}	2.2556×10^{-5}	-1.8354	1.9019
$\mathbf{5.6972 \times 10^{-5}}$	8.2470×10^{-4}	$\mathbf{2.9542 \times 10^{-4}}$	8.0413×10^{-4}	$\mathbf{-2.3845 \times 10^{-4}}$	2.0564×10^{-5}	$\mathbf{-418.54}$	2.4936
-1.2058×10^{-3}	4.1935×10^{-4}	-9.2166×10^{-4}	3.9390×10^{-4}	-2.8415×10^{-4}	2.5446×10^{-5}	23.565	6.0680
-2.4712×10^{-3}	$\mathbf{-2.1595 \times 10^{-5}}$	-2.1631×10^{-3}	$\mathbf{-4.7807 \times 10^{-5}}$	-3.0805×10^{-4}	$\mathbf{2.6212 \times 10^{-5}}$	12.466	$\mathbf{-121.38}$
-3.7264×10^{-3}	-4.9637×10^{-4}	-3.4196×10^{-3}	-5.1852×10^{-4}	-3.0680×10^{-4}	2.2151×10^{-5}	8.2332	-4.4627
-4.9892×10^{-3}	-1.0059×10^{-3}	-4.6613×10^{-3}	-1.0298×10^{-3}	-3.2797×10^{-4}	2.3923×10^{-5}	6.5736	-2.3784
-6.2098×10^{-3}	-1.5518×10^{-3}	-5.8830×10^{-3}	-1.5768×10^{-3}	-3.2684×10^{-4}	2.4977×10^{-5}	5.2632	-1.6095

5.8　本 章 小 结

本章讨论了基于周期对称性的谐调和失谐叶盘结构的瞬态响应计算方法,以及相应的模态减缩方法,并以某压气机叶盘结构作为分析实例,验证了本章所给出的几种算法的有效性。本章主要工作和结论有以下几点:

(1)利用谐调叶盘的周期对称性,可以将结构整体的运动方程约化至一个基本扇区内,通过求解各节径下的运动方程并对响应进行叠加和扩展,进而得到整个结构的响应。这种方法大大减小了求解问题的规模,同时也降低了大型复杂结构响应求解时对计算机硬件的要求。对于所研究的压气机整体叶盘结构,采用 Newmark 方法时每个积分步周期对称模型所需的 CPU 时间仅为整体模型的 15.6% 。

（2）失谐叶盘结构可以表示为谐调叶盘和相应失谐量的叠加形式，将失谐部分移至运动方程的右侧作为激励，这样将一个失谐的线性问题转化为一个谐调的非线性问题，仍然可以利用系统的周期对称性进行迭代求解。在满足工程精度的情况下，迭代次数一般较少。对于所研究的压气机整体叶盘结构，多数时间步下只需迭代 3 次即可满足收敛要求，与整体模型相比，计算效率提高了 1 倍左右。

（3）采用周期对称模型的模态减缩方法可以使模型的规模缩减至数百甚至数十个自由度，大大提高了计算效率。对本章所研究的压气机整体叶盘结构，与整体模型相比，采用周期对称的模态减缩法使得计算效率提高了 2 个数量级，和非减缩的周期对称模型相比，计算效率也提高了 1 个数量级。需要特别指出的是，除了 0（若扇区数 N 为偶数，还包括 $N/2$）节径外，周期对称模型基本扇区的特征值为重频，并且重频所对应的两个复特征向量满足 $\boldsymbol{\Phi}_r^{(2)} = -\mathrm{i}\boldsymbol{\Phi}_r^{(1)}$，在复空间内是线性相关的。因此，在周期对称模型的模态减缩过程中，重频所对应的特征向量只需选取其中一个即可。

在应用中需要注意的是，由于复杂模型的特征对多是由迭代法计算，得到的振型结果会由于初始向量或是收敛容差而导致在某些少数点上出现数值上的误差。采用单点或少数几点激励时，这种误差可能会导致模态激励的误差，进而造成响应的误差。

（4）与整体模型相比，周期对称模型中采用代数动力算法并没有效率优势。这主要是由于代数动力算法主要涉及矩阵向量的乘法运算，采用周期对称模型只是使每次操作的矩阵规模变小，但运算总量没有减少，反而增加了激励处理和后续的叠加等过程。

（5）本章利用周期对称模型计算失谐叶盘响应时，借助流固耦合中的时间步进法进行迭代求解，使得该方法可以方便地移植到谐调及失谐叶盘的流体 – 结构强耦合的计算分析中。

第6章　谐调和失谐叶盘模拟与振动特性分析

6.1　引　　言

一般说来,叶盘结构存在多种失谐问题。一是"一般性随机失谐"。这类失谐主要涉及加工误差和使用中的磨损导致各叶片差别,而且这种差别是随机性的,故可称为"一般性失谐"。另一种失谐是"人为失谐"。人为失谐是指对失谐叶盘振动局部化抑制的一种失谐设计,通过人为给定的叶片某种失谐分布状态,减少叶片振动响应局部化增大对随机失谐的敏感程度。因此需要研究各种人为失谐情况下叶盘结构的振动响应特性,也应该研究人为失谐和一般性随机失谐同时存在时的叶盘结构振动响应问题。而所谓"错频失谐"则是为抑制叶盘颤振所设计的具有某种频率变化的叶片分布。从叶盘结构振动方面说,这种"错频"实际上是一种叶盘结构的叶片失谐,因此可以称为"错频失谐"。

本章首先讨论叶盘结构有限元模型和模拟阶次激励载荷;然后分析叶盘结构谐调时的模态特性和稳态响应特性;接着在 6.4 节介绍和讨论各种叶片失谐形式和模拟方法;在 6.5 节给出了基于振动响应应力和模态定义的响应放大因子,以便进行振动响应局部化程度的定量描述;在其后的几节中,分别讨论了一般性随机失谐、人为失谐和错频失谐 3 种失谐情况的叶盘结构稳态振动响应问题。其中在6.6 节研究了几何参数随机失谐叶盘结构的受迫响应局部化特性;在 6.7 节采用确定性和概率方法计算了谐波形式人为失谐和人为失谐与一般性随机失谐组合的叶盘结构响应,以及 6.8 节的随机失谐和错频叶盘结构的概率响应局部化特性。通过计算讨论了各类失谐对叶盘结构稳态响应的影响规律,解释了相应的机理。

6.2　叶盘结构模型和载荷模拟

不失一般性,典型发动机整体叶盘结构有限元模型如图 6.1 所示。叶盘有 24个叶片沿周向均布,采用 solid45 单元划分网格,共有 36 384 个单元,52 204 个节点。根据实际的装配关系,在轮盘根部的前端面施加轴向位移约束,在套齿处施加周向位移约束,在轮盘根部的后端面上施加径向位移约束。叶盘的工作转速为11 000 r/min。采用模态减缩技术,定义轮盘部分为超单元,得到叶盘结构减缩后的有限元模型如图 6.1(c)所示。减缩后模型共有 3361 个单元,9112 个节点。

| （a）完整模型 | （b）扇区模型 | （c）减缩有限元模型 |

图 6.1 典型整体叶盘结构有限元模型

分别采用完整的有限元模型和经过减缩后的模型进行模态特性计算,两种模型计算结果等的比较列于表 6.1 中。可以看出,减缩有限元模型计算精度与原非减缩模型相当,模型规模大大减小,计算效率得到有效提高。从而,可以更高效地依此为基础进行振动响应计算。

表 6.1 两种模型的固有频率结果、模型规模与计算时间

对 比 内 容		完 整 模 型	减 缩 模 型	结 果 对 比
固有频率 /Hz	0 节径	173.44	173.44	0 误差
	1 节径	212.11	212.11	0 误差
	2 节径	218.01	218.01	0 误差
	12 节径	220.81	220.81	0 误差
模型规模	单元数	17640	3361	19.05%
	节点数	29168	9112	31.24%
计算时间/s		115.01	13.77	11.97%

按简化的"谐波点激励"方式,将每个叶片所承受的载荷简化为单点激励状态,并将激振力施加在每个叶片的叶尖处相对应的同一节点上。在旋转状态下,叶盘结构中叶片所受的尾迹阶次激励可以表示为行波的形式,则作用在第 i 个叶片上的激励可以写为

$$f_i = F\sin(\omega t + i\theta) \tag{6.1}$$

式中,ω 为激励频率;F 为激振力的幅值;θ 为行波激励的叶间相角,其表达式为

$$\theta = \frac{2\pi N_E}{N_b} \tag{6.2}$$

式中,N_E 为激励阶次;N_b 为叶片数。

由式(6.1)和式(6.2)可知,行波激振力在时间和空间上的分布均呈简谐形式,相邻叶片之间的激振力相差固定的相位角,其大小由激励阶次 N_E 决定。

6.3 谐调叶盘结构模态和响应特性

6.3.1 谐调叶盘结构模态特性

不考虑叶片的失谐,基于图6.1的谐调叶盘结构有限元模型,计算得到相应的振动模态特性。前80阶固有频率曲线如图6.2所示。

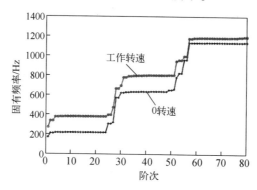

图6.2 谐调叶盘结构的固有频率曲线

计算结果表明:

(1)由于结构的对称性,除了0节径和12节径振动外,其他各阶均有重频出现。

(2)叶盘结构模态频率可以分为几组模态密集区域和相应的中间过渡区域。每个模态密集频段由24阶频率组成,分别对应于结构各阶模态的0~12节径振动形式。在这个区域,频率曲线的斜率较小,对应于叶片主导的振动形式,叶片的各阶振型、出现顺序都与单叶片时相同。在每一段振动模态内,固有频率分布都具有较高的密度,且接近于叶片本身的固有频率,这是叶片之间弱耦合的结果;在过渡区域,频率曲线的斜率较大,对应于轮盘主导的振动形式,这种振动形式出现的顺序也基本是按照节径数由低到高排列。总体上,叶盘结构的前24阶为叶片主导的1阶振动,第25和26阶为轮盘主导的1节径振动,27~50阶为叶片主导的2阶振动,51和54阶分别为轮盘主导的1节圆和纯扭转(显示为0节径)振动,52和53阶分别为轮盘主导的2节径振动,55~78阶为叶片主导的3阶振动。典型的叶片主导振动和轮盘主导振动模态振型分别如图6.3和图6.4所示。

(3)图6.5为该整体叶盘结构的节径频率图。总体上,随着节径数 $N(N \geqslant 1)$ 的增加,轮盘的刚度逐渐变大,叶根处的边界条件更接近于固支状态,固有频率升高。在某些振型下,个别较小 N 值时有较高的振动频率,这是由于在叶盘耦合振动中,叶片弯曲或扭转振型的节线位置随着 N 的增大而有所改变,而叶片的厚度并不是完全均匀的,从而导致在这些 N 值下的振动频率偏高。

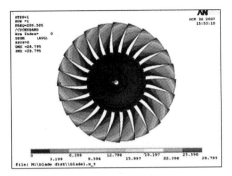 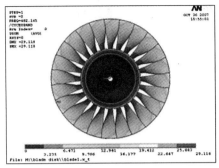

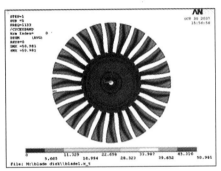 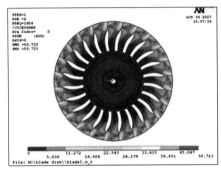

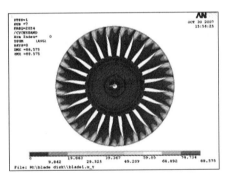 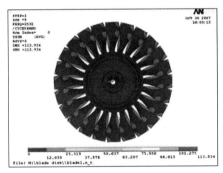

图 6.3　叶片主导的典型 0 节径振型

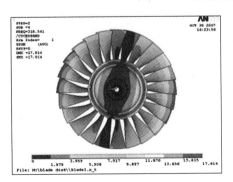 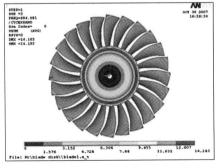

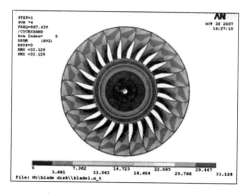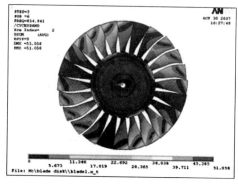

图 6.4　轮盘主导的前 4 阶振型

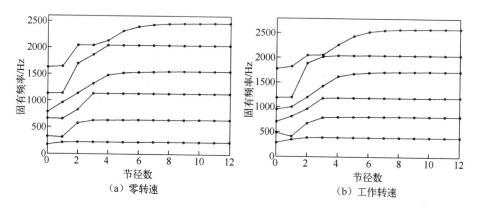

（a）零转速　　　　　　　　　　（b）工作转速

图 6.5　整体叶盘结构节径频率图

6.3.2　谐调叶盘结构频率响应特性

为便于比较失谐对叶盘结构稳态响应的影响,首先分析典型谐调叶盘结构的响应。计算采用图 6.1(c)的谐调叶盘减缩模型,在叶片上施加如式(6.1)定义的简化模拟阶次激励,分别计算不同激励阶次作用下的稳态响应。

主要以叶片 1F 振动响应作为研究对象,根据图 6.5(a),选择激励的扫频范围覆盖了叶盘结构第一族模态频率。该模态族的主要特点:①该频率范围叶盘结构模态高度密集,失谐后容易发生振动局部化;②该族模态距离其他族模态较远,失谐前后叶片的响应形式不易发生变化(仍为 1F 振动),而若其他高阶模态族被激起,则容易造成失谐后不同形式的叶片振动相互掺混在一起,给振动局部化的辨识与评价带来困难;③被激起的该族模态以叶片振动为主,轮盘的振动较小,因而进行子结构减缩时所忽略的轮盘惯性项不会对计算结果带来较大的误差;④1F 模态是叶片振动最基本的形式,在其他较复杂的高阶响应中也会有所参与,因而对其分析得到的结果也可以推广到许多其他形式的振动的讨论中。

　　计算得到的谐调整体叶盘结构在等幅值相关阶次激励作用下叶片的频响曲线如图6.6所示。由图可以看出:

　　(1) 由于谐调结构中各叶盘扇区完全一致,因而对于同一阶次的激励,各叶片的频响曲线重合在一起,对应的共振频率和响应幅值完全相等。

　　(2) 对于每一阶次的激励,谐调结构的频响曲线在激励频率范围内都只有一个响应峰值,相应的激励频率等于叶盘结构的固有频率,并且激励阶次 N_E 等于该阶固有频率对应的模态振动节径数,即满足"三重点"条件。

　　(3) 由于谐调结构的各节径模态所对应的模态激励不同,因而对于不同的激励阶次,结构接受激励能量的能力也不相同。结构在 $N_E=1$ 的阶次激励(以下简称1E激励,以此类推)作用下的响应水平最为显著,这说明在激励幅值相等的前提下,该型叶盘结构接受1E激励的能力最强,其响应对1E激励最为敏感,因而从响应特性研究的角度,应当重点考虑这一阶激励的作用。

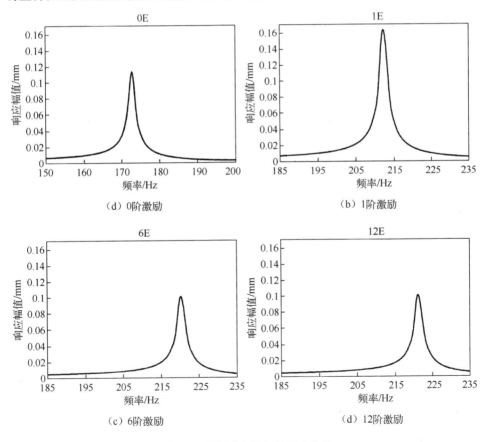

图 6.6　谐调叶盘结构的频响曲线

6.4 叶片失谐与模拟方法

6.4.1 基于弹性模量模拟的叶片失谐形式

目前,许多研究均通过改变叶片材料参数(主要是弹性模量)模拟叶盘结构的叶片失谐,由于材料参数只是模型中的一个实常数,计算中只需要将每个叶片对应的弹性模量进行参数化定义即可实现,操作比较简便,因而这种失谐方法在现有的研究中广为采用。

1. 谐波失谐形式

谐波失谐是国内外研究失谐叶盘结构振动特性时采用的一种较为常见的失谐形式。这种失谐是指各叶片基本特性参数(如弹性模量或某阶固有频率)变化是依某种谐波形式在轮盘上分布。

基于弹性模量变化模拟叶片失谐分布时,第 i 个叶片的弹性模量变化量可以表示为

$$\Delta E_i = AE_0 \sin\left(\frac{2\pi N_h}{N_b}(i-1)\right) \tag{6.3}$$

式中,A 为失谐幅值;E_0 为谐调(非失谐)弹性模量;N_b 和 N_h 分别表示叶片数和叶片失谐分布的谐波数。

图 6.7 所示为 1 次谐波失谐分布时 24 个叶片的无量纲失谐弹性模量在叶盘分布规律的柱状示意图。

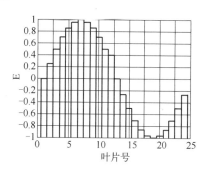

图 6.7 谐波失谐弹性模量柱状示意图

2. 确定性错频失谐模式

错频失谐的设计涉及两方面,一是错频失谐的频率差范围;二是错频叶片在轮盘上的分布。

以典型错频失谐设计为例。设定叶片错频失谐频差的一弯频率分为 3 组,各组叶片的频率之间分别相差 6~9 Hz,频率分布如图 6.8 所示。要求叶片 L 与相邻

叶片的频率差不小于 11 Hz,其余叶片与相邻叶片的频率差不小于 6 Hz,整个盘上叶片的最大频率与最小频率相差不小于 14 Hz。通过改变叶片弹性模量来模拟叶片频率。基于上述的设计要求,计算得到错频失谐的三组叶片的弹性模量分别为 $E_A = 186\,\text{GPa}$、$E_B = 206\,\text{GPa}$ 和 $E_C = 232\,\text{GPa}$。

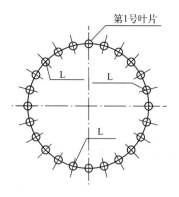

图 6.8 典型错频失谐叶片频率分布示意图

一般说来,可以采用以下两种模式的错频失谐分布方案:

1)错频模式 I

这种模式的错频失谐设计方案为 3 组叶片的弹性模量按照 $\cdots E_A E_B E_C \cdots E_A E_B E_C \cdots$ 的顺序在轮盘上循环排列,其分布示意图如图 6.9(a)所示。

2)错频模式 II

相应于这种模式的典型叶盘 3 组叶片的弹性模量按照 $\cdots E_A E_B E_C E_B E_A \cdots$ 的顺序在轮盘上循环排列,其分布示意图如图 6.9(b)所示。

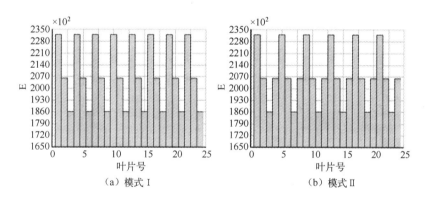

（a）模式 I   （b）模式 II

图 6.9 典型错频失谐分布(弹性模量)柱状示意图

可以看出,按照这样的方式进行叶片错频失谐,使具有 24 个叶片的叶盘成为了一种特殊的圆周周期对称结构。错频模式 I 是 3 个相邻叶片组成了基本扇区,叶盘结构是 8 个基本扇区组成的圆周周期对称结构,而错频模式 II 则是由 4 个相邻叶片组成基本扇区,相应的叶盘结构有 6 个基本扇区。

3. 随机失谐

由于在制造和使用过程中存在着诸多不确定因素,轮盘各叶片的材料及几何参数均不完全一致。将叶片材料的弹性模量作为随机输入变量,假设其服从均值和标准差的分布,则可以通过 ANSYS 概率设计方法对结构进行概率模态和响应特性分析。详细的分析过程可见文献[81]的讨论。

6.4.2 叶片几何型面的失谐模拟

在叶片的实际生产中,由于制造误差等影响,叶片的型面厚度等几何参数常常会出现小量失谐,而且在工程上,一般是以同一理论型面为基础,在不过多影响结构气动性能的前提下,采用在不同叶片型面上改变叶片的厚度作为分组手段达到错频抑制颤振的目的,因而在模型中引入型面厚度作为失谐参数,与实际情况更为接近。但这种方法需要改变模型中每个叶片型面的厚度,过程比较复杂。

仍然 6.4.1 节的错频模式为例。根据叶片的型面特征选取一个基准叶型截面,通过对该截面以上和以下的全部叶型进行加厚或减薄处理得到的叶片频率与原型相比升高和降低的变化量基本一致,这样便得到了高频、低频和原型 3 种叶片。考虑到加工误差的影响,每组中各叶片的实测频率都会有一定的分散度,在其额定值附近呈随机分布。装配时,按照相邻叶片及特定叶片之间一定的频率差要求,在生产出的 3 组叶片中选取合适的安装到轮盘上。可以看出,每一次错频装配实际上都是一个随机事件。

进行数值仿真时,频率是选取叶片的依据,而改变叶型厚度是实施错频的手段。首先,需要分别建立高频、低频和原型 3 种叶片频率和叶型之间的函数关系;然后,分别以 3 种叶片的额定频率为均值,按照一定的标准差,生成 3 组随机频率样本,根据装配的频率差要求,在 3 组样本中依次选择合适的叶片频率,并判断其叶型的种类;最后,根据该种叶型与频率的对应关系,得到该失谐叶片的叶型参数,这样便完成了错频装配的一次随机模拟。

失谐叶片的有限元模型在 ANSYS 程序的前处理器中建立,具体步骤如下:

(1) 在柱坐标系下提取模型中各叶片上的单元文件以及叶盆和叶背的节点编号和径向、周向和轴向的坐标。为操作方便起见,划分单元网格时须尽量保证每层截面上节点的径向位置基本一致。

(2) 选取欲更改截面上的单元和节点,如图 6.10 所示,其中实线代表原叶

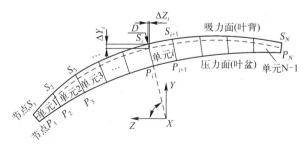

图 6.10 截面单元和节点

型,虚线代表减薄后的叶型,X、Y 和 Z 坐标轴依次代表结构的径向、周向和轴向。设截面上有 N 对节点,第 i 对($i=1,2,3,\cdots,N$)节点坐标分别为 $S_i(X_{si},Y_{si},Z_{si})$ 和 $P_i(X_{pi},Y_{pi},Z_{pi})$,相邻的两对节点 S_i、P_i 和 S_{i+1}、P_{i+1} 围成单元 i($i=1,2,3,\cdots,N-1$)。

计算该截面上吸力面(叶背)和压力面(叶盆)对应节点的周向和轴向距离。由于同一截面上径向位置基本一致,即 $X_i=X_{si}=X_{pi}$,因而忽略对应节点之间的径向距离,可以得到第 i 对节点的轴向距离为

$$\Delta Z_i = \left| Z_{si} - Z_{pi} \right|, \quad i = 1,2,\cdots,N \tag{6.4}$$

周向距离为

$$\Delta Y_i = \left| \frac{Y_{si} - Y_{pi}}{360} \right| 2\pi X_i, \quad i = 1,2,\cdots,N \tag{6.5}$$

(3)确定截面上各单元厚度方向与轴向的夹角

$$\alpha_i = \arctan\left(\frac{\Delta Y_i}{\Delta Z_i}\right) \tag{6.6}$$

(4)设叶片厚度的改变量为 D,根据式(6.6)的角度关系,将其投影到轴向和周向,可以得到这两个方向上相应节点之间轴向和周向的距离变化分别为

$$D_{xi} = D\cos\alpha_i \tag{6.7}$$

$$D_{yi} = 360 \frac{D\sin\alpha_i}{2\pi X_i} \tag{6.8}$$

式中,$X_i(i=1,2,3,\cdots,N)$ 为截面的径向位置。

(5)由式(6.7)和式(6.8)形成新的节点坐标,并在新的 ANSYS 数据库文件中读入新的坐标文件。

(6)在 ANSYS 中读入谐调模型的单元文件(错频后,只有叶片上节点的位置发生了变化,单元和节点之间的对应关系并未改变)。

这种建模方法直接对叶片上的单元和节点进行操作,可以同时对各个截面进行不同的加厚或减薄,而且可以充分考虑加工误差和使用磨损等随机因素的影响。

6.5 振动响应局部化的定量描述方法

在理想状态下叶盘结构上各叶片的振动幅值是相等的,相邻叶片的振动相位相差 $\theta = \dfrac{2\pi N_E}{N_b}$。而失谐叶盘结构的振动响应出现局部化,各叶片的响应幅值不再相等,振动能量局限在少数叶片上,使得这些叶片的响应显著增大。为此,从这一

角度定义了响应放大因子,用于定量描述失谐叶盘结构的受迫响应局部化程度。关于失谐叶盘结构振动模态和振动响应局部化因子的详细说明,可见文献[23,82,86,87]。

从振动应力的角度定义失谐前后最大等效应力幅值之比作为失谐叶盘结构的响应放大因子

$$\delta = \frac{S_{\text{mistune}}}{S_{\text{tune}}} \tag{6.9}$$

式中,S_{mistune} 为失谐叶盘结构的最大等效应力幅值;S_{tune} 为相应的谐调叶盘结构最大等效应力幅值。这种定义反映了失谐后叶盘最大响应应力的放大程度,体现了叶盘结构振动响应的局部化状态。响应放大因子 δ 越大,说明响应局部化越为严重。谐调叶盘 $\delta = 1$。

另外,失谐叶盘结构概率响应特性的描述涉及随机场,一般是较为复杂的。而上面定义的响应放大因子可以将随机场的每一样本矢量转换为随机变量的一个样本值,这些样本值的集合则形成了表征响应概率特性的随机变量,而且具有明确的物理意义,即该随机变量的特征参数(均值和标准差)反映了失谐导致的最大应力增大程度的统计特性。

由于失谐破坏了叶盘结构振型节径谱的单一性[86,87],因此在给定激励下有多阶失谐模态被激起,而且随着阻尼的增加,各固有频率处的峰值宽度变大,模态密集区的各固有频率间频响的干涉也越来越强。因此单纯采用失谐振型的模态局部化因子不能完全描述叶盘中各扇区的响应分布,而定义的幅值放大比只能反映某一频段中失谐响应最大值与谐调最大值的比例关系,是一个宏观的量,不能完全反映某一激励频率(往往取为失谐叶盘的某阶固有频率)下各叶片响应的分布形式,即失谐响应的局部化情况。为了衡量失谐响应的局部化程度,这里按照模态局部化因子的形式定义响应局部化因子。

首先定义无量纲的响应幅值。对于一组响应向量,有

$$u = \frac{\max(\boldsymbol{U})}{\text{sum}(\boldsymbol{U})} \tag{6.10}$$

式中,$\boldsymbol{U}$ 为 N 个叶片响应幅值组成的向量,分子指 $\boldsymbol{U}$ 中的最大值,分母指 $\boldsymbol{U}$ 中元素之和。

将响应局部化因子定义为

$$R_{RL} = \frac{u_m - u_n}{u_n} \tag{6.11}$$

式中,u_m 和 u_n 分别为失谐和谐调频响的无量纲最大响应幅值。

与模态局部化因子类似,响应局部化因子反映了响应最大的叶片在整个响应中的比例,该值越大说明响应局部化程度越高。需要说明的是,在给定的流体激励下,谐调叶盘各扇区的响应幅值是相等的,因此按上述定义有 $u_n = \frac{1}{N}$,N 为扇区

数,这样,响应局部化因子可以表示为

$$R_{RL} = Nu_m - 1 \qquad (6.12)$$

6.6 随机失谐叶盘结构的概率响应特性

由于加工误差和使用中磨损导致的叶片失谐一般是随机性的,导致的振动响应局部化也具有明确定性,因而需要对失谐叶盘的响应特性和局部化进行概率分析。

下面,首先说明进行随机失谐叶盘结构概率振动响应分析的 Monte Carlo – 响应面法基本过程;然后计算图 6.1 的叶盘结构考虑叶片形面几何参数随机失谐(按 6.4.2 节的方式模拟)时叶盘结构的概率响应局部化特性。

6.6.1 概率响应分析步骤

采用 Monte Carlo – 响应面法进行计算的过程如下:

(1) 首先假设各叶片上失谐参数的变化 Δ 服从一定均值和标准差的正态分布,考虑到问题的规模与计算条件,取样本数 $N_m = 50$,生成 Δ 的随机样本。

(2) 对于每一个失谐形式的样本,令作用在结构上的阶次激励频率扫过叶盘耦合振动的第一族模态频带,得到这一频率范围内的最大叶片共振应力幅值,进而由式(6.9)得到该组样本对应的响应放大因子。

(3) 采用 Monte Carlo 方法进行 N_m 次仿真循环,并由此拟合出响应表面得到随机输出与输入变量之间的近似回归函数。

(4) 在响应表面上再次运行抽样仿真,通过近似函数计算样本值,由于求解一个已知的方程要比运行有限元求解快得多,因而使用响应表面可以在短时间内完成大量的抽样,这里取响应面上的抽样次数 $N_s = 10\,000$。

(5) 对计算结果进行统计分析即可得到叶盘结构响应放大因子的概率统计分布。

6.6.2 振动响应局部化概率特性

采用叶片的几何参数作为失谐变量,模拟叶片由于加工制造误差和使用中磨损的不均匀而导致的失谐现象。

令叶片厚度的变化量服从均值为 0、失谐幅值 A_{rand} 为 1% ~ 10% 的正态随机分布,应用上面讨论的 Monte Carlo – 响应面法分析步骤计算叶盘结构的概率响应局部化特性。

计算得到失谐叶盘结构响应放大因子的最大值和平均值随失谐幅值变化的曲

线,如图 6.11 所示。由图可以看出,随着失谐幅值 A_{rand} 的增加,叶盘结构的局部化程度呈现先增大后减小的变化趋势。当失谐程度较小时,响应放大因子随失谐幅值的增加而加剧,至 $A_{rand}=4\%$ 时,放大因子达到峰值,此后若失谐幅值 A_{rand} 继续增加,响应放大因子反而会有所下降。这主要是因为,当失谐程度较小时,其模态分布得比较密集,失谐可以看作是对谐调状态的摄动,随着失谐量增大,由之引起的局部化现象越来越严重;而当失谐程度继续增大直至超过某一阈值后,叶盘结构相对谐调状态有了较大的偏离,模态密集性降低,振型中基本不存在明显的节径形式。根据"三重点"条件,结构接收激励能量的能力开始下降,因而失谐幅值的继续增大不会再引起更严重的振动局部化。

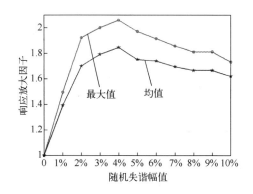

图 6.11　随机失谐程度与响应放大因子的关系曲线

　　各种失谐幅值对应的叶盘结构响应放大因子的概率密度函数(Probabilistic Density Function,PDF)如图 6.12 所示。曲线峰值的高度(纵坐标)描述了响应放大因子在其均值周围分布的密集程度,一定程度上代表了结构对失谐的敏感性:峰值越高说明响应放大因子分布得越密集,局部化程度覆盖的范围越有限,叶盘结构对于失谐不敏感;峰值越低则说明同样的失谐引起的响应放大因子分

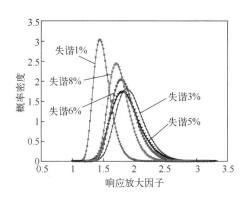

图 6.12　随机失谐结构响应放大因子的概率密度函数曲线

布得越分散,局部化程度涉及的范围越宽泛,叶盘结构对于失谐的敏感性越强。PDF 曲线峰值的位置(横坐标)则可以反映局部化因子的大小:曲线越靠右,对应的响应放大因子越大,局部化程度越严重;反之,则代表局部化的程度相对轻微。

根据图 6.12,响应放大因子的分散程度(标准差)与图 6.11 所示的最大值和均值具有相似的变化趋势,响应放大因子的标准差随失谐幅值的升高也会体现出阈值效应:当失谐由 1% 逐渐增加到 6% 时,PDF 曲线的峰值越来越低,响应放大因子越来越分散;但是当失谐超过 6% 后,曲线的峰值则反而升高,响应放大因子分布得逐渐密集起来。这意味着,当随机失谐的幅值距离这个阈值越远时,振动局部化的水平就越低,且其分布的区间也越窄小,叶盘结构对失谐的敏感性也越弱。由此可见,如果能将叶片材料参数的变异性控制在适当的范围,将会有助于降低叶盘结构的振动局部化水平。

6.6.3 失谐程度与叶片振动频率响应特性

为了考察振动响应在不同叶片上的分布状态,选取叶片几何失谐幅值 $A_{rand} = 4\%$ 时响应最大的样本作为研究对象,并在此基础上通过比例缩放的方式改变失谐幅值,研究失谐幅值对响应特性的影响。各叶片的厚度变化见图 6.13,图中相应于各叶片的四柱由左至右分别相应于 1%、2%、4%、5% 的随机失谐幅值。分别计算这些不同失谐幅值下叶盘结构的稳态响应,得到的各叶片频响函数曲线如图 6.14 所示。

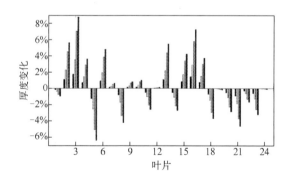

图 6.13　随机失谐叶盘的叶片厚度变化

可以看出:当失谐程度较低时,各叶片的频响曲线之间差异较小,响应的幅值和频率也都比较接近,频响曲线的峰值较少(见图 6.14(a)),系统中增加的模态分量比重较小;随着失谐程度逐步升高,叶片之间的差异越来越大,各叶片的频响曲线的不同点越来越显著(见图 6.14(b) ~ (d)),频响曲线的峰值随之增多,叶盘结构的模态成分更加丰富,响应状态也越来越复杂。

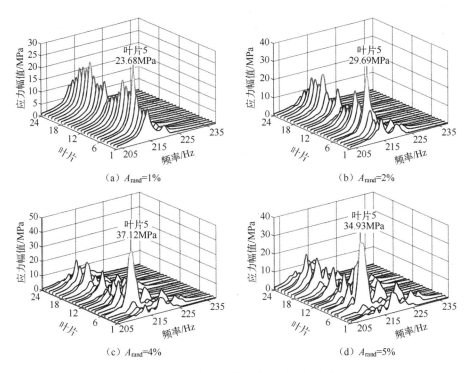

图 6.14　随机失谐结构上各叶片的频响曲线

6.7　人为失谐叶盘结构的频率响应特性

人为失谐是主动失谐中的一种,在叶盘中引入适当的人为失谐可以降低其对随机失谐的敏感度,抑制振动局部化程度。工程上,谐波失谐是最为常见的一种人为失谐模式,本节研究式(6.3)的谐波形式人为失谐对叶盘结构受迫响应特性的影响。

下面仍以图 6.1 的叶盘结构为例,分别讨论人为失谐对谐调叶盘和随机失谐叶盘稳态响应局部化特性的影响规律。

6.7.1　人为失谐对谐调叶盘结构响应特性的影响

在谐调叶盘结构中引入确定性谐波形式的人为失谐,分别了计算不同谐波阶次 N_h 和幅值 A_{int} 时,叶盘结构在阶次激励作用下的振动响应放大因子,如图 6.15 所示。

根据计算结果,可以知道:

(1)不同阶次的谐波失谐所引起的响应局部化程度是不同的。其中,1 次谐波失谐的局部化程度随着人为失谐幅值的增大而波动上升;2 次谐波的局部化水平则随着失谐幅值的增加而持续升高;而 3 次、4 次和 6 次谐波引起的局部化随着失谐的增加先增大后减小,即出现了"阈值"效应,而且谐波次数越高对应的曲线峰

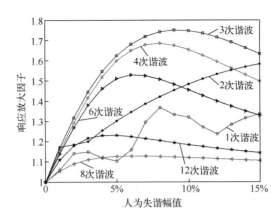

图 6.15　谐波失谐叶盘结构的响应放大因子

值越小,出现峰值时对应的人为失谐幅值也越小(峰值出现得越"早");对于 8 次和 12 次谐波失谐形式,当人为失谐幅值较小时响应放大因子随之增加,而当失谐达到一定程度后再继续增加时,放大因子曲线变化十分平缓,其值几乎不再发生变化。

(2) 总体上,叶盘结构振动的局部化程度随着谐波次数的升高而越低,其中 8 次和 12 次谐波失谐的局部化水平最低。其主要原因在于,这两种失谐形式的叶盘结构中只有两种规格的叶片,如图 6.16 所示,每相邻的 2 个或 3 个叶片及对应的轮盘部分即构成一个多叶片扇区组,这样叶盘结构就可以看作由它们构成的"扇区组循环对称结构",振动能量在各个扇区组之间分布的仍比较平均,因而不会出现较强的局部化现象。需要说明的是,除 1 次谐波外其他各次谐波失谐形式也可以看作是扇区组循环对称的。但随着谐波数的减少,每个扇区组中所含的叶片数增多,频率成分比较复杂,振动能量在每个扇区内部的各叶片上分布得越来越不均匀。而且由于循环扇区数的减少,这种不均匀性在整个结构范围内也会更加明显,因而叶盘上的局部化程度比较显著。

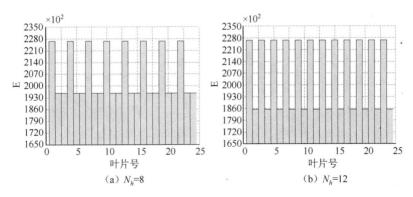

图 6.16　谐波失谐叶盘结构的叶片弹性模量分布

在各次谐波的人为失谐设计中，12次谐波失谐可以很有效地抑制叶盘结构的振幅放大，由于只有两种公称叶片，因而也被形象地成为"AB失谐模式"，这种失谐形式最为简单，在工程中易于实现，因而是一种最为常用的人为失谐模式。

图6.17所示为当人为失谐幅值 $A_{int} = 1\%$ 时，AB模式失谐叶盘结构上各叶片的频响曲线。由于轮盘上只有高频和低频两类叶片间隔排列，因而其频响曲线也只有两种形式并随叶片序号的变化呈交替分布（见图6.17（a））。

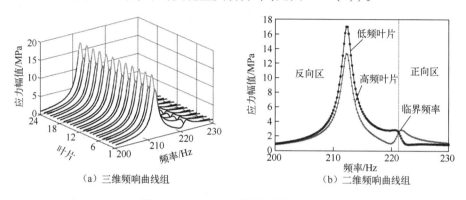

（a）三维频响曲线组　　　　　（b）二维频响曲线组

图6.17　$A_{int} = 1\%$ 时叶片的频响曲线

与谐调叶盘相比，失谐叶盘的频率成分更加丰富，因而频响曲线上出现了两个峰值，分布在谐调结构峰值的两侧，分别对应于高频和低频叶片的振动。可以推测，对于其他谐波数的失谐，由于公称叶片种类的增加，叶盘结构的频率结构更加复杂，因而曲线上的峰值会更多。不同失谐幅值时AB模式失谐叶盘上最大响应叶片（高频叶片）的频响曲线如图6.18所示。

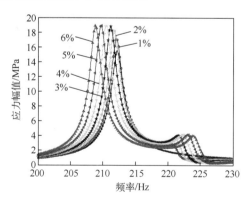

图6.18　AB模式失谐叶盘结构的频响曲线

由图6.18可以看出：

（1）随着失谐幅值的增加，两类叶片固有频率之间的差异越来越大，对应的曲线上共振频率的间隔越来越远。

（2）在 0 ~ 6% 的失谐幅值区间内,失谐叶盘的两个峰值响应均随着失谐幅值的增加呈先显著增加后缓慢降低的变化过程,这说明失谐对两种公称叶片的振幅的影响趋势是一致的。

6.7.2 人为失谐对随机失谐叶盘结构响应特性的影响

由于实际结构中随机失谐是不可避免的,因而下面讨论人为失谐对图 6.1 的叶盘结构具有随机失谐时的稳态响应局部化特性的影响。由于同时存在人为失谐和随机失谐(称为"混合失谐"),所以分别研究它们单独改变时失谐叶盘局部化特性的规律。

1. 随机失谐幅值的影响

在幅值为 $A_{int}=10\%$ 的谐波人为失谐叶盘中引入不同幅值的随机失谐,考察随机失谐幅值 A_{rand} 对人为失谐叶盘受迫响应局部化的影响规律。采用 Monte Carlo - 响应面方法计算"混合失谐"叶盘结构的概率稳态响应,取 Monte Carlo 模拟的样本数 $NMC=50$,响应面的抽样次数 $NRS=10\,000$,得到响应放大因子的均值如图 6.19 所示。

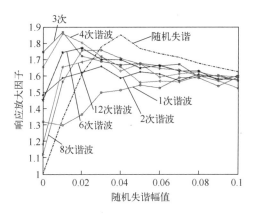

图 6.19　响应放大因子与随机失谐幅值的变化关系曲线

由图 6.19 可以看出:

（1）总体上,响应放大因子随着随机失谐幅值 A_{rand} 的增加呈先增加后减小的变化过程,这与仅存在随机失谐时的情况非常相似(见图 6.11)。不同的是,出现峰值时对应的随机失谐幅值更"早",这说明在引入人为失谐后,较小的随机失谐就可以引发较大的峰值响应。

（2）当随机失谐幅值 $A_{rand}>3\%$ 以后,引入的谐波失谐会明显降低响应放大因子。这表明,一方面人为失谐可以减轻响应局部化水平,对振动起到有益的作用;另一方面,人为失谐的作用效果也依赖于随机失谐的程度。

根据图 6.19,引入适当的谐波失谐可以有效地降低随机失谐带来的振幅放大。下面以 AB 模式的人为失谐为例,具体分析各叶片的响应情况。对于 AB 模式,当随机失谐幅值 A_{rand} =3% 时,响应均值达到最大,因而选取 3% 随机失谐中响应最大的那个样本作为最坏的失谐模式作为分析对象。按照比例对各叶片的随机失谐量进行缩放,再叠加上 A_{int} =10% 的 AB 模式人为失谐,即可得到各随机失谐幅值对应的"混合失谐"的叶片弹性模量变化的分布样本,如图 6.20 所示,各叶片相应的 4 柱由左至右分别为 1%、2%、3%、5% 的随机失谐幅值。计算得到的各叶片的频响函数曲线如图 6.21 所示。

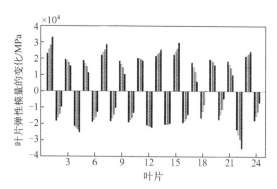

图 6.20 混合失谐的叶片弹性模量变化(随机失谐幅值变化)

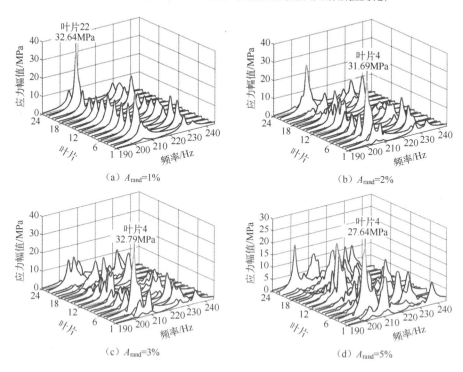

图 6.21 混合失谐各叶片的频响曲线(随机失谐幅值变化)

可以看出:当随机失谐的幅值较小时,叶盘频响特性与仅有人为失谐时的情况相似,各叶片的频响曲线只有 2 ~ 3 个峰值,而且各叶片对应的共振频率也比较接近;当随机失谐的程度加剧时,叶盘结构的模态成分越来越复杂,曲线的共振峰随之增多,同一阶激励可以激起叶片的多阶共振。

2. 人为失谐幅值的影响

前面分析了不同的随机失谐幅值 A_{rand} 对人为失谐叶盘结构受迫响应特性的影响。下面设随机失谐的幅值保持不变,改变人为失谐的幅值 A_{int},考察 A_{int} 对失谐叶盘响应局部化特性的作用。

根据图 6.11 所示的计算结果,当随机失谐幅值 $A_{rand} = 4\%$ 时叶盘结构的响应局部化最为严重,因而在 4% 的随机失谐中引入了 7 种不同谐波次数的人为失谐,仍采用 Monte Carlo - 响应面方法对概率稳态响应进行计算,其中 Monte Carlo 模拟的样本数 $NMC = 50$,响应面上抽样次数 $NRS = 10\ 000$,计算得到的响应放大因子均值如图 6.22 所示。

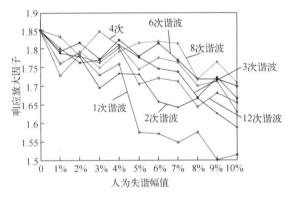

图 6.22　响应放大因子与人为失谐幅值的变化关系曲线

从计算结果来看:

(1) 引入人为失谐后,响应放大因子比只有随机失谐(人为失谐幅值 $A_{int} = 0$)时要小,这说明引入人为失谐对随机失谐结构的局部化显现有明显的改善。

(2) 随着人为失谐幅值 A_{int} 的增加,响应放大因子基本上呈先减小再增大而后又再减小的波动式下降过程,这一结论与文献[44]中基于集中参数模型的研究结果基本一致。从抑制局部化水平的角度来看,在适当的范围内选择人为失谐幅值可以取得最佳的效果。

(3) 在各次谐波失谐形式中,1 次、2 次和 12 次谐波失谐时的局部化水平最低,其中 12 次谐波(AB 模式)失谐只含有两种公称叶片,实现起来最为方便,因而推荐采用这种人为失谐形式来抑制随机失谐叶盘结构的振动局部化。

为了分析不同幅值的谐波失谐对各叶片受迫响应的影响,同样选取 $A_{rand} = 4\%$ 的随机失谐时响应最大的那个样本作为随机失谐模式,再在其上叠加不同幅值的

AB 模式人为失谐,叶盘上各叶片弹性模量变化的分布如图 6.23 所示,各叶片柱由左至右依次为 1% 、2% 、3% 、6% 的随机失谐幅值。

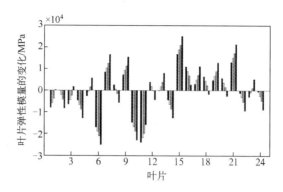

图 6.23 混合失谐叶盘的叶片弹性模量变化(人为失谐幅值变化)

计算得到的各叶片频响曲线如图 6.24 所示。可以看出,随着人为失谐幅值的增加,轮盘上各叶片的频率差增大,频响曲线的差异越来越明显,共振峰的数量随之增加,叶盘的频率结构更加复杂。

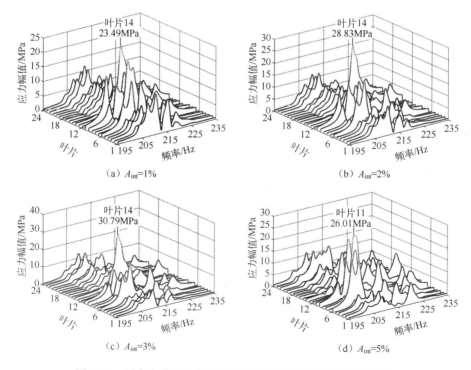

图 6.24 混合失谐叶盘各叶片的频响曲线(人为失谐幅值变化)

6.8 错频叶盘结构的概率响应特性

6.8.1 叶片错频及其概率特性

叶片的错频装配是一种人为失谐,它可以丰富叶盘结构的模态成分,增强模态间的耦合,能够有效地抑制颤振的发生。但是错频实质上是一种结构失谐,会导致叶盘振动出现局部化现象,致使少数叶片应力升高,出现疲劳破坏。文献[177]中就指出,如果没有全面考虑主动失谐(错频)对工作包线内所有系统模态可能的影响,以及它造成叶盘组件对工作包线内所有系统模态的非主动失谐敏感性的影响,就不应进行主动失谐(错频)设计。因此,开展错频叶盘结构振动响应局部化特性的研究是很重要的。

考虑到错频本身是叶盘结构的一种结构失谐,而且其失谐状态具有分散性,因此需要研究错频失谐叶片本身的概率特性,以及具有这种错频叶片的叶盘结构的概率响应特性。

以图 6.1 所示的典型叶盘为例,设其具有 3 种叶片的错频方案。在不同的频率误差(频差分别为 1% ~ 5%)下叶片 1 阶弯曲固有频率的概率密度函数如图 6.25 所示,其中叶片的频差是指每组叶片频率样本的标准差,其值越小代表加工精度越高,生产出的叶片频率越接近于该组叶片的设计频率。可以看出,对应每一种频差情况,PDF曲线都有 3 个峰值,分别对应于 3 组叶片的额定频率,随着频差的增大,曲线的高度降低,覆盖的频率范围增大。由于叶片在装配时受到频率差要求的限制,轮盘上每组叶片所占有的比重也各不相同:当频率误差较小时,3 组叶片频率差异显著,分布相对独立,在轮盘上所占的比例大致相当;随着频率误差的增大,各组叶片之间的交叉区域扩大,使得曲线上 3 个部分的边界逐渐模糊。由于各组叶片所覆盖的频率范围增大,因而处于分布范围中间段的原型组叶片更易于符合错频装配的频差要求,因而轮盘上这一组叶片所占的比例越来越高。

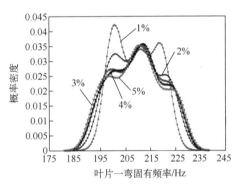

图 6.25 叶片固有频率的概率密度函数

6.8.2 错频叶片频差对叶盘概率振动响应局部化的影响

对于图 6.1 的叶盘结构,基于前述的模拟技术和叶片错频建立其错频时的有限元模型。由于每一次错频装配实际上都是一个随机事件,因而仍采用 Monte

Carlo – 响应面法,对错频叶盘结构的响应特性进行仿真,而后对计算结果进行统计分析得到其概率响应局部化特性。考虑精度要求和计算成本,分别取 Monte Carlo 循环次数 $NMC = 50$,响应表面抽样次数 $NRS = 10\,000$。

采用第 6.2 节的激励方式和式(6.9)的响应放大因子的定义,计算得到了响应放大因子与叶片频差之间的关系曲线如图 6.26 所示。与随机失谐的情况不同,当叶片的频率误差为 0 时,叶盘也并不是完全谐调的,而是低频、原型和高频 3 种额定设计的叶片在轮盘上呈交替排布,每相邻的 3 个叶片构成了一个"三叶片扇区组",整个叶盘结构可以看作是由多个这种扇区构成的"扇区组循环对称结构",因而此时叶盘结构的响应虽然与谐调状态相比有所放大,但其局部化水平仍然较低。当各组叶片的频差开始出现后,结构中的"扇区组循环对称性"遭到破坏,叶盘结构的振动局部化现象加剧。随着频差越来越大,3 组叶片中频率分布得越来越分散,3 个随机分布之间的界限越来越模糊(见图 6.25),3 组分布逐渐混合在一起形成了一个覆盖范围更大的随机分布,这意味着轮盘上的各叶片频率在总体上分布得更加分散,叶盘结构模态的分布不再密集,因而频率误差的增加反而会使响应放大因子下降,叶盘上不会再出现更强的局部化现象。

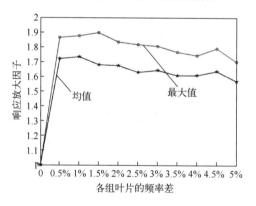

图 6.26　典型错频叶盘响应放大因子曲线

错频叶盘响应放大因子的概率密度函数如图 6.27 所示。可以看出,随着每组叶片中频差的增大,响应放大因子的分散性呈先增大后减小的变化过程:当频差由 1% 增加至 3% 时,PDF 曲线的高度逐渐降低,宽度逐渐增加,响应放大因子分布得越来越分散,叶盘结构对失谐更加敏感;而当频差达到 3% 并继续增加时,曲线形状的变化趋势恰好相反,响应放大因子的标准差逐步减小,响应放大因子分布得越来越集中,叶盘结构对于失谐的敏感性越来越低。

上述结论表明,对于错频叶盘,在关注颤振稳定性改善的同时,必须注意结构上的振动局部化现象。尤其是当生产出的叶片频差落在不适当的区域时,会导致叶盘对失谐过于敏感或产生过大的响应,因而应当严格控制叶片的加工误差,使其避开上述敏感和危险区域,保证叶片上的局部化水平较低,且分布得比较集中,有利于叶盘结构安全可靠地工作。

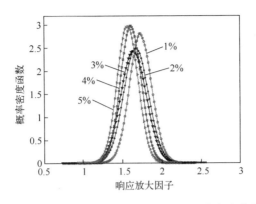

图 6.27　典型错频叶盘响应放大因子概率密度曲线

6.8.3　错频叶片频差对叶盘叶片概率振动响应特性的影响

下面考察在不同频差时各叶片的响应状态。选择每个频差范围内叶片响应幅值最大的那组样本作为最坏的错频模式,轮盘上各叶片的频率分布如图 6.28 所示,图中相应于各叶片的 4 柱由左至右分别相应于各值叶片具有的 0.5%、1.5%、3.0%、4.0% 频差。分别计算各组叶片的频差不同时叶盘结构的稳态响应,得到的各叶片的频响函数曲线如图 6.29 所示。

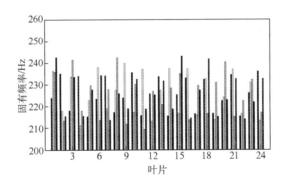

图 6.28　错频叶盘各叶片的固有频率

由图 6.29 可以看出:当叶片组内的频差较小时,各叶片的频响曲线差异较小,每条曲线有 3 个主要峰值,分别对应于 3 组错频叶片的共振状态(见图 6.29(a));随着叶片频差逐步增大,各组叶片频率的界限逐渐变得模糊,叶盘结构模态成分越来越丰富,频响曲线的峰值越来越多,其响应状态更加复杂(见图 6.29(b) ~ (d))。

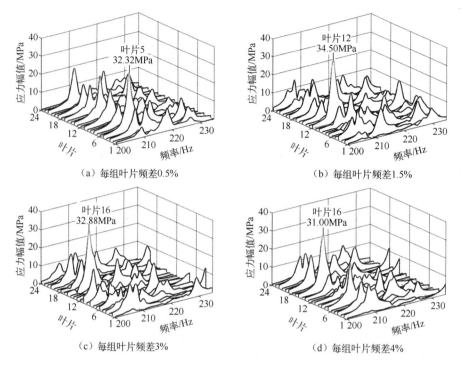

图 6.29　错频叶盘结构上各叶片的频响曲线

6.9　本章小结

本章研究了在简化模拟阶次激励下,具有多种失谐的典型叶盘结构确定性和随机性稳态(频率)响应特性。研究表明:

(1)随着失谐程度逐步增大,叶盘各扇区之间的差异越来越大,其模态成分越来越丰富,响应状态更加复杂,叶片频响曲线的峰值也随之增多。

(2)在一段激励频率范围内,当失谐程度由小增大时,各叶片上响应放大因子的最大值会先随之增加,而当失谐达到一定程度后再继续递增时,响应放大因子的最大值反而会下降,即存在所谓的阈值效应。

(3)在激励频率一定时,例如在某稳定工况下,随着失谐程度由小增大,叶盘结构最大响应的变化趋势不仅取决于失谐量与阈值的相对位置,还取决于激励频率与共振频率之间的相互关系。

(4)在叶盘结构中引入适当的谐波失谐可以有效地抑制随机失谐带来的振幅放大现象。

(5)对于错频失谐叶盘结构,在关注其改善颤振稳定性的同时,应该注意其振动局部化现象。尤其是当生产出的叶片频率误差落在不适当的区域中时,会导致叶盘结构对失谐非常敏感而产生过于严重的响应局部化。

第 7 章　流体激励叶盘结构耦合振动响应分析

7.1　引　　言

在航空发动机叶盘结构耦合振动问题研究中,上下游的静子件造成的气流周向分布不均匀是最为主要的激励来源。因此研究在这类激励下的叶盘结构耦合振动响应问题,成为国内外学术界和工程界非常关注的问题。

一般说来,流体激励叶盘结构振动分析本质上应是相应的流固耦合的"非定常"振动分析。虽然计算机硬件和 CFD 技术的发展,已经可以进行发动机内部全三维非定常流场气动分析,但是若同时考虑流场和结构的耦合,其振动分析仍然是十分繁复的工作,难以进行工程上典型叶盘结构的流固耦合振动响应(特别是时域的瞬态响应)计算与分析。

为此,在实际工程中经常采用所谓单向耦合(或称弱耦合)方式计算流体激励下的叶盘响应。这种方法不考虑结构振动对流场的影响,通过计算非定常流场确定流体对结构的时变激励载荷,再计算叶盘结构在该流体激励作用下的振动响应,确定叶盘结构在工作状态的振动应力。

本章基于某型发动机压气机转子典型整体叶盘结构,综合应用第 2 ~ 5 章讨论的计算方法进行谐调和失谐整体叶盘结构流体激励下的响应分析。

在流体激励下叶盘响应计算过程中,激励的分析和处理是一个非常重要的方面。根据叶盘结构发生耦合共振的"三重点"条件,在响应分析中需要了解流体激励的频率和激励阶次的信息,前者给出主要激励频率是否与叶盘结构的某些固有频率接近;后者给出激励的空间分布特性和激励的节径谱信息从而判断能够激励哪些节径的叶盘耦合振动。得到激励的频率和阶次等基本信息后,在响应分析的过程中需要将时域或频域的激励通过插值施加到结构上,根据叶盘结构模型和计算方法的不同,可以得到不同的响应分析方法。

本章 7.2 节首先给出弱耦合流体激励下振动响应计算的分析平台(框架)和计算方法。7.3 节进行流场计算和对流体激励特性进行分析,得到典型流场基本的频率和空间激励阶次等。7.4 节给出了所要分析的典型谐调和失谐叶盘结构的有限元模型,并计算和讨论了相应的固有模态特性。在得到叶盘结构的流体激励信息并确定了响应分析方法后,结合叶盘的模态分析在 7.5 节和 7.6 节分别进行了流体激励下的响应分析研究。

对于谐调整体叶盘结构,分析了其共振和非共振状态下的振动响应,得到其典型流体激励下的响应特性,同时对比了这种流体激励下各种响应算法的精度和效率。

真实流体激励下失谐整体叶盘结构响应分析的主要难点之一是模型复杂带来的计算繁复。基于第4、5章提出的代数动力算法和基于周期对称性的算法,综合选择应用7.2节给出的流体激励下叶盘结构响应分析平台(框架)的5种方法,实现了高效进行失谐叶盘振动响应的计算与分析。并通过与谐调时的比较,讨论了失谐叶盘振动响应的基本特点,研究了失谐量和阻尼参数等因素对失谐响应的影响。

最后,根据上述的研究工作,结合失谐叶盘结构振动模态特性,尤其是本章研究的典型叶盘结构在三维非定常流体激励下的振动响应特性,建议了抑制失谐响应的几种措施。

7.2 叶盘结构流体激励振动响应分析方法

由于流体激励整体叶盘结构振动响应的分析工作十分繁复,而且计算精度和可靠性等要求高。因此,需要采用多种方法,基于不同的模拟方式进行计算研究。

本章研究的整体叶盘结构流体激励振动响应分析框架如图7.1所示,主要分为流体激励数据处理和响应计算两个部分,在图中分别用浅色和深色的阴影表示,计算中可采用整体和周期对称两类模型,对应的部分在图中分别用上和下虚线框表示。

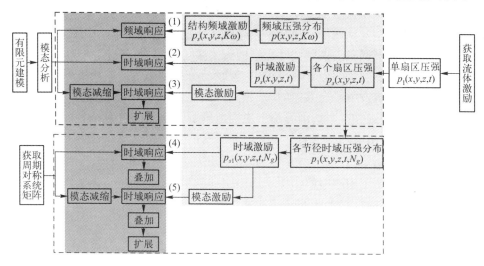

图 7.1　叶盘结构流体激励下的响应分析流程

在进行响应分析之前,往往先进行模态分析以得到叶盘结构的固有频率分布,结合对流体激励频率成分的初步估计,确定要重点分析的频段,并为模态减缩提供基向量。对于谐调叶盘结构,模态分析多采用周期对称模型。流体激励数据由 CFD 计算获得,一般以一个扇区中各节点的压强时间历程的形式给出,这里记为 $p_1(x,y,z,t)$。模态分析和激励数据获取是进行响应分析的前期准备工作。

在进行响应计算时,可根据具体情况选取整体模型、周期对称模型或是模态减缩模型,响应计算方法也可以选择频率叠加法或是直接积分法,根据所选模型和方法的不同,对激励的处理方式也不相同,但首先都需要将单扇区的激励通过时间插值转化为整个叶盘各个扇区的激励,即由 $p_1(x,y,z,t)$ 得到 $p(x,y,z,t)$,这个激励转化过程可参考文献[84]的介绍。

具体来说,针对模型和方法的不同组合有以下 5 类响应计算方法,对应于两个阴影区域的 5 个连接处,在图 7.1 中分别用(1)~(5)来表示,依次叙述讨论如下:

(1) 整体模型的激励叠加法,记为 FHS 方法(Full Model Harmonic Superposition Method)。这种方法采用整体模型,计算之前需要对压强进行频谱分析,得到 $p(x,y,z,K\omega)$,再将各频率的压强通过空间插值施加到整体叶盘有限元模型的相应节点上,记为 $p_s(x,y,z,K\omega)$,最后通过激励叠加法进行响应计算。

(2) 整体模型的直接积分法,记为 FDTI 方法(Full Model Direct Time Integration Method)。这时采用整体模型,直接将流体计算得到的压强 $p(x,y,z,t)$ 通过空间插值得到相应节点的载荷 $p_s(x,y,z,t)$,再通过 Newmark 等直接积分法(记为 FDTI – Newmark)或是代数动力算法(记为 FDTI – AD)进行响应计算。

(3) 整体模型的模态减缩法,记为 FMR 方法(Full Model Mode Redution Method)。这种模型利用模态减缩使整体模型降阶。首先选取模态基,接着将结构的时域激励 $p_s(x,y,z,t)$ 转化为模态激励,同时对结构进行模态减缩;然后求解模态减缩方程;最后将模态域的结果扩展至物理域。

(4) 周期对称模型的直接积分法,记为 CDTI 方法(Cyclic Model Direct Time Integration Method)。这种方法采用周期对称模型进行响应计算,需要将流体激励 $p(x,y,z,t)$ 转换为施加至基本扇区的各节径的激励,直接求解各节径的运动方程,再将各节径的结果叠加起来。求解方程的积分方法可以是 Newmark 等基于时间差分的积分方法,也可以采用代数动力算法。第 5 章的分析表明,采用周期对称模型并不能使代数动力算法的效率较整体模型有所提高,但在大型模型的计算中其效率仍比 Newmark 方法要高。在本章后面讨论的利用周期对称模型的响应计算是采用了 Newmark 法。

(5) 周期对称模型的模态减缩法,记为 CMR 方法(Cyclic Model Mode Redution Method)。该方法对周期对称模型进行模态减缩,在模态分析的基础上将各节径的时域激励转换为模态激励,同时对基本扇区的质量、阻尼和刚度矩阵进行模态减缩;然后求解模态减缩方程;最后将各节径模态域的结果进行叠加并扩展至物理域。在积分方法上,可以选择 Newmark 法(记为 CMR – Newmark 法)或是精细积分法(记为 CMR – PIM 法)。

基于上述的计算框架,本章将以典型压气机叶盘转子为例进行相应的流体激励响应计算与分析研究。

7.3 典型叶盘激励流场及其激励特性分析

本节首先说明典型叶盘结构流体激励分析中流体计算所采用的模型和方法,接着根据叶盘耦合共振条件着重分析流体激励的频率特性和激励阶次。需要指出,本节给出的激励阶次与第 5 章所定义的激励转换是一致的。

7.3.1 三维非定常流场分析与流场激励特性

典型叶盘结构流体激励全三维非定常流场模型如图 7.2(a) 所示(相应的整体叶盘结构有限元模型则为图 5.3),模型中共有 430 万个节点。压气机前排转子有 23 个叶片,后排静子有 28 个叶片,转子的转速为 45 000 r/min。

计算使用商用软件 NUMECA,非定常计算采用双重时间步法,每个旋转周期分成 644 个物理时间步(一整圈),每个物理时间步设定 50 个虚拟时间步。空间离散采用中心差分,时间离散采用二阶迎风格式,湍流模型采用 S-A 模型,为了加速收敛,还采用了多重网格技术。为了模拟椭圆机匣的影响,给定了特殊分布的进口总压,如图 7.2(b) 所示。

（a）流体计算模型　　　　（b）周向总压分布

图 7.2　转子 CFD 计算模型

在转速稳定的情况下,流体计算得到的各个节点的压强具有良好的周期性,某一点压强时间历程 $p(t)$ 的傅里叶展开可以表示为式(2.10)的形式。

为了精确得到气动激励的频率成分,首先将几个典型位置的压强时间历程做傅里叶展开。转子的转速为 45 000 r/min,因此激励的基频,即 $K=1$ 所对应的频率为 750 Hz。由于压气机内部流动非常复杂,叶片表面不同位置上压强的频率成分是不同的,如图 7.3 所示。其中的左图为时域变化,右图为相应的频率谱图。由图 7.3 可以看出:

（1）在流体计算中通过在转子前施加周向不均匀分布的总压来模拟椭圆机匣

的情况,因而在转子叶片前缘的激励主要是 $K = 1$、2 和 3 等低频成分,如图 7.3(a) ~ (c)所示。

(2) 转子后有 28 片静叶,因而在转子叶片尾缘的激励主要是 $K = 28$ 的高频成分,如图 7.3(g) ~ (i)所示。

(3) 叶片弦向的中部同时受到上游非均匀边界条件和下游静子叶片的影响,因此激励的频率成分较为复杂,激励中同时存在 $K = 1$、2、3 的低频成分和 $K = 28$ 的高频成分,如图 7.3 (d) ~ (f)所示。

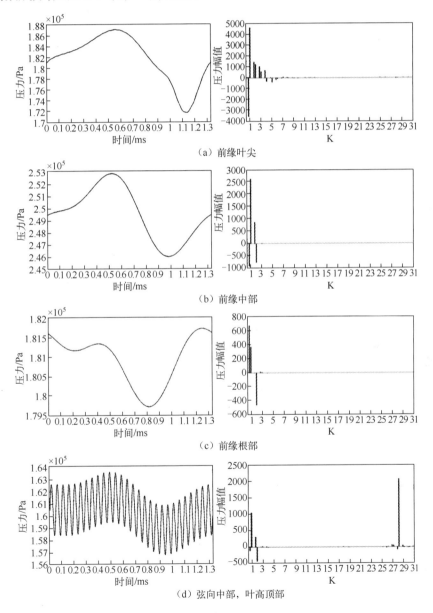

(a) 前缘叶尖

(b) 前缘中部

(c) 前缘根部

(d) 弦向中部,叶高顶部

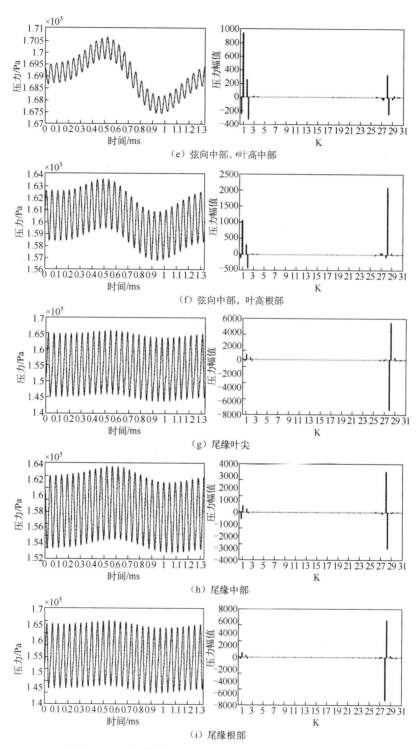

（e）弦向中部，叶高中部

（f）弦向中部，叶高根部

（g）尾缘叶尖

（h）尾缘中部

（i）尾缘根部

图 7.3　叶片不同位置的压强时间历程和响应频率成分

7.3.2 叶片表面压强幅值分布

7.3.1 节给出了叶片上几个典型位置压强的时间历程和对应的频率成分,但叶片表面压强分布形式比较复杂,并且其分布形式决定了模态激励的大小和叶盘响应水平,因此本小节主要考察压强幅值即式(2.10)中的 p_K 在叶片表面的分布。

由于该典型叶盘结构的流体激励主要是椭圆机匣导致的叶片前缘 $K=1$、2、3 等的低频激励和转子后 28 片静叶导致的叶片尾缘 $K=28$ 的高频激励成分,因此下面分别讨论这里的所谓"低频激励"和"高频激励"的叶片表面压强幅值分布。

1. 低频激励的幅值分布

$K=0\sim4$ 时各阶压强的幅值分布如图 7.4 所示,其中 $K=0$ 对应于时变压强的均值 p_0,与其他频率的压强幅值相比,p_0 的幅值最大,但只对叶片的静变形有影响,在瞬态响应分析过程中,通常将静压力和离心力一起作为预应力考虑。

由于在转子前排考虑了周向非均匀分布的进口总压来模拟椭圆机匣的效果,因此激励中低频的 $K=1$ 和 $K=2$ 对应的幅值较大,在叶片上的分布范围也比较广,但幅值最大的部分主要集中在叶片前缘,如图 7.4(b)和(c)所示;随着 K 的增加,对应的压强幅值明显减小,且只集中分布在叶片前缘叶尖部分很小的区域内,如图 7.4 (d)和(e)所示。

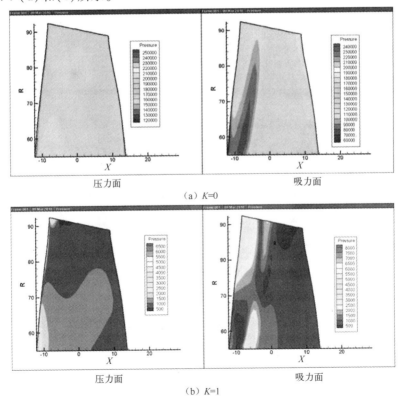

压力面 吸力面

(a) $K=0$

压力面 吸力面

(b) $K=1$

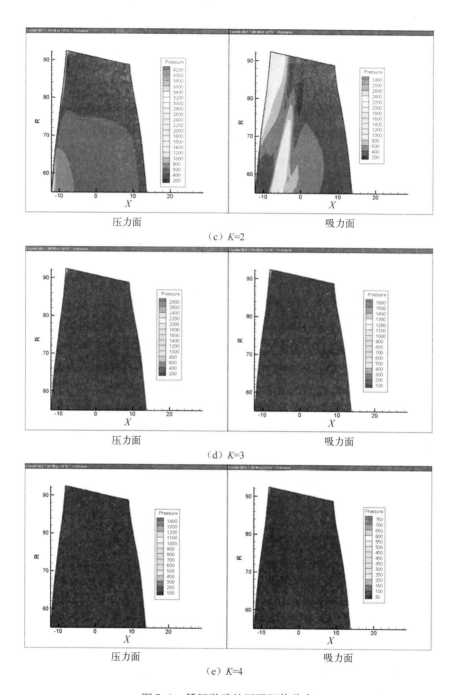

压力面 　　　　　　　　　　　　　　　　　吸力面

（c）$K=2$

压力面 　　　　　　　　　　　　　　　　　吸力面

（d）$K=3$

压力面 　　　　　　　　　　　　　　　　　吸力面

（e）$K=4$

图 7.4　低频激励的压强幅值分布

2. 高频激励的幅值分布

转子后排有 28 个静子叶片,因此激励中必然会有以 $K=28$ 以及 28 的整数倍频率成分存在,对应的幅值分布如图 7.5 所示。

从分析结果来看,$K = 28$ 的激励最为显著,其最大幅值为叶片尾缘根部的 0.1 MPa,远大于其他高阶的激励阶次;幅值较大的压强主要分布在叶片弦向后半部分,分布区域也比较大,如图 7.5 (a) 所示。

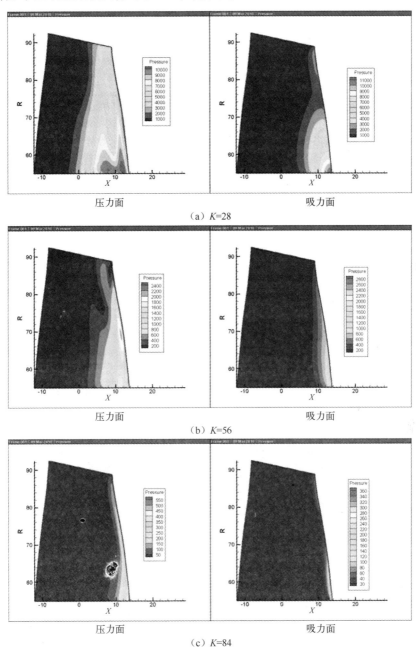

（a）K=28

（b）K=56

（c）K=84

图 7.5　高频激励的压强幅值分布

$K=28$ 的 2 倍频($K=56$)的激励也较为明显,但幅值较 $K=28$ 的情况有明显的降低,最大值只有 2400Pa,如图 7.5(b)所示;而 $K=28$ 的 3 倍频对应的激励分量已经很小,只有几百帕,如图 7.5(c)所示,同时激励频率也较高,对叶盘的激励作用可以忽略。

综合以上分析,激励的低频成分主要存在于叶片的前缘,主要是 $K=1$、2,而 $K=3$ 及以上的激励成分较小,对结构响应的贡献也较小。高频激励是以 $K=28$ 和 $K=56$ 为主,主要存在于叶片弦向的后半部分,静子叶片数更高阶的倍频分量更小,可以忽略。

7.3.3 激励节径阶次分析

由于叶盘结构的共振需要满足"三重点"的条件,仅有激励的频率成分是不够的。因此为判断在给定流体激励下是否会发生、发生哪一节径的叶盘耦合共振,还需要对流体激励进行激励节径阶次的分析。这种激励阶次在第 8 章又与叶盘结构的节径描述一起被定义为流体的和结构的"节径谱。"

首先,给出激励节径阶次的定义及其求解方法。在简化情况下,一般认为叶盘结构各扇区之间的激励是幅值相等存在一个固定相位差的行波激励,即各扇区相应节点上的激励可以表示为

$$\boldsymbol{F}(t) = A\mathrm{e}^{j\omega t}\left\{1 \quad \mathrm{e}^{\mathrm{i}E\theta} \quad \cdots \quad \mathrm{e}^{\mathrm{i}(N-1)E\theta}\right\}^{\mathrm{T}} \tag{7.1}$$

式中,A 为激励幅值;$\theta = \dfrac{2\pi}{N}$ 为扇区所对应的角度;i 是虚数单位;E 为激励阶次;$E\theta$ 为相邻扇区间激励的相位差。

在叶盘结构的转静件干涉激励中,E 由转子叶片数与静子件(支板或是静子叶片数)数目共同决定,只有当激励阶次 E 与叶盘模态节径数相等时,才可能发生叶盘的耦合共振。

对于流体计算得到的非定常激励,其形式要比式(7.1)的描述复杂得多,在任一时刻,激励可以表示成同一时刻一系列不同阶次的行波激励的叠加,这一过程与 5.2 节中介绍的周期对称模型应用中的激励转换过程类似。任意激励的激励阶次仍通过傅里叶展开得到,$\boldsymbol{F}(t)$ 的傅里叶展开为

$$\boldsymbol{P}_r(t) = \frac{1}{N}\boldsymbol{\varPhi}^{\mathrm{H}}\boldsymbol{F}(t) \tag{7.2}$$

式中,$\boldsymbol{P}_r$ 表示该时刻激励中的各阶次的成分。

需要说明的是,$\boldsymbol{P}_r$ 为复数,这里取其模作为对应激励阶次的幅值,即激励节径阶次的向量 $\boldsymbol{p}_E$ 可定义为

$$\boldsymbol{p}_E = \mathrm{abs}(\boldsymbol{P}_r(1:[N/2]+1)) \tag{7.3}$$

这与第 8 章中激励节径谱的定义是一致的。

在转速不变的情况下,转子叶盘旋转一周,各扇区所受激励的时间历程是一样的,不同扇区之间的激励只存在一个时间差,此时只需要知道一个扇区的激励,就可以根据时间关系推导出其他扇区的激励。因此在理论上讲,各个时刻激励在叶盘各扇区上的分布形式是一致的,只是会相对叶盘旋转一个角度。这样,只用分析某个时刻所对应的激励阶次即可。

对于上述的典型流场激励,经上述分析可以得到相应的激励节径阶次。图 7.6 表示了叶片上不同叶高位置的几个节点所受流体激励的阶次。从图中可以看出,由于进口的周向总压的不均匀分布,前缘激励阶次以 $E=1$ 和 $E=2$ 为主;而下游有 28 片静叶,因此尾缘的激励以 $E=5$ 为主。在叶片弦向中部(压力面和吸力面),激励阶次的成分比较复杂,同时受到上游不均匀进气和下游静子叶片的影响,但其激励阶次的主要成分仍只包含 $E=1$、2、5,在某些位置上激励还包含了 $E=10$ 的成分。

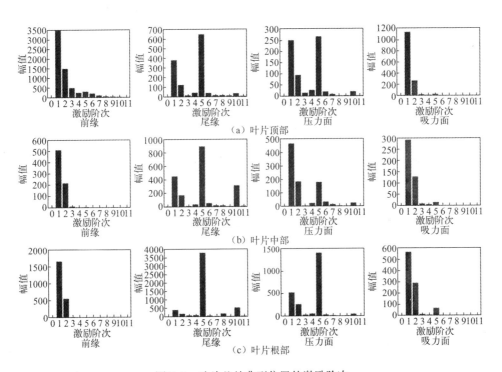

图 7.6 叶片几处典型位置的激励阶次

综合前面流体激励的频率和激励节径阶次分析可以看出,这里所研究的典型转子系统整体叶盘结构所受激励的频率成分主要包括 $K=1$、2、28,节径成分主要包括 $E=1$、2、5、10。

7.4 典型叶盘结构模态特性

7.4.1 谐调叶盘模态特性

所研究的典型整体叶盘结构有限元模型为图5.3所示的具有23个叶片的整体叶盘模型,采用8节点六面体单元划分网格,在叶盘两端施加位移约束,工作转速下的节径频率图如图7.7所示。该叶盘结构属于盘-片-鼓一体的形式,振动形式比较复杂,但大多以叶片振动为主。特别是在低频阶次,节径频率图中表现为同族模态中频率随节径变化很小,曲线几乎保持水平。

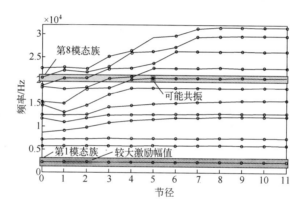

图7.7 典型叶盘结构的节径频率图

一般说来,需要特别关注的是给定流体激励可能激起哪些阶模态。7.3节的激励分析表明,工作转速下主要激励频率为 $K = 28$ 对应的 21 000 Hz,对应激励阶次为 $E = 5$,最有可能被激起的是5节径的第15阶和第16阶振动(第8模态族);其次,由于低频的激励 $K = 1$ 和 $K = 2$ 也比较大,可能激起与其频率最为接近的1节径和2节径的第1阶叶片弯曲振动,但离第1族模态的固有频率较远,其响应可能不大。这些频率在节径频率图(见图7.7)中用阴影突出,对应的振型如图7.8所示。从振型图可以看出,所要考虑的两族模态均是叶片振动主导的振动,第1族是叶片一弯模态族,第8族是叶片的高阶振动。

需要注意的是第8族模态的4节径对应两对模态,其对应的振型如图7.9所示。从图中可以看出,这两对模态中叶片的振型与同一族模态中的其他振型相似;不同之处在于,振型中明显有鼓的振动参与,因此其固有频率与同一族中其他固有频率差别较大。

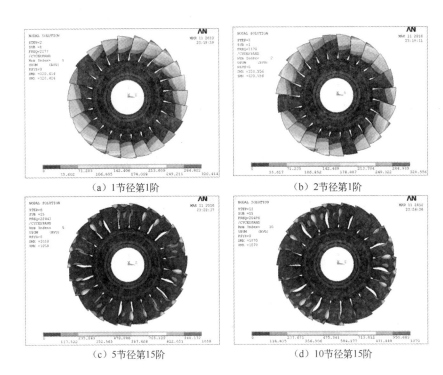

(a) 1节径第1阶   (b) 2节径第1阶

(c) 5节径第15阶   (d) 10节径第15阶

图 7.8   可能被流体激励激起的几阶模态

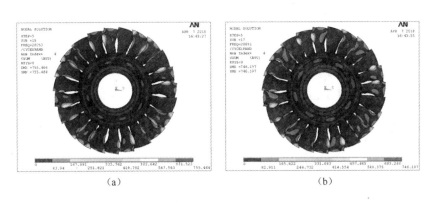

(a)   (b)

图 7.9   第 8 族模态的两个 4 节径振型

7.4.2   叶盘的失谐模拟

叶片的几何形状失谐主要来自两个因素,一是加工误差造成的[234];二是为了提高颤振裕度而设计的人为失谐。对于几何形状失谐,最重要的是确定失谐量在叶片上的分布规律,在有限元建模中,通常通过改变谐调有限元模型的节点位置来实现叶片厚度的变化。与改变叶片材料属性失谐相比,这种通过改变叶片厚度实现的失谐形式更加接近于实际加工造成的随机或人为失谐,得到的计算结果也能更加真实地反映失谐的影响。

前面 6.4.2 节已经描述了这种失谐模式大致的实现过程,详细描述可见文献[81]。一般步骤如下:

(1) 采用结构网格划分叶片,将每个叶片吸力面和压力面的表面节点分组记为 bs_i 和 bp_i,得到其节点个数 n,其中,i 表示第 i 个叶片。

(2) 对于第 i 个叶片,建立吸力面和压力面表面节点的对应关系,即对于吸力面上的节点 ns,找到压力面上与其距离最近的节点 np。

(3) 将节点 ns 和 np 按照失谐量沿 ns – np 的方向移动,移动的距离为该位置对应的失谐量。

(4) 删除原有的叶片单元,利用新节点生成新的叶片单元。

采用这种方法能够精确地实现因叶片厚度变化而造成的失谐,若每对节点沿 ns – np 的方向移动距离与其厚度的比例是一致的,则整个叶片是按照各自位置的厚度均匀变化的,属于比例失谐的情况;也可以通过控制各处厚度(如按照节点坐标位置控制)的变化来实现非比例失谐的情况。

这样,对于图 5.3 所示的具有 23 个叶片的整体叶盘结构,主要考虑加工误差造成的影响,采用改变叶片厚度的方式来实现叶盘的失谐。考虑 3 种不同大小的符合均匀分布的叶片厚度比例失谐的情况,各叶片厚度变化的比例如图 7.10 所示。

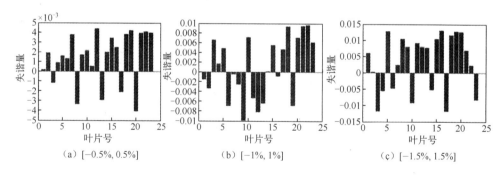

图 7.10　叶片厚度随机失谐模式

7.4.3　失谐叶盘模态特性

失谐对叶盘固有特性的影响主要表现在两个方面,在固有频率方面表现为重频分离,在振型方面表现为模态局部化。对于这里所研究的典型压气机整体叶盘,在所考虑的典型 3 种失谐(分别为 0.5%、1.0% 和 1.5%)情况下模态分析得到的固有频率如图 7.11 所示。

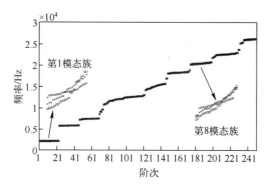

图 7.11　典型整体叶盘结构失谐后固有频率

　　结果表明,在失谐较小的情况下,失谐叶盘的固有频率仍旧保持了密集成族出现的特点,引入失谐后同一模态族的频带范围随着失谐量的增加而逐渐变宽,并且失谐范围越大,对应的频带也就越宽。需要注意的是,失谐叶盘固有频率数值本身变化比较小,与谐调叶盘的最大频差在0.5%以内。因此,谐调情况下引起共振的激励频率在失谐情况下仍可能激起共振,并可能因为失谐叶盘中的局部化现象而使响应幅值放大,使叶盘结构的应力状况更加恶化。为此,还需要充分考虑失谐叶盘中的模态局部化现象,尤其需要注意失谐对给定流体激励可能激起的高阶模态的影响。

　　由于这里考虑的是比例失谐的情况,在失谐量较小时,各叶片的振型形式变化很小,只是幅值发生变化,因此可选取叶片上具有代表性的节点位移作为特征振型,按照文献[23,82]中给出的模态局部化因子的定义进行分析。这里选取各叶片叶尖前缘和尾缘节点的位移作为特征振型。需要说明的是,采用不同节点或是同一节点的不同自由度得到的模态局部化系数的数值虽然有所不同,但总体变化趋势是一致的,因此选取其中一组即可反映这种比例失谐造成的模态局部化。

　　选取前缘轴向自由度计算得到的3组不同失谐量情况下的1~250阶的模态局部化因子如图7.12所示。从图中可以看出,3种失谐情况下前3族的模态局部化现象最为显著,高阶模态中也存在明显的局部化现象。模态族之间的局部化因子有明显的界限,第1族模态(叶片一弯模态)的局部化因子最大,所关心的第8

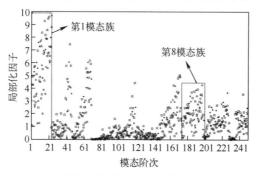

图 7.12　不同失谐情况下各阶模态局部化因子

族模态(175~199 阶)的局部化现象也比较明显。随着失谐范围的增加,前 3 族模态对应的模态局部化因子增加最为明显,其他各阶的多数模态局部化因子也有不同程度的增加。

由 7.3 节对流体激励的分析可知,流体激励主要导致第 1 族模态(被 $K=1$、2、3 激起) 和第 8 族模态(被 $K=28$ 激起) 的振动,因此要重点考虑失谐对这两族模态的影响,其对应的模态局部化因子如图 7.13 所示。以失谐范围为[-0.5%,0.5%]的情况为例,选取这两族计算结果中模态局部化因子最大的两阶振型,其对应的振型图和节径谱如图 7.14 所示。从图中可以看出,模态局部化因子较大的各阶振型中振动都集中在少数叶片上,对应的振型节径谱中节径成分比较丰富。

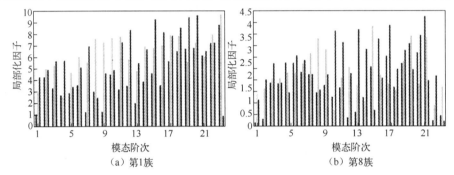

(a) 第1族　　　　　　　　　(b) 第8族

图 7.13　不同失谐情况下第 1 族和第 8 族对应的模态局部化因子

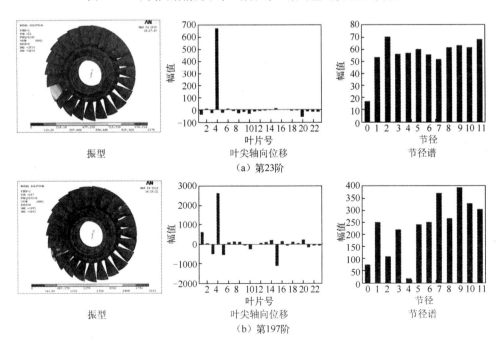

(a) 第23阶

(b) 第197阶

图 7.14　失谐范围为[-0.5%,0.5%]时模态局部化严重的振型

138

7.5 流体激励下叶盘结构频率响应分析

由于直接进行时域响应计算比较复杂,而且每次计算只能得到一个状态下的响应特性,因此这里以流体中主要的频率成分为激励进行频响分析,以考察一个模态族频带内叶盘的响应特性。下面分别讨论典型叶盘结构在谐调和失谐两种情况的流体激励频率响应特性。

7.5.1 谐调叶盘频率响应分析

频率响应分析采用完整的叶盘结构,其有限元模型如图5.3所示。在响应分析中采用比例阻尼,取所研究的频率范围为2000 ~ 21 000 Hz,阻尼比和比例阻尼系数之间的关系如表7.1所列。在阻尼比设定上,将低频处(2000Hz,接近第一族固有频率)的阻尼比设置的较大,为表7.1的第3列,这样在瞬态计算中能使低阶伴随振动尽快衰减,而在所关心的高频处($K = 28$ 对应的 21 000 Hz)将阻尼比设定为千分之几(表7.1的第4列),与正常阻尼水平相当[235, 236]。

表 7.1 阻尼比和比例阻尼系数的关系

ω_1/Hz	ω_2/Hz	c_1/%	c_1/%	α	β
2000	21 000	5	0.5	1.256×10^3	3.642×10^{-9}
2000	21 000	2	0.2	5.024×10^2	1.457×10^{-9}
2000	21 000	1	0.1	2.512×10^2	7.284×10^{-10}

在频响分析中,将比例阻尼系数取为 $\alpha = 1256, \beta = 3.642 \times 10^{-9}$。根据7.3节的激励数据分析,这里考虑两组不同激励频率:第一组为低频激励,对应于 $K = 1$,2、3,主要影响叶盘结构的第 1 族模态;第二组为高频激励,对应于 $K = 28$,主要影响叶盘结构的第 8 族模态。

1. 低频激励频响特性

7.3节的激励分析表明,低频的激励成分($K = 1$ 和 $K = 2$)虽然离叶盘的第 1 族固有频率比较远,但因其激励幅值相对较大,因此也要对其进行分析。取 $K = 1$,2、3 对应的激励成分进行频响分析,计算结果如图 7.15 ~ 图 7.17 所示。

结果表明,前 3 阶频率都激起叶片的一弯振动,且被激起的模态分别是1、2 和 3 节径;最大位移出现在叶片前缘叶尖位置,最大应力出现在叶片根部圆角附近。尽管前两阶激励幅值相对较大,但离共振频率较远,而第 3 阶激励虽与叶盘第 1 族固有频率接近,但其激励幅值太小,因此这三种频率成分所对应的响应水平都不高(见表7.2)。

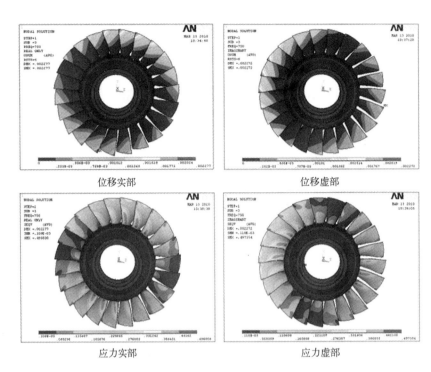

位移实部 位移虚部

应力实部 应力虚部

图 7.15 $K=1$ 对应的谐响应结果

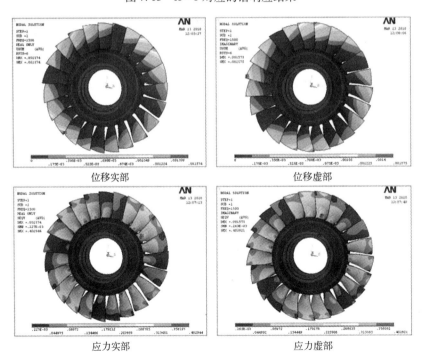

位移实部 位移虚部

应力实部 应力虚部

图 7.16 $K=2$ 对应的谐响应结果

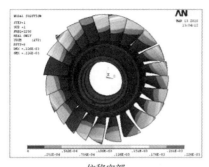

位移实部

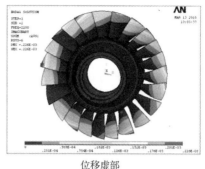

位移虚部

应力实部

应力虚部

图 7.17 $K=3$ 对应的谐响应结果

表 7.2 低频激励的响应

K	激励频率/Hz	叶尖位移幅值/mm	最大应力幅值/MPa
1	750	2.27×10^{-3}	0.497
2	1500	1.58×10^{-3}	0.403
3	2250	2.26×10^{-4}	0.066

2. 高频激励频响特性

$K=28$ 是流体激励中另一个主要的激励成分,且与叶盘的第 8 族模态固有频率(20 414 ~ 20 498 Hz)接近,取激励范围 20 414 ~ 20 504 Hz 进行频响分析,计算得到的叶尖节点位移和叶片最大应力的频响曲线如图 7.18 所示。前面的激励阶次分析表明,由于下游 28 个静子叶片激励阶次以 $E=5$ 为主,因此在这一族固有频率内只有 5 节径的模态被激起。在频响曲线上反映为只在 20 443 Hz 附近有一个峰值,说明发生的叶盘耦合共振满足"三重点"条件。峰值频率处对应的位移和应力云图如图 7.19 所示,最大位移幅值为 0.01 mm,位于叶片前缘叶尖部位,最大等效应力幅值为 14.45 MPa,位于靠近前缘的叶根位置。

在工作转速下,$K=28$ 对应的激励频率为 21 000 Hz,频率响应分析的结果如图 7.20 所示。从图中可以看出,该激励频率下位移和应力的分布形式与共振状态下类似,但由于该激励频率离固有频率较远,因此响应水平较低,最大位移幅值只

141

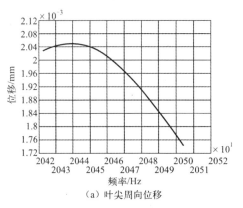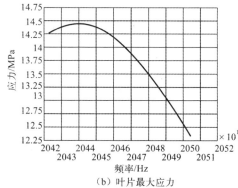

（a）叶尖周向位移　　　　　　　　（b）叶片最大应力

图 7.18　$K=28$ 激励下的频响曲线

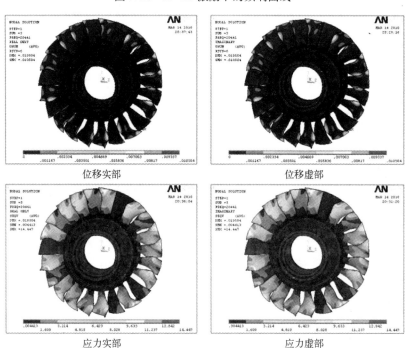

位移实部　　　　　　　　　　　位移虚部

应力实部　　　　　　　　　　　应力虚部

图 7.19　激励频率为 20 441 Hz 时的位移和应力结果

有 1.784×10^{-3} mm,等效应力幅值只有 2.56 MPa。在后面的计算和分析讨论中,称该频率为"非共振状态",而将 20 443 Hz 称为"共振状态",基本对应与 97.3%转速。

3. 阻尼对振动响应的影响

前面的计算表明,$K=28$ 是工作转速附近造成叶盘应力响应的主要激励成分,这里考虑不同阻尼情况下该频率激励的频响特性。通过调整比例阻尼系数 α 和 β,将 21 000 Hz 附近对应的阻尼比分别取为 0.005、0.002 和 0.001,对应的频率响

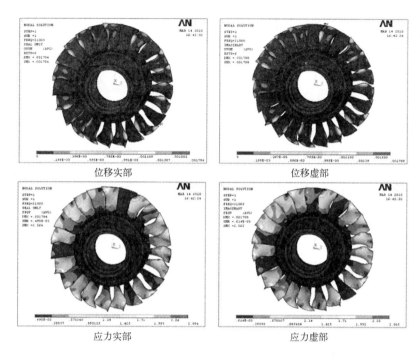

图 7.20　激励频率为 21 000 Hz 时的位移和应力结果

应如图 7.21 所示。从图中可以看出,在共振频率处随着阻尼的减小,应力幅值迅速增加,当阻尼系数为 0.1% 时,等效应力的幅值达到 72.06 MPa,是阻尼系数为 0.5% 时的 5 倍。实际工程中的整体叶盘结构的高阶阻尼都比较小,因此对于常用转速附近的高阶振动响应要引起足够的重视。

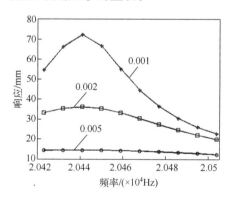

图 7.21　不同阻尼情况下 $K = 28$ 对应的等效应力频响曲线

7.5.2　失谐叶盘频率响应分析

前面的分析表明,谐调情况下流体激励主要激起 $K = 28$ 附近的第 8 族模态中的 5 节径振动;而失谐模态分析表明,引入失谐后该模态族中的固有频率更加分

143

散,并且各阶模态中都可能因存在有 5 节径的成分而被给定的流体激励激起。因此本小节首先考虑该族模态各固有频率处在 $K=28$ 的激励下的响应,然后讨论失谐叶盘中模态局部化和响应局部化的关系,最后考虑阻尼对响应局部化的影响。

以 $K=28$ 对应的流体压强分布为激励,对不同阻尼情况下三种叶片厚度失谐形式的叶盘进行频响分析,激励频率为失谐后第 8 模态族各阶固有频率附近的频率范围。计算得到的最大等效应力和最大位移的响应曲线如图 7.22 所示,图中各曲线不同的数字为不同的阻尼,并且图中也给出了相应谐调时的频率响应曲线。具体的等效应力响应数值如表 7.3 所示。

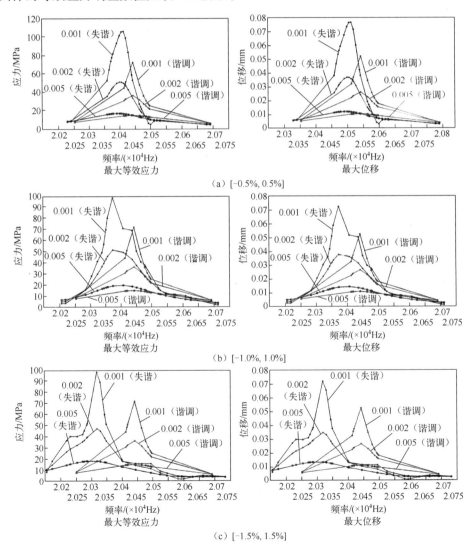

图 7.22　典型流体激励下谐调和失谐叶盘结构等效应力和位移频响曲线

144

表7.3 典型流体激励下失谐叶盘结构最大等效应力

阻尼比	0.1%		0.2%		0.5%	
失谐程度	应力/MPa	放大比	应力/MPa	放大比	应力/MPa	放大比
0.5%	105.4	1.47	50.58	1.40	16.53	1.14
1.0%	98.68	1.37	51.21	1.42	19.20	1.36
1.5%	98.03	1.37	46.92	1.30	17.62	1.22

计算结果表明,阻尼较小时失谐叶盘的最大应力响应较谐调时有明显提高。以厚度失谐为0.5%为例,在阻尼比为0.1%时,应力放大比为1.47,应力水平提高了近50%,应力绝对值增加了34 MPa。随着阻尼的增加,失谐的不利影响有所弱化,当阻尼比达到0.5%时,谐调时的最大应力为14.4 MPa,而失谐最大应力分别为16.5 MPa、19.2 MPa和17.6 MPa,应力放大的绝对值已经很不明显,即使在幅值放大较大的情况下,失谐的不利影响也比较小。此外,从图7.22可以看出,最大等效应力和最大位移的频响曲线的变化趋势一致,得到的幅值放大比非常接近,这与以前的研究结果是一致的。

图7.23表示不同阻尼情况下失谐叶盘在第8模态族内各固有频率附近频段的最大应力响应,即在每个点都取该频率处叶盘上所有节点的最大值,而不像前面只关心一个最大点的频响。图中的水平实直线是谐调叶盘响应的最大值,超过这

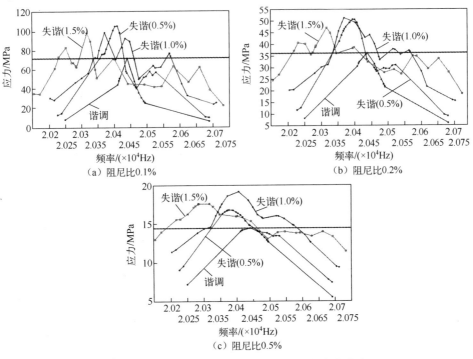

图7.23 不同阻尼情况下典型频段的最大应力响应

条线说明该频率处的失谐响应已经大于该频段内谐调响应的最大值,失谐已经对响应造成了不利的影响。从计算结果来看,在第 8 族中的许多固有频率处,失谐叶盘的响应要大于谐调叶盘,也就是说,失谐叶盘在更大的频率范围内维持较高的应力水平,而不像谐调叶盘那样在给定的流体激励下一族模态内只有一个响应峰值。

综合上面计算结果,需要注意以下几点:

(1) 并不是失谐范围越大,造成的幅值放大就越大。在这里给出的几种失谐情况中,当阻尼比为 0.1% 时,失谐范围最小的叶盘对应的应力响应幅值最大。这说明对于阻尼较小的叶盘结构,很小的失谐也可能会造成明显的应力和位移的幅值放大,从而使叶盘结构的可靠工作受到影响。因此,在加工和检验过程中,应对公差进行较为严格的监控。

(2) 在所考虑的几种失谐情况中,失谐叶盘的响应峰值多出现在第 10 和第 11 阶,与谐调时的情况相同。但随着失谐范围的增加,失谐叶盘的响应峰值和相应的谐调响应峰值之间的频差越来越大。在原来谐调或是小失谐情况下的固有频率处发生的共振,可能在失谐比较大的情况下使得固有频率偏离给定的激励频率,从而使整个叶盘的最大响应峰值降低,如图 7.23(a) 和 (b) 中失谐为 1.5% 的情况,在谐调叶盘固有频率 20 443 Hz 附近,失谐响应要小于谐调响应。

(3) 尽管可以通过公差控制适当增加或减小失谐量来降低固定激励频率处(或较小的频率范围内)失谐叶盘的最大响应,但对于工作转速变化较大的情况,可能会在其他频率处引起新的共振和较大的响应幅值,如图 7.23(a) 中失谐为 1.5% 时,在该频段的低频处产生了幅值为 100MPa 的新的峰值。因此,在使用这种方案时要充分考虑其风险性。

(4) 在阻尼较大的情况下,谐调和失谐叶盘的响应幅值都非常显著地降低,如图 7.23(c) 所示,此时即使在失谐情况下发生共振,危害也会大大减小。因此,尽可能地增加叶盘结构的阻尼是降低失谐不利影响最为有效的手段之一。但随着阻尼的增加,有更多的失谐固有频率处的响应超过相应的谐调最大值,比如对于叶片厚度失谐为 [−1.5%, 1.5%] 的情况,当阻尼比为 0.1% 时,有 4 阶失谐响应的放大比大于 1,而当阻尼比为 1.5% 时,有 14 阶失谐响应的放大比大于 1。

由 6.5 节中基于模态的振动响应局部化因子的定义,分析得到不同阻尼时第 8 族在给定流体激励下各阶频响对应的响应局部化因子如图 7.24 所示(图中各阶频响的三柱由左至右依次对应于阻尼 $c = 0.001$、0.002、0.005)。计算结果表明,在所研究的几种失谐情况下,响应局部化程度随着失谐程度的增加而加剧。

此外,随着阻尼的增大,各阶模态频响的响应局部化因子明显下降,尤其是对于阻尼较小时响应局部化比较严重的几阶,这种下降趋势更为明显。如失谐为 [−0.5%, 0.5%] 和 [−1.5%, 1.5%] 的第 23 阶(对应第 197 阶),失谐为 [−1.0%, 1.0%] 的第 10 阶(对应第 184 阶)等。这就是说,阻尼的增加使得失谐叶盘各扇区的响应分布趋于均匀,如图 7.25 所示的失谐为 [−0.5%, 0.5%] 的情况(各叶片对应的三柱由左至右依次相应于阻尼 $c = 0.001$、0.002、0.005)。另外两种失谐情况也有类似的现象,这里不再赘述。

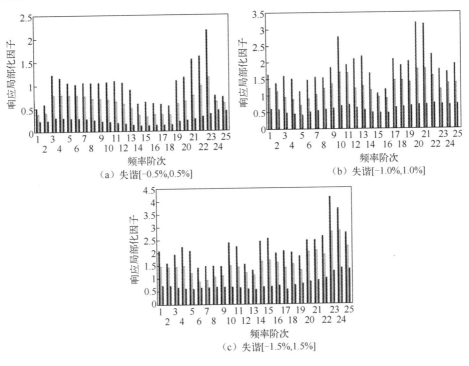

（a）失谐[−0.5%,0.5%]

（b）失谐[−1.0%,1.0%]

（c）失谐[−1.5%,1.5%]

图 7.24　不同阻尼情况下第 8 族各阶频响的响应局部化因子

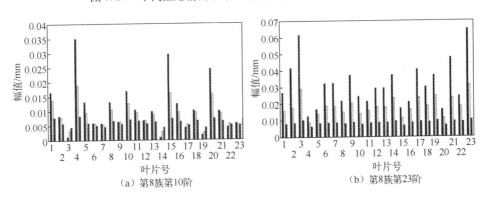

（a）第8族第10阶

（b）第8族第23阶

图 7.25　失谐为[−0.5%,0.5%]时不同阻尼情况下各叶片的响应幅值

7.5.3　模态局部化和响应局部化的关系

对于随机失谐和响应放大之间的关系,在以往的分析中往往关注的是类似于幅值放大比的全局性的参数,通过 Monte Carlo 模拟得到其统计特征来衡量失谐对响应特性的影响。这种分析方式从宏观上给出了失谐量和幅值放大之间的关系,

但只关注了某一频段内失谐对响应造成的最坏影响,而并未注意失谐所造成的模态局部化与在给定激励形式的响应局部化之间的关系。现在将以随机失谐的一个样本甚至是该随机失谐模式下的一阶频响为研究对象,结合流体激励的特性,借助节径谱的概念从微观角度解释失谐造成的模态局部化和响应局部化之间的关系。这种分析对于了解失谐叶盘的响应放大机理以及在设计中尽量抑制失谐的不利影响有所帮助。

上小节考察了三种失谐情况下第 8 模态族中最大响应的放大情况,接下来说明一个特定失谐情况下模态局部化与响应放大的关系,将关注的焦点放在某一阶失谐模态与其对应的响应放大情况,对应于图 7.23 中的某个频响点。在响应评价上,采用两个指标将失谐响应与谐调响应进行比较:一种是响应的绝对放大,即与谐调的最大响应比较,与幅值放大比类似,如果失谐响应大于谐调最大响应,说明失谐对该阶响应造成了不利的影响;另一种是响应的相对放大,将失谐响应与该阶失谐振型的主导节径相对应的谐调响应对比,如该模态族内某阶失谐振型的主导节径是 2,则将该阶失谐响应与谐调振型 2 节径对应频率处的响应比较,这种比较的目的在于揭示失谐振型与其响应之间的关系。前者反映失谐可能造成的最严重的危害,后者反映失谐对与其对应谐调振型的幅值放大作用。

下面首先根据各阶失谐振型的模态局部化程度和在给定流体激励下的响应大小给出失谐振型的分类,然后对其进行总结归纳,得到模态局部化和响应局部化之间一般性的结论。

1. 失谐前后变化不大的振型

这类振型失谐后很大程度上保持了与对应谐调振型的相似性,其节径谱也与谐调振型的类似,在某一节径处的分量很大。如图 7.26 所示,图中左侧大图表示各叶片的响应幅值,右侧的上下两个小图分别表示该阶失谐振型各叶片前缘叶尖的轴向位移及振型节径谱。在左侧图中,每个叶片处的响应有 3 个值,由左至右分别是该阶振型主导节径对应的谐调响应(Corresponding tuned),该阶振型下的失谐叶盘响应(Mistuned)和最大谐调响应(Maximum tuned)。后面几种类型的振型采用相同的描述方式,将不再赘述。

这类振型一般会出现在失谐模态族的两端,对于这里分析的典型叶盘,其主导节径一般为 4,特殊情况下也有以其他节径为主导节径的。如叶片厚度失谐为 [-1.5% , 1.5%]时的第 199 阶的主导节径为 2。这主要是因为这一族模态中 4 节径对应有两对固有频率,位于频段的两端,且与其他固有频率的频差较大,其振动形式与其他节径稍有不同,有明显的鼓的振动参与(见图 7.9),因此多数情况下受失谐的影响相对较小。随着失谐范围的增加,失谐振型中的谱成分会相应地变得丰富,但仍以其主导节径为主。

在响应方面,这种振型对应的失谐响应水平都比较低,不会超过最大的谐调响应,一般来说危害不大。但由于失谐的存在,响应一般会比相应的主导节径相同的

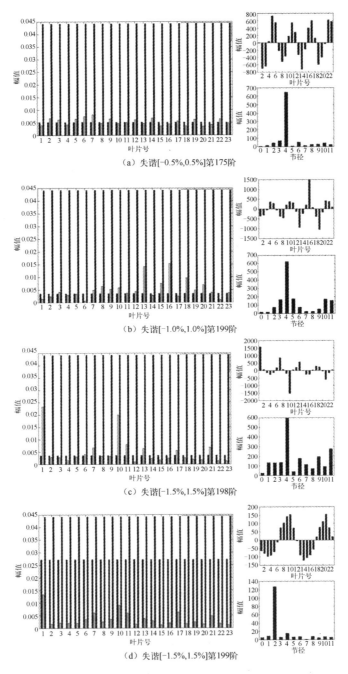

图 7.26 对失谐不敏感的振型和响应

谐调响应大,同时也有明显地响应局部化现象,以图 7.26(c)为例,失谐后的响应集中在第 1 和第 10 个叶片上,且其响应水平也明显高于相应的谐调情况,但比最大谐调响应要小。在所研究的几种失谐情况下,响应局部化程度和幅值放大比会随着失谐程度的增加而增加。

2. 模态局部化最严重的振型

这类振型的特点是叶盘中只有一个或少数几个叶片(扇区)的模态振幅较大，振型的节径成分很丰富。根据模态局部化因子的定义[23]，三种失谐情况下模态局部化最严重的振型及对应的模态局部化因子和绝对幅值放大比列于表7.4，其失谐振型和响应如图7.27所示(其中各叶片三值的含义与图7.26相同)。计算结果表明，这里所考虑的几种失谐模式都会造成严重的模态局部化，以图7.27(a)所示

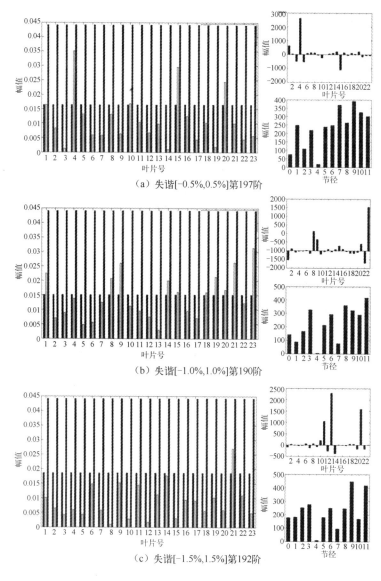

(a) 失谐[-0.5%,0.5%]第197阶

(b) 失谐[-1.0%,1.0%]第190阶

(c) 失谐[-1.5%,1.5%]第192阶

图 7.27　模态局部化最严重的振型和响应

的叶片厚度失谐为[-0.5%, 0.5%]的情况为例,该阶失谐模态中振动主要集中在第4和第15个叶片上,对应节径谱中除了4节径的比例较小外,其他节径成分都比较明显。

表7.4 不同失谐范围下的最大模态局部化因子及对应的幅值放大比

失谐范围	对应阶数	模态局部化因子	幅值放大比
[-0.5%, 0.5%]	197	4.28	0.794
[-1.0%, 1.0%]	190	3.89	0.710
[-1.5%, 1.5%]	192	3.94	0.612

在响应方面,在给定的流体激励下,尽管这几阶振型的模态局部化程度很高,但其所对应的响应水平并不高,最大失谐幅值约为最大谐调幅值的80%,但都比其主导节径对应的谐调响应要大,并且也存在着响应局部化的现象。这主要是因为激励的激励阶次以 $E=5$ 为主,而在这几阶失谐振型中5节径的成分并不占优势,叶盘结构接受流体激励的能力较差,因此失谐响应不大。

3. 最大失谐响应对应的振型

这类振型的特点是失谐振型节径谱中明显存在与激励节径阶次相同的节径成分,从而失谐振型能被给定的流体激励激起,并且被激起的振型中有一定程度的模态局部化。在所考虑的几种失谐情况下,最大失谐响应对应振型的模态局部化因子和幅值放大比列于表7.5,其失谐振型和响应如图7.28所示。从表7.5可以看出,这几阶振型的模态局部化程度比第2类振型要低,但其幅值放大比要高出很多。图7.28中节径谱表明,这几阶失谐振型的主导节径都为5,与给定流体激励的最主要激励阶次成分相同。

表7.5 最大失谐响应对应的模态局部化因子和幅值放大比

失谐范围	对应阶数	模态局部化因子	幅值放大比
[-0.5%, 0.5%]	185	1.14	1.47
[-1.0%, 1.0%]	184	3.00	1.39
[-1.5%, 1.5%]	184	2.01	1.38

根据文献[23]介绍的随机失谐对响应的影响,失谐叶盘响应放大水平主要由两个因素所决定,一个是失谐振型的主导节径,决定系统接受给定流体激励的能力;另一个是被激起模态的局部化程度,决定系统是否会发生明显的振动响应局部化现象。对于这里所研究的叶盘结构,前者占主导地位,即失谐叶盘结构的响应水平主要取决于系统接受给定流体激励的能力。因此这里失谐响应最大的并不是模态局部化最严重的第2类振型,而是主导节径与激励阶次相同的几阶振型。

4. 其他振型形式

除了前面介绍的几种特殊类型的振型形式外,这里将该模态族内多数的失谐振型统称为其他振型形式。这一类型中的各阶振型的对应响应水平介于第1类

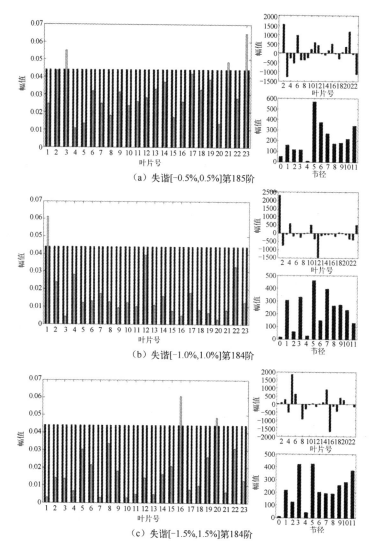

图 7.28 失谐响应最大的振型和响应

（对失谐不敏感）和第 3 类（失谐响应最大）振型之间，按其对应的幅值放大比可以分为大于 1 和小于 1 两组。这里选取其中的几阶振型，其对应的节径谱和失谐响应如图 7.29 所示。图 7.29（a）对应于失谐为 [−1.0%，1.0%] 时的第 187 阶，其幅值放大比大于 1，图 7.29（b）对应于失谐为 [−1.5%，1.5%] 时的第 190 阶，其幅值放大比小于 1。节径谱分析表明，这两种失谐振型中都明显存在 5 节径的成分，但不占绝对主导地位；前者的模态局部化因子为 2.29，后者为 0.63。由于前者的模态局部化程度要高一些，因此从定性角度讲，在给定同样流体激励下，前者的幅值放大比要大于后者。

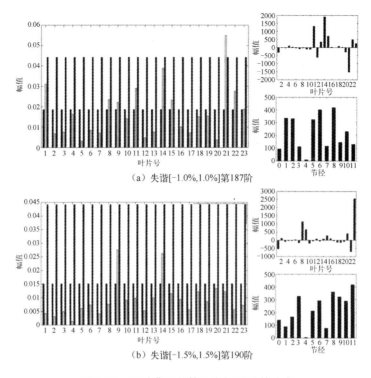

（a）失谐[-1.0%,1.0%]第187阶

（b）失谐[-1.5%,1.5%]第190阶

图7.29 两种典型的第4类振型及其响应

通过上面的对比和分析,对于模态局部化和响应局部化可以得到以下几个结论:

（1）对失谐不敏感的振型失谐后仍以谐调时对应的节径数为绝对主导节径。若其主导节径与给定流体激励的节径阶次不同,则叶盘结构接受激励的能力比较低,相应的响应水平也会比较低;但由于有失谐存在,叶盘各扇区的响应不相同,会有响应局部化现象。

（2）失谐叶盘中的响应放大是由失谐模态的主导节径和模态局部化程度共同决定的,前者决定叶盘结构接受给定流体激励的能力,后者决定被激起模态的振动局限在少数扇区内。因此,模态局部化最严重的振型不一定是导致失谐响应放大比最大的振型,模态局部化是失谐响应放大的必要而非充分条件。

（3）对于不同的叶盘和失谐条件,主导节径和模态局部化程度对失谐响应放大的影响程度是不一样的。在这里所研究的典型叶盘中,给定激励下不同失谐情况下响应最大的几阶振型中都明显存在5节径的成分,而其模态局部化程度差别很大,并且失谐响应最大时,其一阶模态局部化程度并不高(只有1.14,见表7.5和图7.29)。因此,决定所研究叶盘最大失谐响应的主要因素是系统接受流体激励的能力,模态局部化的影响相对较小。

（4）计算结果表明,失谐叶盘各叶片的响应幅值的分布形式与其对应的振型

153

并不一致。这主要是因为叶盘结构模态密集,而失谐的引入破坏了"三重点"条件,使得给定的激励能够激起多阶失谐振型,最终的响应是所有被激起各阶失谐振型响应的叠加,因此其幅值分布形式也更加复杂。

7.6 流体激励下叶盘结构时域响应分析

频响分析只能得到给定激励下的稳态响应信息,然而流体激励中的频率成分和分布形式比较复杂,仅凭频率响应分析可能不易准确估计叶盘结构的响应水平,因此,进行复杂流体激励下的时域响应分析非常必要。本节将利用第 7.2 节中讨论的多种响应求解方法,分别计算分析典型流体激励下谐调和失谐叶盘结构共振及非共振状态下的时域响应。

7.6.1 关于流体激励下叶盘时域响应计算方法的比较

在第 2、4、5 章介绍了计算叶盘结构响应的基于时间差分的直接积分法、代数动力算法,以及基于周期对称模型的直接积分法和模态减缩方法,根据模型和计算方法的不同组合,在 7.2 节中将其总结为 5 类计算方法。第 5 章的算例表明,在叶盘结构时域响应计算中,若采用整体模型,尽管在高频激励情况下代数动力算法的效率要比 Newmark 法高,但在周期对称模型中的优势不是非常明显;而若采用周期对称模型,几种算法的效率都比较高,并且周期对称模型规模小,对计算机硬件要求也相应降低。因此在谐调叶盘结构的计算中,选用周期对称模型进行时域响应分析,同时,也利用模态减缩方法使计算规模进一步减小,即采用 7.2 节的第(4)种 CDTI 方法(周期对称模型的直接积分法)和第(5)种 CMR 方法(周期对称模型的模态减缩法)进行计算。

另外前面的激励特性分析表明,给定流体激励的频率成分较为集中,主要包括 $K=1、2、3$ 和 4 等低频激励以及 $K=28$ 和 56 的高频激励。这种频率成分比较集中的激励特别适合采用 2.3 节提出的激励叠加法进行求解,采用 FHS(整体模型的激励叠加法)(7.2 节的第(1)种方法)可以高效地得到稳态的时域响应。因此,这里也将 FHS 方法作为响应的主要求解方法之一,并将其结果与直接积分法的计算结果进行对比。

在第 5 章的算例中,只验证了简单行波激励条件下 CMR 方法的有效性,而在复杂流体激励条件下该方法是否有效尚未得到验证,因此这里首先进行这项验证工作。取每一节径下的前 30 阶模态为模态基,在流体激励、阻尼、算法参数和积分步长等计算条件相同的情况下,图 7.30 表示了 CDTI 方法(图中的 Cyclic)和 CMR 方法(图中的 Reduced)得到的转子旋转 1 周的位移响应结果对比。结果表明,两者误差在 3×10^{-5} 以内,比响应本身的数值小两个数量级,因此采用 CMR 可以得到满足工程精度的响应结果。

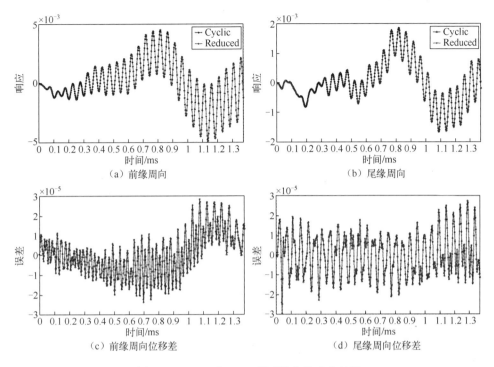

（a）前缘周向 （b）尾缘周向

（c）前缘周向位移差 （d）尾缘周向位移差

图 7.30 CDTI 和 CMR 得到的位移响应结果

7.6.2 流体激励下谐调叶盘非共振状态响应分析

多数情况下叶盘结构都工作在非共振或近共振状态下,因此准确高效地预测这种状态下的响应水平是非常必要的。本小节将分别采用 CDTI、FHS 和 CMR 方法进行响应计算,并对计算结果进行对比,以了解各种方法应用于整体叶盘结构振动响应分析的特点。

1. CDTI 的计算结果

根据第 7.5 节的频率响应分析,这里将非共振状态对应于 100% 工作转速,此时激励时间步长为 $\tau = 1/(750 \times 644)$ s,采用比例阻尼系数 $\alpha = 1256, \beta = 3.642 \times 10^{-9}$,设定方程积分步长与 CFD 计算的时间步长一致,计算步数为 3864 步,相当于转子旋转 6 圈的时间。采用 CDTI 方法进行瞬态响应计算,以叶片前缘叶尖节点的位移为监测量,第 5 圈和第 6 圈的位移时间历程如图 7.31 所示。计算结果表明,第 6 圈的位移和第 5 圈吻合非常好,说明低阶伴随振动已经被衰减至可接受的水平,位移的瞬态结果已经基本稳定,并且表现出良好的周期性。

采用上面的时间步长,$K = 28$ 对应于 21 000 Hz,一个振动周期内只有 28 个积分点,为了提高计算精度,将积分步长减小为原来的 1/2,即 $\tau = 1.0352 \times 10^{-6}$ s,新增时间点对应的激励通过线性插值得到。计算得到的结果如图 7.32 所示。结果表明,两种步长情况下位移时间历程的变换趋势是一致的,都有明显的低频分量存在。

155

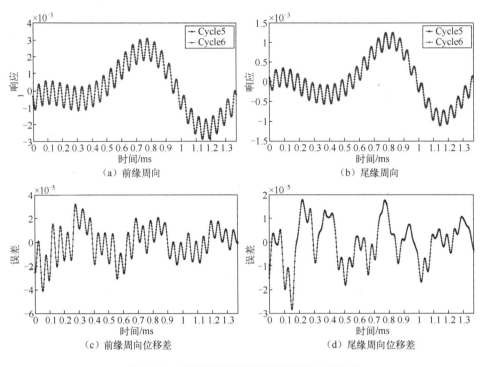

（a）前缘周向

（b）尾缘周向

（c）前缘周向位移差

（d）尾缘周向位移差

图 7.31 CDTI 得到的叶尖节点位移响应结果

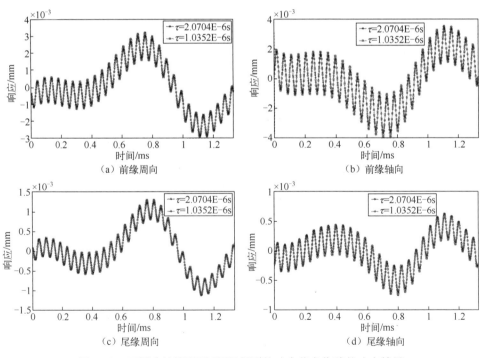

（a）前缘周向

（b）前缘轴向

（c）尾缘周向

（d）尾缘轴向

图 7.32 不同步长情况下 CDTI 得到的叶尖节点位移的响应结果

为了更清晰地得到位移响应的频率成分,这里对前缘和尾缘叶尖节点的稳定的瞬态响应结果进行傅里叶分析,如图7.33所示。结果表明,两种步长得到的位移响应中频率成分都以 $K=1$、2、3和28为主,另外在 $K=27$ 处也有很小的分量。这与前面激励分析和频率响应分析的结果是一致的。对于低频分量 $K=1$、2和3,每个振动周期内取到的积分点数足够多,因此两种步长得到的计算结果非常接近;而对于高频分量 $K=28$,相应于一个振动周期只分别取到28个和56个点,这时的计算结果对步长更为敏感,而且显然是小步长的得到的计算结果更为准确。

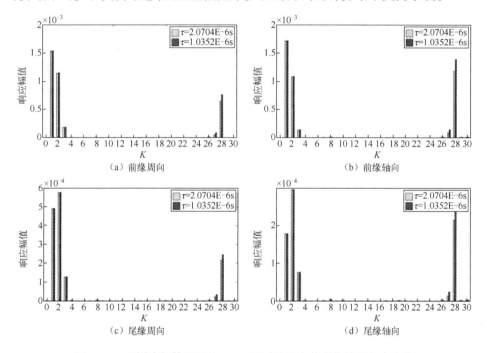

图7.33 不同步长情况下的 CDTI 得到的叶尖节点位移的频率成分

2. FHS 的计算结果

第7.3节对给定的流体激励进行的频谱分析表明,激励中以 $K=1$、2、3和28为最主要的激励成分,另外在 $K=28$ 的附近以及其2倍频处也有一些幅值较小的分量。因此在采用 FHS(整体模型的激励叠加法)进行计算时,为了包括所有的主要激励频率成分,这里选取激励傅里叶级数的前60项,即 $K=1\sim60$,此时,叠加后的激励和原时域激励的对比如图7.34所示。从图中可以看出,谐波叠加得到的激励信号能够很好地近似原激励信号,以低频激励为主的叶片前缘的激励近似误差很小,而以高频为主的叶片尾缘的激励近似误差相对较大。

采用与前面分析同样大小的比例阻尼,FHS(图中的 Harmonic Superposition)法和 CDTI(图中的 Transient)法得到的叶尖前缘和尾缘节点的时域计算结果如图7.35所示。从图中可以看出,两种方法得到时域结果的变化趋势是一致的,但相对来说前

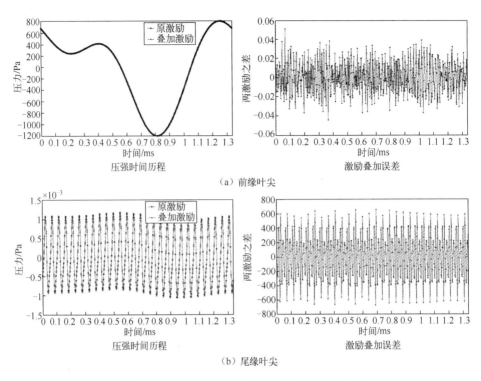

（a）前缘叶尖

（b）尾缘叶尖

图 7.34 谐波叠加得到的激励与原始激励的比较

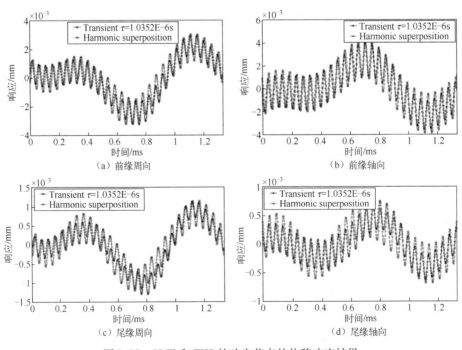

（a）前缘周向

（b）前缘轴向

（c）尾缘周向

（d）尾缘轴向

图 7.35 CDTI 和 FHS 的叶尖节点的位移响应结果

缘的计算结果要比尾缘的吻合的要好一些。

时域位移结果的频谱分析如图 7.36 所示。结果表明,两种方法得到的响应的主要频率成分是一致的,并且在低频处吻合较好;但直接积分法得到的位移结果在高频($K=28$)处的响应幅值明显低于激励叠加法的结果,时间步长减小后高频响应的误差有所减小。两种方法得到的计算结果在高频处差别较大的主要原因有两个:首先是 CDTI 法的精度受步长的影响,尤其是对于高频响应,一个周期内取到足够多的积分点才能达到与低频结果相同的精度,这就需要将积分步长取到很小,给计算分析带来很大的困难;第二是因为 FHS 法采用的激励在高频处与实际激励的误差有所增加,两种方法激励间的差别也会造成高频响应的不同。

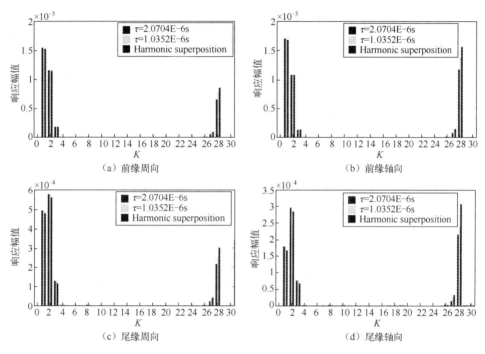

图 7.36 CDTI 法和 FHS 法得到的响应结果频率成分对比

3. CMR 的计算结果

前面分别采用 CDTI 方法和 FHS 方法对流体激励下的叶盘响应进行了计算分析。结果表明,由于受到时间步长的限制,高频激励时采用直接积分法对应一个振动周期内取到的积分点数较少,同时 Newmark 算法本身会带来一些相位误差,因此,步长较大时 CDTI 得到的结果精度相对较差,而采用小的时间步长会使计算量大量增加。采用 FHS 法可以高效地得到稳定状态下的响应,但这种方法对激励要求较高,应用范围有限,并且不能得到过渡状态下的响应;另外,FHS 法的计算精度也受到激励近似的影响,在高频处的响应可能存在较大的误差。

若只考虑线性问题,采用 CMR 方法在效率和精度上稍作折中可以取到良好的效果,并且由于方程数目大大减小,可以采用精细积分法克服基于时间差分的直接积分法对步长的依赖。对于激励已知的线性问题,由第 4 章中介绍的代数动力算法可知,采用 CMR – PIM 求解模态减缩方程时,只需在积分之前得到各时刻的激励及其导数,而不需要在每个时间步都对激励进行减缩;而 CMR – Newmark 的有效激励与前一时刻的位移、速度和加速度等有关,必须在每个时间步都重新进行模态激励的计算,这也是 CMR – Newmark 法求解过程中最耗时的一部分。因此,对于这种激励已知的情况,采用 CMR – PIM 的效率会比 CMR – Newmark 法提高很多,并且其精度受步长影响较小。

采用 CMR – PIM(图中的 Reduced – PIM)、CDTI(图中的 Newmark)和 FHS(图中的 Harmonic Superposition)方法得到的响应结果和其频率成分如图 7.37 和图 7.38 所示,其中 CDTI 的 Newmark 法采用的是小步长,而 CMR – PIM 采用的是大步长。计算结果表明,CMR – PIM 得到的结果与 CDTI 得到的结果较为一致,而与 FHS 的结果差别较大。这里采用 CMR – PIM 的误差来自于激励的线性近似和略去的高阶振型对模态激励的影响,很大程度上克服了 CDTI 计算精度对步长的依赖,同时这种方法时域激励的近似精度要比 FHS 要高,因此在这种情况下 CMR – PIM 得到的计算结果也更为可信。从频谱分析来看,三种方法得到的响应的频率成分是一致的;在幅值方面,低频处三者吻合较好,高频处的差别则比较明显。

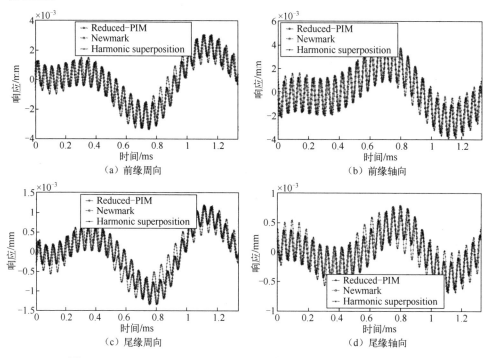

图 7.37　CMR – PIM、CDTI 和 FHS 法得到的叶尖节点的位移响应结果

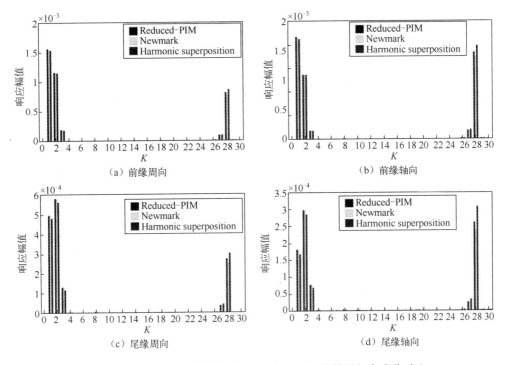

（a）前缘周向

（b）前缘轴向

（c）尾缘周向

（d）尾缘轴向

图 7.38　CMR – PIM、CDTI 和 FHS 法得到的响应结果频率成分对比

7.6.3　流体激励下谐调叶盘共振状态响应分析

　　由频率响应分析知道,叶盘结构在第 8 模态族 5 节径下的 20 443 Hz 处的共振响应最大,大致对应于 97.3% 的转速。假设激励在空间的分布形式在转速变化较小的情况下保持不变,只是对应的时间步长发生变化,那么可得到 97.3% 转速所对应的时域激励以进行响应分析。

　　采用与 7.6.2 节中相同的比例阻尼,不同步长情况下 CDTI 法的计算结果如图 7.39 所示。结果表明,当积分步长减小为原来的一半时,位移幅值要增加 30% 左右。这说明在共振状态或近共振状态下直接积分法对步长选取的敏感程度要比

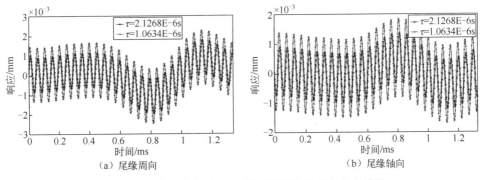

（a）尾缘周向

（b）尾缘轴向

图 7.39　共振状态下 CDTI 得到的尾缘节点的响应结果

在非共振状态下高,采用 Newmark 等基于时间差分的直接积分法需要在一个振动周期内设置更多的积分点才能得到精度可以接受的响应结果。

这里也同样采用 CMR – PIM 和 FHS 进行响应计算,其时域响应结果如图 7.40 所示,相应的频率成分对比如图 7.41 所示,其中各阶次三值由左至右依次是 CMR – PIM 算法、CDTI 算法和 FHS 算法的结果。而 CDTI 是小步长情况下的计算结果。

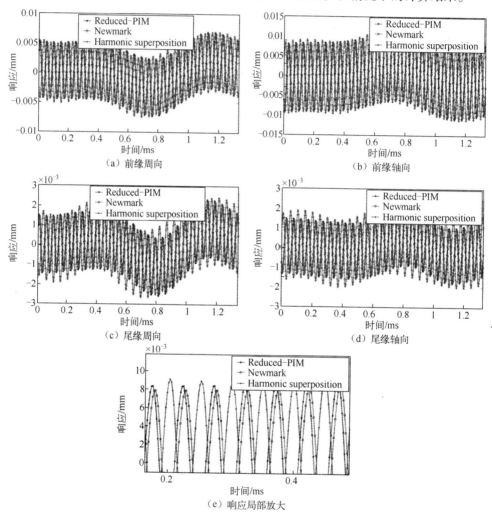

图 7.40　共振状态下不同算法得到的响应时间历程

共振状态下的计算表明:

(1) CMR – PIM 与小步长的 CDTI 得到的计算结果吻合很好,但 CMR – PIM 得到的位移幅值更大,且两者之间有明显的相位差,如图 7.40 (e) 所示。

(2) 时域的积分法(包括 CDTI 和 CMR – PIM)和 FHS 的计算结果高频时差别较大,并且在尾缘节点处幅值的差别也非常明显,如图 7.40 (c) 和(d) 所示。

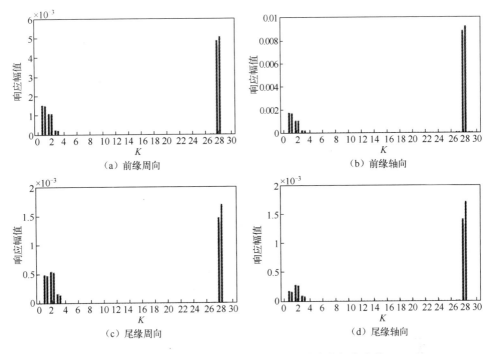

(a) 前缘周向

(b) 前缘轴向

(c) 尾缘周向

(d) 尾缘轴向

图 7.41　共振状态下不同算法得到的响应的频率成分

（3）图 7.41 频谱分析表明，共振状态下位移响应仍以低频的 $K=1$、2、3 和高频的 $K=28$ 为主，但和非共振状态相比，由于处在高频共振的状态，$K=28$ 的幅值分量明显增大。

（4）与非共振状态类似，这里所考虑 3 种算法得到的低频幅值非常接近，但高频处的差别比较明显。FHS 得到的幅值最大，其次为 CMR-PIM，CDTI 得到的幅值最小。综合考虑激励的近似程度以及算法精度等问题，认为 CMR-PIM 得到的结果最为准确。

7.6.4　流体激励下失谐叶盘时域响应分析

对于失谐叶盘结构，第 7.5 节相应的频率响应分析主要考虑了流体激励中 $K=28$ 的激励成分对振动响应的影响。为了考察激励中其他频率的影响，这里进行失谐叶盘的时域响应分析。

本节前面的分析中，采用直接积分法、激励叠加法和模态减缩法计算了谐调叶盘的稳态时域响应分析和比较表明，对于流体激励下叶盘结构的时域响应分析，采用模态减缩法能够更为高效准确地得到结构的响应结果。因此，在下面失谐叶盘的时域计算中，直接采用基于周期对称模型的模态减缩方法（7.2 节中介绍的 CMR 法）进行计算。

与谐调叶盘时域计算相同，这里同样考虑非共振状态和共振状态等两种工况，不同的是两种工况对应的激励频率有所不同。在谐调叶盘时域分析中,将非共振状态定为工作转速,计算结果表明此状态下的响应很小。而失谐对系统固有频率的影响比较小,失谐模态分析表明,在失谐为[−1.5%,1.5%]的情况下,工作转速下第8族的最高频率由20691 Hz提高到20733 Hz,但仍与该转速下的激励频率(21 000 Hz)差别较大,因此其响应水平仍旧不高。因此,为了充分考虑失谐对响应放大的影响,这里将非共振状态的激励频率(转速)设定为20 443 Hz,对应于谐调叶盘的最大响应频率,同时与失谐叶盘的某些固有频率也很接近,属于近共振状态;而将共振状态的激励频率(转速)设定为7.5.2节中失谐最大响应所对应的固有频率。

1. 非共振状态下的响应分析

计算97.3%工作转速下(主要激励频率为20 443 Hz)的稳态时域响应,不同转速下激励的转换关系与前面计算谐调叶盘响应时相同。取阻尼比为0.1%,当失谐为[−0.5%,0.5%]时,叶片前缘位移的时间历程如图7.42所示,与谐调时情况最为明显的区别是此时各个叶片的振动幅值不再相等。为了图中曲线更加清晰,这里只选取了3个叶片位移响应的时间历程,其中叶片13为响应最大的叶片,叶片20为响应最小的叶片。

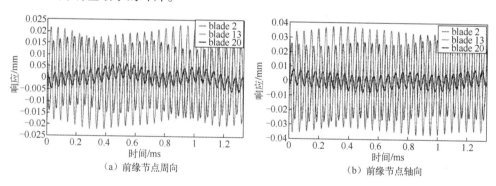

图7.42 失谐为[−0.5%,0.5%]时叶片前缘节点位移响应结果($c=0.1\%$)

为了了解时域响应的频率成分,这里同样对响应信号作傅里叶分析,以叶片23前缘叶尖节点位移为例,其频谱成分如图7.43所示。结果表明,与该激励下谐调时的响应类似,失谐叶盘频域响应中也是$K=28$的成分最大,其次是$K=1$、2和3。

对于给定的流体激励下失谐对响应中不同频率成分的影响,计算结果如图7.44所示。结果表明,由于低阶的激励成分距离第1族模态的固有频率较远,因此尽管第1族模态的各阶振型模态局部化现象比较严重(见7.4.3节中的图7.14),但各扇区的响应的低频分量没有明显的局部化现象,如图7.44的(a)~(c)所示。对于该激励下主要的响应成分$K=28$,失谐的影响非常明显,各叶片的响应水平差别很大,叶片最大响应幅值(叶片13)是最小值(叶片20)的6.3倍,如图7.44(d)所示。

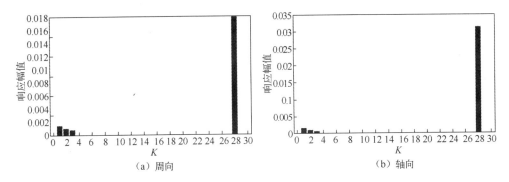

（a）周向 （b）轴向

图 7.43 某叶片前缘节点位移的频谱

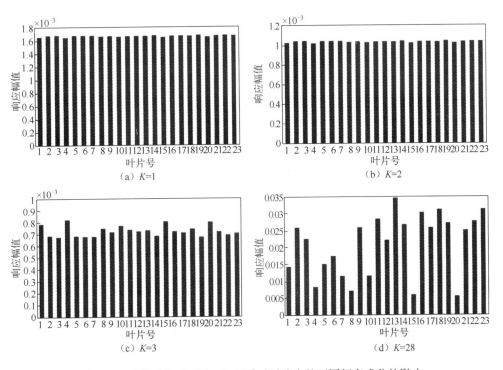

（a）$K=1$ （b）$K=2$

（c）$K=3$ （d）$K=28$

图 7.44 失谐为[−0.5%,0.5%]时对响应的不同频率成分的影响

　　另外两种失谐情况下的位移结果如图 7.45 所示,叶片 23 前缘节点位移的频率成分如图 7.46 所示。结果表明,时域位移的两点主要规律与失谐为[−0.5%,0.5%]时的情况相同,即各扇区叶片的振动幅值明显不同,各叶片响应的主要频率成分都是 $K=1$、2、3 和 28。

　　图 7.47 表示三种失谐情况下失谐对响应中不同频率成分的影响,其中各叶片的三种结果由左至右依次分别相应于失谐 0.5%、1.0%、1.5%。计算结果表明,与前面失谐为[−0.5%,0.5%]的情况类似,响应的 4 个主要频率分量中,失谐影响最大的是 $K=28$ 的频率成分,对 $K=3$ 也有一些影响,而对 $K=1$ 和 2 影响

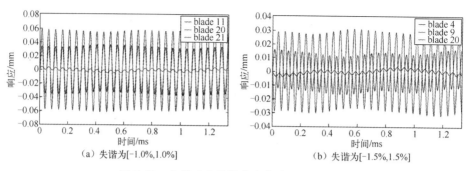

（a）失谐为[-1.0%,1.0%]　　　　　　　（b）失谐为[-1.5%,1.5%]

图 7.45　失谐叶盘前缘节点位移($c=0.1\%$)

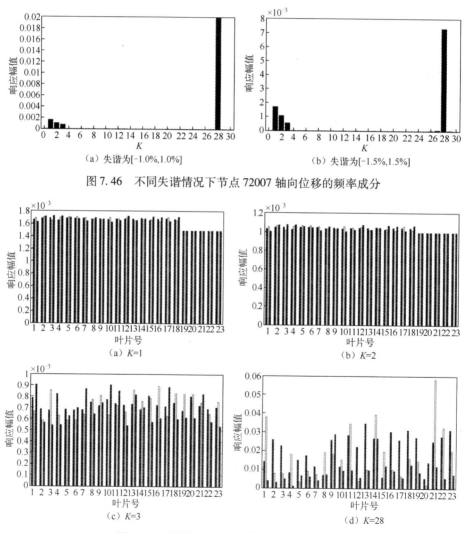

（a）失谐为[-1.0%,1.0%]　　　　　　　（b）失谐为[-1.5%,1.5%]

图 7.46　不同失谐情况下节点 72007 轴向位移的频率成分

（a）$K=1$　　　　　　　　　　　　（b）$K=2$

（c）$K=3$　　　　　　　　　　　　（d）$K=28$

图 7.47　失谐对响应中不同频率成分的影响

很小。这同样是因为 $K=1$ 和 2 的激励成分距离叶盘的固有频率比较远,这种情况下的响应更加接近于静变形的状态,因此小量的失谐对响应幅值及其分布的影响很小。而 $K=28$ 的激励在系统第 8 族模态内,处于共振或近共振状态,响应的形式由被激起的各阶失谐模态所决定,因此此时失谐的影响很明显。

另一个需要注意的现象是,尽管三种失谐情况下都有失谐的固有频率与给定的激励频率(20 443 Hz)接近,但失谐为 [−1.0%,1.0%] 的叶盘响应最大。这说明在同一种激励状态下,即使不同失谐形式下的固有频率都与给定的激励频率非常接近,但响应水平可能会有很大的不同,这主要是由于不同失谐振型接受激励的能力不同造成的。

2. 共振状态下的响应分析

这里的共振状态是指三种失谐状态时 $K=28$ 激励下最大频响所对应的固有频率,分别为 20 413 Hz、20 374 Hz 和 20 320 Hz。同样选取叶片前缘叶尖节点为考察点,其轴向位移响应结果如图 7.48 所示,图中选取各扇区振动幅值最大、最小和一个中等幅值的点。计算结果表明,共振状态下时域响应随时间的变化规律与非共振状态类似,只是幅值要大一些。图 7.49 表示共振状态下失谐对响应中各频率成分的影响,各叶片之结果由左至右分别对应于 0.5%、1.0%、1.5% 的失谐。与前面计算的非共振状态(近共振状态)类似,失谐对响应中的低频分量影响较小,而对高频的影响较大。

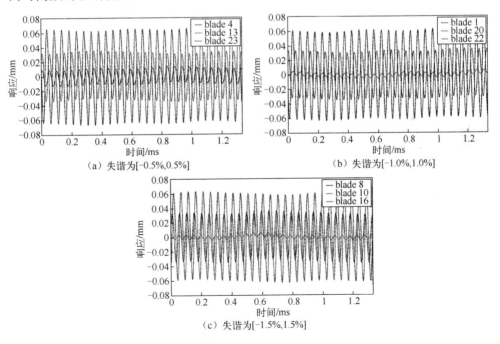

图 7.48　不同失谐的叶盘共振状态下前缘叶尖节点位移响应结果

167

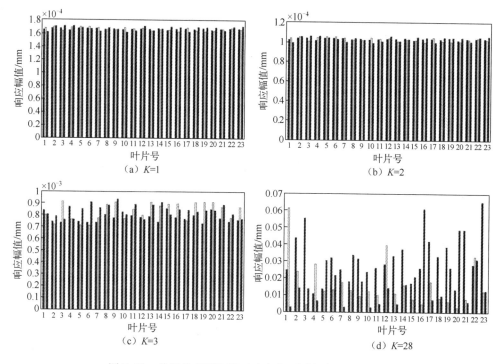

图 7.49　共振状态下失谐对响应中不同频率成分的影响

前面分别计算了失谐叶盘非共振和共振状态下的时域响应,综合两组计算结果,可以有以下结论:

(1)在谐调叶盘最大响应频率处,几种失谐的叶盘都有固有频率与之非常接近,处于近共振状态。在这种状态下,只有失谐为[−1.0%,1.0%]的叶盘响应比同样阻尼水平的谐调叶盘要大,另外两种失谐情况下的响应相对较小。因此,在同一激励频率下,失谐叶盘的响应可能比相应的谐调叶盘的响应大,也可能会小,取决于失谐模态接受激励能量的能力和被激起各阶模态的局部化程度。

(2)时域响应的频谱分析表明,响应中的频率成分以 $K=1$、2、3 和 28 为主,而且 $K=28$ 的成分最大。

(3)失谐对响应中不同频率成分的影响是不同的,对距离第 1 族模态的固有频率较远的 $K=1$ 和 2 的频率成分影响很小,而对位于第 8 族模态的固有频率内的 $K=28$ 的频率成分影响则较大。

7.7　抑制失谐响应的几种措施

基于上述的分析和研究,工程中抑制叶盘结构(尤其是失谐叶盘结构)流体激励下响应的措施一般可以有以下几种。

1. 改变流体激励

改变流体激励一般有两种实现方式,一是直接改变静子叶片数目,另一种是静子叶片非对称分布。前一种方式能够同时改变激励频率和激励阶次,并且保证激励只集中在几个频率上,这种方法是单纯以使激励频率避开叶盘结构固有频率为手段的。后一种方式通过叶片非均匀分布增加激励的频率成分,使原来激起共振的频率分量变小以降低结构响应水平。采用这种方式使得激励频率成分和阶次成分更加复杂,有可能会在其他频率处引起新的共振,因此在使用这种方法时应对非定常气动激励作出较好的预测。关于这方面的进一步讨论可参见第 8 ~ 10 章。

2. 利用随机失谐的阈值效应调节加工误差

理论分析和计算表明,在失谐叶盘中存在着随机失谐的"阈值"效应,即失谐叶盘的幅值放大比随时失谐范围的增加呈现先增加后减小的变化趋势。前面第 6 章对这个现象作出了解释和说明。本章的几个失谐样本的计算也表明并非是随机失谐范围越大,幅值放大比就会越大。因此,在设计过程中可以首先通过计算得到随机失谐的阈值,然后利用其阈值效应控制失谐叶盘的响应水平。

当加工误差(或可达到的加工水平)小于失谐阈值时(对应于图 7.50 失谐阈值左侧区域),可以采用严格的加工误差控制使得叶盘结构尽量接近于谐调状态。在这种情况下控制加工误差没有任何风险,对于降低响应水平是肯定有利的。然而对于整体叶盘来说,多数情况下的加工误差可能处在阈值之外,以本章研究的整体叶盘为例,叶身的厚度约为 2 mm,当取叶片厚度失谐为[-0.5% , 0.5%]时,厚度变化仅为 ±0.01 mm,在加工公差范围之内[234],而此时的幅值放大却很大。因此对于整体叶盘来说,通过减小加工误差来降低失谐响应的空间并不大,但这种方式可应用至其他失谐阈值较大的叶盘结构。

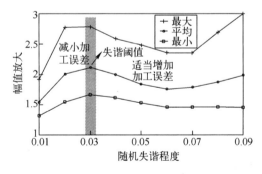

图 7.50　加工误差控制

当加工误差(或其他形式的随机失谐)在失谐阈值范围附近且在已有的加工工艺水平下不可再减小时,可以利用适当放松加工误差的方式来降低失谐的不利影响。从统计意义上来说,随机失谐范围变大时失谐振型的节径谱成分会更加分散,接受系统激励能量的能力会降低,因此尽管局部化程度在不断升高,在适当的失谐范围内仍能使响应的总体水平比失谐"阈值"时要低。

就单失谐样本而言,增加失谐程度后固有频率的变化也是导致失谐响应下降的一个原因。由于失谐会造成系统固有频率的偏移,使之远离了激励频率,在一定范围内适当放松对加工误差的限制可能会降低主要工作转速下的响应水平,甚至比相应的谐调情况下的响应水平还要低。但需要注意的是,失谐的引入总会引入新的峰值,可能在其他转速下又发生响应较大的振动,因此在使用这种措施时要充分考虑其风险性。这方面进一步的研究可见第 12 章的分析。

3. 引入适当形式的人为失谐

在叶片制造过程中通过工艺控制加工出平均频率不同的几组叶片,通过选择装配实现叶盘中的人为失谐。这种措施目前只能应用在叶片 – 轮盘分离式的叶盘结构中,在整体叶盘中比较难以实现。该方法的作用机理是通过引入适当形式的人为失谐改变失谐振型的节径成分,以降低接受阶次激励的能力。

4. 增加结构阻尼

前面的计算表明,随着结构阻尼的增加,谐调和失谐叶盘结构的响应水平迅速降低,而且失谐造成的响应放大现象也有所缓解。因此,尽可能增加叶盘结构的阻尼是控制失谐不利影响的最为有效的手段。但减振凸台或者凸肩(叶冠)等传统方法在整体叶盘结构中是很难或是不可能实现的,同样只能应用于叶片 – 轮盘分离式的叶盘结构。

综合上面的讨论,对于发生共振破坏的整体叶盘结构,抑制响应水平最为有效和最为直接的手段是通过气动设计改变激励,使激励频率远离叶盘固有频率或是尽可能减小固有频率附近的激励能量。另外,在一定范围内适当放松对加工误差的限制可能会减小主要工作转速下的失谐响应,但要充分考虑其风险性。对于叶片 – 轮盘分离式的叶盘结构,还可以通过设计阻尼器或是引入适当形式的人为失谐来抑制随机失谐的不利影响。

7.8 本章小结

本章总结和归纳了流体激励下叶盘结构振动响应的几种算法,根据采用模型和计算方法的不同有 5 种,分别是整体模型的激励叠加法(FHS)、整体模型的直接积分法(FDTI)、整体模型的模态减缩法(FMR)、周期对称模型的直接积分法(CDTI)和周期对称模型的模态减缩法(CMR)。接着讨论了流体激励的分析。由于压气机内部流动非常复杂,流体激励中的频率成分和空间分布的激励阶次都比较复杂。对于本章所研究的算例,机匣非对称给叶片主要带来 $K = 1$、2 和 3 的低频激励,而转子后排的静子叶片主要带来以叶片数为倍频的高频激励。此后对全三维非定常流体激励的典型整体叶盘结构进行振动响应计算,包括谐调和失谐情况

的频率响应特性和时域响应特性。主要工作和结论有以下几点:

(1)谐调叶盘的频率响应分析表明,叶盘耦合共振需要满足"三重点"条件,同时由于整体叶盘的结构阻尼水平较低,频响曲线的峰值很窄,且最大响应水平对阻尼变化非常敏感。

(2)频率响应计算结果表明,失谐叶盘中存在着明显的幅值放大现象,但并不是随机失谐范围越大,响应幅值放大比就会越大。在这里所考虑的三种失谐形式中,失谐范围最小的失谐模式造成的幅值放大反而最大。

(3)由于失谐的引入会导致失谐振型接受给定流体激励的能力改变,同时失谐也会造成固有频率发生小量的变化,因此,即使存在振动局部化现象,在某一给定激励频率下,某些形式的失谐仍可能使得失谐响应小于相应的谐调叶盘。但采取这种措施降低失谐响应要充分考虑其风险性,因为失谐的引入会在其他频率处引起新的共振峰值,且其响应最大值一般会高于相应谐调叶盘的最大响应。

(4)失谐叶盘中的响应幅值放大是由失谐振型主导节径和模态局部化程度共同决定的,前者决定失谐叶盘接受激励能量的能力,后者决定被激起的模态是否存在严重的局部化现象,模态局部化只是响应放大的必要而非充分条件。对于这里所研究的叶盘结构,响应最大的几阶失谐振型中主导节径都为5,与流体激励的主要阶次成分一致,同时这几阶模态都有不同程度的局部化现象,但模态局部化因子并不是最大的,主导节径的影响占主要地位。

(5)失谐对响应中不同频率分量的影响是不同的。对本章所研究的叶盘结构,失谐对低频分量的影响很小,各扇区的响应水平相差不大;而对于 $K = 28$ 的激励成分,由于激励频率位于失谐叶盘第 8 模态族内,能够激起各阶失谐振型,因此失谐对响应中的高频分量影响较大。

(6)阻尼对失谐叶盘响应的影响很大。当阻尼增加时,叶盘结构流体给定激励下的响应水平迅速下降,幅值放大比也有一定程度的降低;同时扇区间的能量分布也更加均匀,响应局部化因子变小。但需要注意的是,随着阻尼的增加,有更多的失谐固有频率处的响应超过相同阻尼水平下的谐调响应最大值,使失谐叶盘在更大的频率范围内有较高的响应水平。

对于所研究的各种流体激励响应计算方法,主要有以下特点:

(1)在非共振及共振状态下,CDTI、CMR – PIM 和 FHS 都能得到给定流体激励下叶盘的稳态响应。就响应结果的频率成分而言,几种算法基本都可以较为准确地给出响应幅值水平,并且在低频段吻合较好,但高频响应的幅值差别比较明显,两种状态下 FHS 得到的幅值最大,CMR – PIM 其次,CDTI 得到的幅值最小。

(2)CDTI 的精度在共振状态下对步长更为敏感,需要在一个激励周期内设置更多的积分点才能满足精度要求,但由于算法本身的性质,仍有一定程度的相位误差存在。

(3)CMR – PIM 可以克服 CDTI 精度对步长的依赖,其误差只来自于对激励的线性近似和略去的高阶振型对模态激励造成的影响。对于激励已知的情况,采用精细积分法可以事先得到模态激励及其导数,而不必像 Newmark 方法那样在每个时间步都重新计算有效的模态载荷向量,大大提高了计算效率。

(4) 对于已知的周期性激励,采用 FHS 可以高效地得到叶盘结构的稳态响应。由于所取的傅里叶级数有限,高频激励时的近似误差稍大。算例叶盘的计算结果表明,在共振状态下,这种激励近似带来的误差对响应结果的相位影响较大,但对幅值的影响相对较小,而在非共振状态下相位和幅值的误差都比较小。因此,在只关心响应幅值的情况下,FHS 仍是一个不错的选择。

(5) 综合比较本章中给出的几种算法,在激励已知的情况下求解线性响应,CMR – PIM 将是首选,FHS 也能高效和较为准确地得到响应幅值,而 CDTI 尽管利用周期对称性将叶盘结构减缩至一个扇区的规模,但对复杂的工程叶盘仍有上万个自由度,无论采用代数动力算法还是 Newmark 等直接积分法,其效率都无法与CMR – PIM 相比。

最后,根据对谐调和失谐叶盘振动响应特性的分析,还简要讨论了目前工程中可以应用的抑制失谐不利影响的几种措施,主要包括改变流体激励、严格控制或是适当放松加工误差、引入人为失谐和增加结构阻尼等。

第8章 流体激励叶盘结构双重失谐激励原理和特性分析

8.1 引　　言

叶盘结构振动问题本质上是转静件干涉过程的流体激励振动响应问题。由于激励场和叶盘结构均具有空间旋转周期性,因此,转静件干涉导致的振动激励具有特定的机理和特性。同时,由于设计和制造等方面的原因,激励场和叶盘结构均可能"失谐"[30]。因此,这类双重失谐将会对激励特性和叶盘结构振动响应产生影响。

文献[32]指出:"当叶/盘系统耦合振动的固有频率等于激振力频率,且激振力阶次等于节径数时,出现最强烈的振动,称为共振"。这就是著名的"三重点"原理,即叶盘耦合共振条件除了激励频率和固有频率相等外,还需要激励节径阶次和振型节径数相等。而这种激励的阶次和振型节径数实质上是这类具有空间旋转周期性的流场和结构的主要描述特征之一。因此,叶盘结构共振激励原理实质上涉及激励场激励频率和空间节径与叶盘结构模态频率和模态振型(节径)间的相互关系,是一种"双参数"的共振原理。

本章首先对流体激励的叶盘结构系统"节径谱"(包括叶盘结构模态振型和流体激励空间特征的"节径谱")进行了讨论,并说明了叶盘结构共振"三重点"原理的空间"节径谱"问题和流体激励的叶盘结构共振问题;然后结合叶盘结构的共振理论、节径谱概念与傅里叶分析方法,给出了失谐流体激励原理的分析;最后,在8.4节和8.5节分别讨论了典型叶盘结构和流场激励的频率特性和空间节径特性,为在第9、10章进一步深入分析双重失谐叶盘结构振动特性奠定了基础。

8.2 流体激励叶盘结构的节径谱和共振问题

众所周知,对于旋转周期对称的叶盘结构,其模态振动形式分为节圆型和节径型两种,这两种形式的振动又分别由其节径数和节圆数进行标识,如一节径、二节径等。这种由节径来描述旋转周期对称结构振动形式的做法,在文献[23,86]中定义为"节径谱"。对于谐调叶盘,各阶节径振动具有单一节径;而对于失谐叶盘结构,其模态振型具有复杂的形式,其节径表征是多节径的,从而具有相应的"节径谱"。

同样地,对于流体激励叶盘结构振动问题中的转静件干涉流场,也具有旋转周期性,其失谐设计后,其空间"节径"状态也可以基于"节径谱"的定义对其进行描述。

8.2.1　叶盘结构节径谱

对于谐调叶盘,由于结构的周期对称性,其节径型模态振型具有旋转周期延展特性,即各扇区对应节点的模态位移 A_j 符合如下谐波形式

$$A_j = A\cos\left(\frac{2\pi s}{N_R}j\right) \tag{8.1}$$

其中,A 为谐波幅值;j 为叶片编号;N_R 为扇区数;s 为对应的节径数。可以看出,上式描述了整体振型特征空间分布的子振型,因此称为该阶模态的特征振型。显然,若由式(8.1)进行傅里叶变换可以得到该模态振型"节径谱"。由于谐调叶盘模态振型是单节径的,因此只在 s 节径处有非零分量,为单一节径成分节径谱。

特征模态振型是完整模态振型的一个子集,一个模态族中的 N_R 个谐调特征振型构成了 N_R 维向量空间的一组完备基底。像完整模态振型一样,失谐的特征振型也可由这 N_R 个谐调的特征振型线性表示,即

$$\boldsymbol{\Phi}_m = \sum_{i=1}^{N_R} a_i \boldsymbol{\Phi}_i \tag{8.2}$$

其中,$\boldsymbol{\Phi}_m$ 为失谐的特征振型;$\boldsymbol{\Phi}_i$ 为谐调特征振型。因为不同节径数的谐调特征振型是不同谐波次数的三角函数,因此对 $\boldsymbol{\Phi}_m$ 进行离散傅里叶变换可以得到失谐特征振型中各节径的成分,称其为模态振型节径谱,记为 $\boldsymbol{\varphi}_{ND}$。利用同样的方法也可以得到某一时刻的响应节径谱。

然而在实际计算中并不是得到所有 N_R 个特征向量,而只是得到感兴趣的前若干阶模态。一般说来,叶盘结构的模态具有密集成族出现的特点,当失谐量不大时,失谐叶盘中各扇区的振动形式和谐调时类似,只是各幅值有所不同,因此,可以用一族或少数几族谐调模态作为近似完备基底。

8.2.2　流体激励节径谱

对于静子结构是完全周期对称性的情况,流场(即流体激励)也是圆周周期对称的。忽略激振力基值后,各转子扇区对应节点所受激励 F_j 符合谐波的形式

$$F_j = A_1 \sin\left(\omega t + j\theta_E\right) \tag{8.3}$$

其中,θ_E 是行波激励的叶片间相位角;A_1 和 ω 分别是各个叶片上作用激励的幅值和频率

$$\theta_E = \frac{2\pi N_S}{N_R}, \quad \omega = 2\pi\Omega N_S \tag{8.4}$$

式中,N_S 为静子叶片数,N_R 为转子叶片数,Ω 为发动机转速。式(8.3)可以表述为

$$F_j = \cos(j\theta_E)A_1 \sin(\omega t) + \sin(j\theta_E)A_1 \sin(\omega t) \tag{8.5}$$

上式表明,行波激励可以表示为两组谐波激励的叠加,且其幅值在周向上的分布
$(\cos(j\theta_E)A_1$ 和 $\sin(j\theta_E)A_1)$满足谐波展开的形式,激励幅值的节径数与激励阶次
相等。经过对式(8.3)在任意时刻做空间傅里叶变换,可以得到单一节径数空间
分布的空间谱,称为谐调流场激励的"节径谱"。

进行流体失谐设计后[13, 29, 30],激励不再满足式(8.3)的形式,此时同样可以
对任意时刻的激励进行周向各点的傅里叶展开,得到失谐流场激励的节径谱。此
时激励不再是单一节径成分,而转化为多节径成分。

对于因为静子分布不均匀造成的失谐流体激励形式,在任一时刻激励在周向
的傅里叶展开表示为

$$f_j = \sum_{E=0}^{[N_R/2]} \cos(j\theta_E)A_E + \sin(j\theta_E)A_E \tag{8.6}$$

其中$[N_R/2]$表示取整。此时,将向量

$$\boldsymbol{\varphi}_{NDE} = \{A_0 \quad A_1 \quad \cdots \quad A_{[N_R/2]}\} \tag{8.7}$$

称为激励节径谱,向量中的 A_E 表示激励阶次为 N_E 的分量所对应的幅值。具体求
解数学表达式为

$$\boldsymbol{y} = \text{abs}(\text{fft}(\boldsymbol{F}_m), N_R)$$
$$\boldsymbol{\varphi}_{NDE} = \boldsymbol{y}(1 : [N_R/2] + 1)/N_R \times 2$$
$$\boldsymbol{\varphi}_{NDE}(1) = \boldsymbol{\varphi}_{NDE}(1)/2 \quad N_R \text{ is odd} \tag{8.8}$$
$$\begin{cases} \boldsymbol{\varphi}_{NDE}(1) = \boldsymbol{\varphi}_{NDE}(1)/2 \\ \boldsymbol{\varphi}_{NDE}(N_R/2) = \boldsymbol{\varphi}_{NDE}(N_R/2)/2 \end{cases} \quad N_R \text{ is even}$$

以下给出空间离散傅里叶变换理论。对向量 $\boldsymbol{x}$ 进行空间傅里叶变换的矩阵表
达式为

$$\boldsymbol{X} = \boldsymbol{\Psi x} \tag{8.9}$$

其中

$$\boldsymbol{\Psi} = \begin{bmatrix} 1 & 1 & \cdots & 1 & \cdots & 1 \\ 1 & \exp\left(-j\frac{2\pi}{N_R}\right) & \cdots & \exp\left(-j\frac{2\pi(J-1)}{N_R}\right) & \cdots & \exp\left(-j\frac{2\pi(N_R-1)}{N_R}\right) \\ \vdots & \vdots & \vdots & \vdots & \vdots & \vdots \\ 1 & \exp\left(-j\frac{2\pi(J-1)}{N_R}\right) & \cdots & \exp\left(-j\frac{2\pi(J-1)(J-1)}{N_R}\right) & \cdots & \exp\left(-j\frac{2\pi(J-1)(N_R-1)}{N_R}\right) \\ \vdots & \vdots & \vdots & \vdots & \vdots & \vdots \\ 1 & \exp\left(-j\frac{2\pi(N_R-1)}{N_R}\right) & \cdots & \exp\left(-j\frac{2\pi(N_R-1)(J-1)}{N_R}\right) & \cdots & \exp\left(-j\frac{2\pi(N_R-1)(N_R-1)}{N_R}\right) \end{bmatrix}$$

$$\tag{8.10}$$

其中,j 为虚数单位。因此 $X(k)$ 的表达式为

$$X(k) = \sum_{i=1}^{N_R} x(i) \exp\left(\frac{2\pi(k-1)(i-1)}{N_R}\right) \tag{8.11}$$

即

$$X(k) = \sum_{i=1}^{N_R} x(i) \cos\left(\frac{2\pi(i-1)(k-1)}{N_R}\right) - j\sum_{i=1}^{N_R} x(i) \sin\left(\frac{2\pi(i-1)(k-1)}{N_R}\right) \tag{8.12}$$

经过式(8.8)计算即可得到激励节径谱。

这样,基于叶盘结构模态振型节径谱和激励节径的关系,则可以判定两者的空间吻合程度,进而判断叶盘结构的共振、振动响应程度与振动响应空间分布。

8.2.3 叶盘结构共振条件的空间"节径谱"

基于叶盘结构共振的三重点原理,叶盘耦合共振条件除了激励频率和固有频率相等外,还需要激励阶次和振型节径数相等。只有满足上述条件时叶盘耦合受迫振动才能不断地从激振力吸收能量引起共振。条件"固有频率等于激励频率"与其他结构共振条件一致,而"激励阶次和振型节径数"相等则是与上述的空间"节径谱"有关。

假设静子叶片数为 N_S,转子叶片数为 N_R,则激励相位差 φ_e 可以表示为

$$\varphi_e = \frac{2\pi}{N_R} N_S \tag{8.13}$$

而激起振动振型相位差 φ_v 是和激励阶次 N_E 和转子叶片数 N_R 相关的,可表示为

$$\varphi_v = \frac{2\pi}{N_R} N_E \tag{8.14}$$

当激励相位差和振型相位差满足如下关系时,能够激起叶盘耦合共振

$$\varphi_e = 2k\pi \pm \varphi_v \tag{8.15}$$

其中,$k = 0, \pm 1, \pm 2, \pm 3, \cdots$。这时有

$$\varphi_e = -\varphi_v + \frac{2\pi}{N_R}(N_S + N_E) \tag{8.16}$$

当

$$N_E = N_R - N_S \tag{8.17}$$

则

$$\varphi_e = \varphi_v + 2\pi \tag{8.18}$$

满足上述条件,即可以激起共振。

以下面8.4节的整体叶盘结构(与第5章图5.3所示模型相同)为例,前级静子叶片数为18,后级转子叶片数为23,即 $N_S = 18$,$N_R = 23$,因此得到 $N_E = 5$,主要激励阶次成分为5阶次激励。也就是,激起共振的将是节径为5的模态振型,或含有5节径谱的模态振型。

8.2.4 流体激励叶盘结构共振问题

叶盘结构共振基本问题是激励场激励频率和空间节径与叶盘结构模态频率和模态振型间的相互关系问题。若考虑叶盘结构失谐和流体激励失谐，流体激励叶盘结构共振问题还包括单重失谐共振问题和双重失谐共振问题两类。前者又有仅存在叶盘结构失谐的共振和仅具有流体激励失谐的共振；而后者则是同时包含叶盘结构和流体激励两方面失谐的一般性共振问题，又可称为"双重失谐"共振问题。因此，参考图 8.1，流体激励叶盘结构共振问题可以包括以下四种问题。

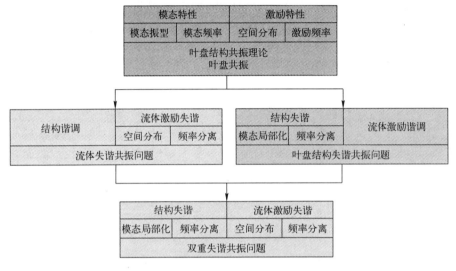

图 8.1　流体激励叶盘结构共振问题

1. 谐调共振问题

在不考虑叶盘结构失谐和流体激励失谐的情况下，叶盘结构的共振是谐调共振问题。传统上，这类共振问题基于"三重点"原理或称为"双参数"的共振原理进行分析评估。

2. 叶盘结构失谐共振问题

这种共振是单重失谐共振问题。这时流体激励是谐调的，仅存在叶盘结构的失谐。叶盘结构失谐导致原成对出现的固有频率分离，使单一节径的谐调模态振型转化为复杂节径成分的失谐模态振型，可能导致叶盘结构共振状态发生变化，影响叶盘的振动响应。本书第 7 章讨论的均是属于这类问题。

3. 流体激励失谐共振问题

对静子叶片进行非对称分布设计是目前流体激励失谐的主要形式。其目的是使激励的频率发生变化，由单一频率变为多个频率，错开叶盘结构固有频率；同时使激励的空间分布也发生变化，由单一节径数变为多个节径，与叶盘的模态空间分布不同。从而避开转子叶盘共振。这种问题不考虑叶盘结构的失谐。

4. 双重失谐共振问题

这是同时考虑上述两种失谐的叶盘结构共振问题。这时,叶盘结构和流体激励两方面均出现频率变化和空间节径谱更加复杂的趋势,从而使相应的共振问题更加复杂,需要深入研究。本章和第10章均是涉及这方面问题的讨论。

8.3 谐调与设计失谐流体激励分析

基于叶盘结构共振理论和激励节径谱的概念,本节给出谐调和设计失谐流体激励的分析描述。其中,静子叶片周向均匀分布状态的流体激励是谐调的,周向设计为非均匀分布时的激励是设计失谐的。具体的典型设计可进一步参见8.5节的讨论。

首先介绍谐调流体激励的情况。在静子叶片均匀分布时,由转静件干涉作用在第 j 个转子叶片上的流体激励形式为

$$F_j(t) = A_0 + A_1 \sin(2\pi\Omega N_S t + \phi_j) \tag{8.19}$$

其中,A_0 为激振力的基值;A_1 为激振力脉动分量的幅值;N_S 为静子叶片数;Ω 为转速;$\phi_j = \dfrac{2\pi N_S}{N_R} j$ 为第 j 个叶片的相位角。显然可以看到,此时的激励频率是单频 $2\pi\Omega N_S$,幅值为 A_1。根据激励节径谱理论,谐调激励的激励节径谱为单一节径成分,并且当该节径数与叶盘模态振型节径数相同,且激励频率与该阶叶盘模态频率相同时,会激起转子叶盘共振。

对于失谐流体的激励。流体失谐设计的目的是使激励的频率成分由单频转化为多频,节径成分由单一节径转化为多节径,进而避开共振或减小共振激励。

不失一般性,设静子叶片在圆周上平均分为两个区域,第一个区域分布 $N_{S1}/2$ 个叶片,第二个区域分布 $N_{S2}/2$ 个叶片,两个区域各占 $180°$,则失谐流体激励可以表示为

$$F_j(t) = \begin{cases} A_{01} + A_{11}\sin(2\pi\Omega N_{S1} t + \phi_{j1}), & 0 \leq t < \dfrac{1}{2\Omega} \\ A_{02} + A_{12}\sin(2\pi\Omega N_{S2} t + \phi_{j2}), & \dfrac{1}{2\Omega} \leq t < \dfrac{1}{\Omega} \end{cases} \tag{8.20}$$

其中,t 为时间变量;Ω 为转子转速;N_{S1} 为上半圈静子叶片数目的两倍;A_{01}、A_{11} 和 ϕ_{j1} 分别为静子叶片数目按 N_{S1} 均布时流场激振力的定常量幅值、脉动分量幅值和脉动分量相位角;N_{S2} 为下半圈静子叶片数目的两倍;A_{02}、A_{12} 和 ϕ_{j2} 为静子叶片数目按 N_{S2} 均布时流场激振力的定常量幅值、脉动分量幅值和脉动分量相位角,其中

$$\phi_{j1} = \dfrac{2\pi N_{S1}}{N_R} j, \quad \phi_{j2} = \dfrac{2\pi N_{S2}}{N_R} j \tag{8.21}$$

首先对失谐流体激励进行频域特性分析。令 $x = 2\pi\Omega t$，进行频域分析时忽略相位角影响，则式(8.20)可以表示为

$$F(t) = \begin{cases} A_{01} + A_{11}\sin(N_{S1}x), & 0 \leq t < \pi \\ A_{02} + A_{12}\sin(N_{S2}x), & \pi \leq t < 2\pi \end{cases} \qquad (8.22)$$

由于这个函数满足收敛定理，因此可以得到函数的傅里叶级数形式

$$F(x) = \frac{a_0}{2} + \sum_{n=1}^{\infty}(a_n\cos nx + b_n\sin nx) \qquad (8.23)$$

其中

$$a_n = \frac{1}{\pi}\int_{-\pi}^{\pi}F(x)\cos nx \, \mathrm{d}x, \quad (n = 0,1,2,3,\cdots)$$

$$b_n = \frac{1}{\pi}\int_{-\pi}^{\pi}F(x)\sin nx \, \mathrm{d}x, \quad (n = 0,1,2,3,\cdots) \qquad (8.24)$$

$$c_n = \sqrt{a_n^2 + b_n^2}$$

各项系数积分后得到的表达式分别为

1. c_0 的表达式

$$c_0 = \frac{1}{2}(A_{01} + A_{02}) + \left(\frac{A_{11}}{N_{S1}}(1 - \cos(N_{s1}\pi)) + \frac{A_{12}}{N_{S2}}(\cos(N_{S2}\pi) - 1)\right)/(2\pi)$$

$$(8.25)$$

因为 N_{S1} 和 N_{S2} 均为偶数，故

$$c_0 = \frac{1}{2}(A_{01} + A_{02}) \qquad (8.26)$$

与脉动分量 A_{11} 和 A_{12} 无关。

2. c_{N1} 的表达式

$$c_{N1} = \sqrt{(a_{N1})^2 + (b_{N1})^2} \qquad (8.27)$$

其中

$$a_{N1} = \frac{A_{12}}{2\pi}\left(\frac{1}{-(N_{S2} + N_{S1})} + \frac{1}{(N_{S2} - N_{S1})} + \frac{\cos((N_{S2} + N_{S1})\pi)}{(N_{S2} + N_{S1})} + \frac{\cos((N_{S2} - N_{S1})\pi)}{(N_{S2} - N_{S1})}\right)$$

$$b_{N1} = \frac{1}{\pi}\left(\frac{A_{01}}{N_{S1}}(1 - \cos(N_{S1}\pi)) + \frac{A_{11}}{2}\pi + \frac{A_{02}}{N_{S1}}(\cos(N_{S1}\pi) - 1)\right)$$

$$(8.28)$$

因为 N_{S1}、N_{S2} 为偶数，可以得到

$$a_{N1} = 0 \quad b_{N1} = \frac{A_{11}}{2} \qquad (8.29)$$

因此，

$$c_{N1} = \frac{A_{11}}{2} \qquad (8.30)$$

3. c_{N2}的表达式

$$c_{N2} = \sqrt{(a_{N2})^2 + (b_{N2})^2} \tag{8.31}$$

其中

$$a_{N2} = \frac{A_{11}}{2\pi} \left(\frac{\cos((N_{S1} + N_{S2})\pi)}{-(N_{S1} + N_{S2})} + \frac{\cos((N_{S2} - N_{S1})\pi)}{(N_{S2} - N_{S1})} + \frac{1}{(N_{S1} + N_{S2})} - \frac{1}{(N_{S2} - N_{S1})} \right)$$

$$b_{N2} = \frac{1}{\pi} \left(\frac{A_{02}}{N_{S2}} (\cos(N_{S2}\pi) - 1) + \frac{A_{12}\pi}{2} + \frac{A_{01}}{N_{S2}} (1 - \cos(N_{S2}\pi)) \right)$$

$$\tag{8.32}$$

因为 N_{S1}、N_{S2} 为偶数,同理可以得到

$$a_{N2} = 0 \quad b_{N2} = \frac{A_{12}}{2} \tag{8.33}$$

因此

$$c_{N2} \frac{A_{12}}{2} \tag{8.34}$$

4. $c_n(n \neq 0, N_{S1}, N_{S2})$的表达式

$$c_n = \sqrt{(a_{n1} + a_{n2})^2 + (b_{n1} + n_{n2})^2} \tag{8.35}$$

其中

$$a_{n1} = \left(-\frac{1}{(n + N_{S1})} \cos((n + N_{S1})\pi) + \frac{1}{(n - N_{S1})} \cos((n - N_{S1})\pi) + \frac{1}{(n + N_{S1})} - \frac{1}{(n - N_{S1})} \right) \frac{A_{11}}{2\pi}$$

$$a_{n2} = \left(-\frac{1}{(n + N_{S2})} + \frac{1}{(n - N_{S2})} + \frac{\cos((n + N_{S2})\pi)}{(n + N_{S2})} - \frac{\cos((n - N_{S2})\pi)}{(n - N_{S2})} \right) \frac{A_{12}}{2\pi}$$

$$b_{n1} = \left(-\frac{1}{n} \cos(n\pi) + \frac{1}{n} \right) \frac{A_{01}}{\pi}, \quad b_{n2} = \left(\frac{1}{n} \cos(n\pi) - \frac{1}{n} \right) \frac{A_{02}}{\pi}$$

$$\tag{8.36}$$

此时,需要对 n 不同情况进行分类讨论。

（1）当 n 为偶数时

$$a_{n1} = 0, \quad a_{n2} = 0, \quad b_{n1} = 0, \quad b_{n2} = 0 \tag{8.37}$$

此时

$$c_n = 0 \tag{8.38}$$

（2）当 n 为奇数时

$$a_{n1} = \frac{-2N_{S1}}{(n + N_{S1})(n - N_{S1})} \frac{A_{11}}{\pi}, \quad a_{n2} = \frac{2N_{S2}}{(n + N_{S2})(n - N_{S2})} \right) \frac{A_{12}}{\pi}$$

$$b_{n1} = \frac{2}{n} \frac{A_{01}}{\pi}, \quad b_{n2} = -\frac{2}{n} \frac{A_{02}}{\pi}$$

$$\tag{8.39}$$

此时
180

$$c_n = \sqrt{(a_{n1} + a_{n2})^2 + (b_{n1} + b_{n2})^2} \qquad (8.40)$$

当 n 较小时,b_{n1} 和 b_{n2} 所占的比重比较大,此时若激励的基值分量 A_{01} 和 A_{02} 相差较大时,$b_{n1} - b_{n2} = \dfrac{2}{n\pi}(A_{01} - A_{02})$ 所占的比重会比较大,致使 c_n 较大,即低频分量会比较大。当 n 接近 N_{S1} 和 N_{S2} 时,a_{n1} 和 a_{n2} 两项会比较大,此时也会导致 c_n 比较大。

由以上分析可知,流体失谐设计后激励由单一频率转化为多频成分。根据 8.2 节中的理论,激励的空间分布也由单一节径成分转化为多节径成分,这就达到了流体失谐设计效果。在 8.5 节中,将进一步给出典型设计失谐流体模式的激励特性分析。

8.4　结构谐调与失谐叶盘模态频率特性和振型节径特性

基于上面讨论的旋转周期结构"节径谱"的概念,本节研究谐调和几种典型失谐的叶盘结构振动模态特性,并从其模态频率和振型节径两方面说明其主要特点。

8.4.1　谐调叶盘结构与模态特性

以典型整体叶盘结构(与第 5 章图 5.3 所示模型相同)为例,叶盘结构具有 23 个叶片,转子前的静子叶环有 18 个叶片。叶盘单个扇区和整体有限元模型如图 8.2 所示,采用 8 节点六面体单元,模型中共有 79 166 个单元,109 618 个节点。

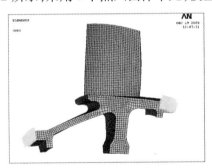　　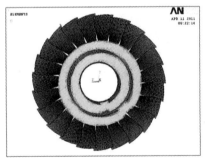

(a) 叶盘扇区有限元模型　　　　　　　　(b) 整体叶盘有限元模型

图 8.2　转子叶盘结构有限元模型

结合 8.2.3 节的分析,对该整体叶盘第 1 族 5 阶次模态 Campbell 图(见图 8.3)分析可以得出:当叶盘的转速 Ω 为 564.7187 rad/s(89.8778 r/s)时,5 节径激励频率为 1617.8 Hz,第 1 族 5 节径模态频率也是 1617.8 Hz,此时激励频率与模态频率完全相等,激励的空间分布与模态的空间分布也完全一致。因此,根据叶盘结构共振理论,此时会激起共振。

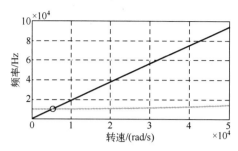

图 8.3　转子叶盘 5 节径模态 Campbell 图

　　不考虑叶盘结构的失谐,叶盘转子转速为 564.71 rad/s,利用 ANSYS 程序计算了考虑离心刚化效应的叶盘结构模态特性。基于上述的节径谱分析,可以得到该谐调叶盘典型阶次模态振型特性如图 8.4 所示。其中左图为模态振型空间形态,中图为该模态各叶片模态位移幅值分布(选取的节点为叶尖部位),右图为模态振

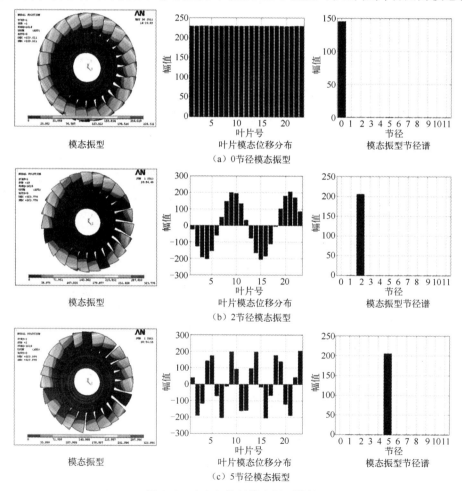

图 8.4　叶盘各节径模态振型特性

型节径谱。从图中可以看出,在整个叶盘扇区内,各叶片的振动为谐调谐波分布方式,空间存在 0 次、2 次、5 次谐波,而节径谱也显示为 0 节径、2 节径和 5 节径的单节径分布形式。其中 5 节径模态为研究重点。

图 8.5 为谐调叶盘结构前 2 族模态的频率特性曲线。可以看出,第 1 族模态中各个节径的频率非常靠近,频率特性曲线较为平缓,整个频带宽仅有 1.4 Hz,模态非常密集。

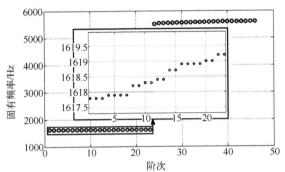

图 8.5 叶盘前 2 族模态频率特性曲线

8.4.2 叶盘结构的失谐与模态特性

考虑叶盘结构典型叶片失谐形式,研究其模态特性和节径谱特性,叶盘转速仍为 564.71 rad/s,考虑离心刚化效应的影响。

1. 叶盘结构典型叶片失谐和模态频率

不失一般性,考虑具有不同失谐幅度的 3 种随机(样本)失谐模式,如图 8.6 所示,失谐幅度分别为 0.25%、1% 和 7%,分别称为失谐模式 Ⅰ、失谐模式 Ⅱ 和失谐模式 Ⅲ。通过改变叶片弹性模量实现失谐。

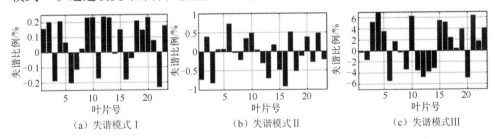

(a) 失谐模式 Ⅰ   (b) 失谐模式 Ⅱ   (c) 失谐模式 Ⅲ

图 8.6 转子叶盘的 3 种随机失谐模式

图 8.7 为 3 种随机失谐模式下叶盘结构第 1 族模态的频率特性。其中"○"、"□"、"*"和"◇"分别表示谐调、失谐 1%、0.25% 和 7% 的情况。可以看出,失谐后叶盘结构的重频发生了分离,3 种随机失谐模式的频带宽度分别为 3.4 Hz、10 Hz 和 74.4 Hz。可见随着失谐程度的增大,第 1 族模态的频带宽度会增大。

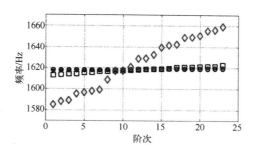

图 8.7　各种失谐模式叶盘第 1 族模态频率特性

2. 结构失谐模式 I 叶盘模态特性

与无失谐的谐调叶盘分析类似,对于叶片失谐模式 I 的情况,可以得到其相应阶次模态振型及其节径谱如图 8.8 所示。与图 8.4 相同,左图为模态振型空间形态,中图为该模态各叶片模态位移幅值分布,右图为模态振型节径谱。

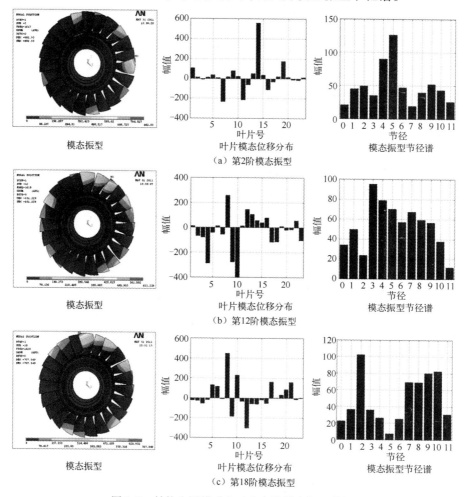

图 8.8　结构失谐模式 I 叶盘各阶模态振型特性

184

可以看出,这时出现模态局部化,但是由于该模式的失谐幅值较小,所以与其他失谐模式相比,局部化现象较弱,有多个叶片具有明显振动。对于节径谱,第2阶模态振型5节径模态成分所占的比重最大,是以5节径模态主导的振型;第12阶模态振型节径谱的主导节径更多;而第18阶模态振型节径谱中5节径成分所占的比重很小。

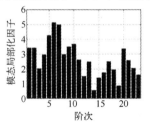

图 8.9 为第 1 族失谐模态的局部化因子(模态局部化因子的定义见参考文献[23]),从图中可以看出,第 1 族模态的位移局部化因子值整体较大,局部化现象比较明显。

图 8.9　结构失谐模式Ⅰ叶盘第 1 族模态局部化因子

3. 结构失谐模式Ⅱ叶盘模态特性

图 8.10 是上述结构失谐模式Ⅱ的叶盘结构第 1 族的典型失谐模态振型。可

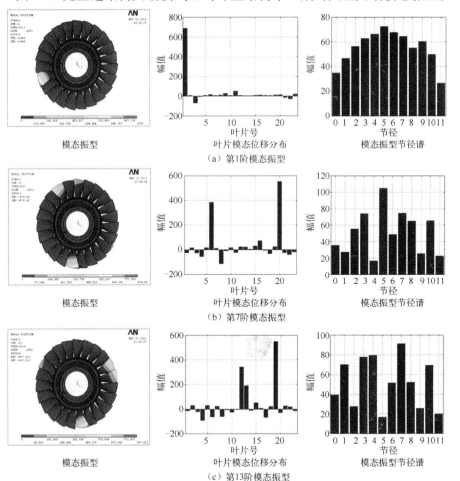

图 8.10　结构失谐模式Ⅱ叶盘各阶模态振型特性

185

以看出,由于失谐程度增大,模态局部化程度也增加。所显示的三阶模态均仅有少数叶片存在明显振动。对于节径谱,第 1 阶模态没有明显主导模态,各节径对该阶模态振动均有较大参与;第 7 阶模态则显示 5 节径模态占比较大;而第 13 阶模态节径谱中5 节径模态占比较小,1、3、4 和 7 节径有较大参与。

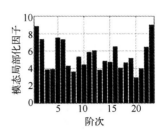

图 8.11 为这种失谐模式的第 1 族模态局部化因子,可以看出第 1 族模态的局部化比结构失谐模式 Ⅰ 更大。

图 8.11　结构失谐模式 Ⅱ 叶盘第 1 族模态局部化因子

4. 结构失谐模式Ⅲ叶盘模态特性

失谐模式Ⅲ为失谐幅度 7% 的随机失谐样本。图 8.12 为该失谐模式下叶盘

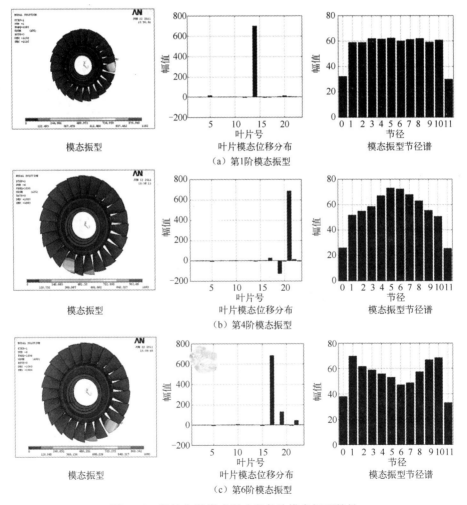

模态振型　　叶片模态位移分布　　模态振型节径谱

（a）第1阶模态振型

模态振型　　叶片模态位移分布　　模态振型节径谱

（b）第4阶模态振型

模态振型　　叶片模态位移分布　　模态振型节径谱

（c）第6阶模态振型

图 8.12　结构失谐模式Ⅲ叶盘各阶模态振型特性

186

第 1 族典型模态振型特性。由这三阶模态的分析可以知道,此时叶盘各阶振型均仅有 1 个叶片发生强烈的振动,模态局部化程度很严重。此时节径谱显示出丰富的节径成分,各个节径的谐调模态所占的比例均比较大。

图 8.13 为此时第 1 族模态的模态局部化因子,图中显示此时各阶模态的局部化程度都很大。

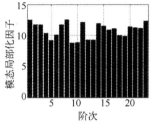

图 8.13   结构失谐模式Ⅲ叶盘第 1 族模态局部化因子

以上分析表明,失谐后叶盘结构模态特性产生两方面变化:一是模态振型由单一节径数转化为多节径成分;二是重频模态频率产生分离,同一族模态频带宽度增大,并且失谐程度越大,频带宽度也越大。

需要注意的是,由于叶盘的叶片失谐是叶片参数的小量变化,虽然由于叶盘结构的特殊性会导致叶盘振动有很大变化(即所谓"振动局部化"),从节径谱的角度,其模态振动的节径成分变化较大,但是失谐导致的叶盘结构模态频率变化仍是较小的。这与下面要讨论的通过改变静子叶片的周向分布进行流体失谐设计所导致的激励节径频率成分变化较大相比形成显著区别。

8.5   谐调与设计失谐流体激励频率特性和空间节径特性

8.4 节讨论了叶盘结构本身谐调和失谐时的模态振动频率特性和振型节径特性。本节以典型航空发动机静子叶片分布设计为背景,研究和分析相应的谐调分布与设计失谐分布的流体激励特性,以便能够与上述的叶盘结构模态特性结合,基于双重失谐的叶盘结构共振激励原理评估流体失谐设计效果。本节从原理方面说明这些特性,在下一章将通过对典型非定常流场的分析,研究分布流场的频率和空间节径特性。

8.5.1   典型静子叶片的谐调和失谐分布设计

对于典型叶盘转子系统,其前排静子叶环的静子数 N_S 为 18。根据文献[12,13]的研究,为保证静子叶片失谐分布(也称为"流体失谐设计")后转子系统的级压比和效率等流场特性变化不大,流体失谐设计中两种静子数目相差不宜过大。因此设计两种形式的失谐分布,与非失谐分布一起构成了三种静子叶片分布形式如图 8.14 所示,具体为:

（1）谐调分布 $N_S = 18$；

（2）流体失谐分布 A：上半圈 $N_{S1/2} = 9$，下半圈 $N_{S2}/2 = 10$；

（3）流体失谐分布 B：上半圈 $N_{S1}/2 = 8$，下半圈 $N_{S2}/2 = 10$。

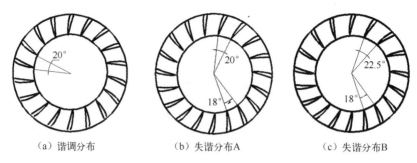

（a）谐调分布　　　　　（b）失谐分布A　　　　　（c）失谐分布B

图 8.14　三种静子叶片分布形式

8.5.2　静子叶片谐调分布的流体激励特性

不考虑静子和转子叶盘的失谐，由第 8.2.3 节的描述，满足激励频率与模态频率、空间激励节径和模态振型节径两两相等条件，产生叶盘 5 节径模态共振的是流场 5 阶次激励，即 $N_E = 5$。

另一方面，由式（8.19）可知，忽略激振力基值的影响（令 $A_0 = 0$），令 $A_1 = 1$ N，对于频域分析可以不考虑相位角（令 $\varphi_j = 0$），则通过激励的傅里叶变换可以得到此时的激励频率是单频 1617.8 Hz，即 $2\pi\Omega N_S$，其频率谱如图 8.15（a）所示。这与前面的分析是一致的。同理，利用式（8.8）对某一时刻激励做空间傅里叶变换，得到 $N_E = 5$，谐调激励节径谱如图 8.15（b）所示。因此，对于静叶谐调分布的流场，其激励是单频、单节径的激励。

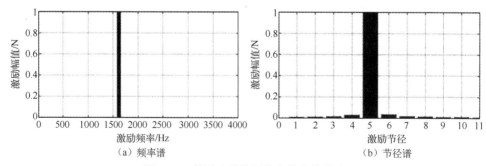

（a）频率谱　　　　　　　　　　　　　（b）节径谱

图 8.15　静子叶片谐调分布的流体激励

8.5.3　静子叶片失谐分布设计的流体激励特性

本小节利用 8.3 节讨论的方法，对于图 8.14（b）和（c）所示的 A 和 B 两种静子叶片分布方式，研究典型静子非均匀分布设计下失谐流体激励的频域特性和空间分布特性,并考虑流体失谐分布 A 的具有失谐流体压力恒定基值的情况。

1. 流体失谐分布 A 激励特性分析

对于图 8.14(b)的静子叶片分布,第一个区域分布 $18/2(N_{S1}=18)$ 个叶片,第二个区域分布 $20/2(N_{S2}=20)$ 个叶片,两个区域各占 180°。不考虑失谐流体的基值,而仅考虑脉动幅值的影响规律,由式(8.20),设 $A_{01}=0$、$A_{02}=0$、$A_{11}=1N$、$A_{12}=1N$。

分析得到的频域结果如图 8.16(a)所示。与非失谐激励频率分布(图 8.15(a))相比可以看出,激励频率由单频转化为多频,在 1617.8 Hz 的激励幅值减小为谐调时的约 1/2。而相应于静子数 $N_{S1}=18$ 和 $N_{S2}=20$ 的激励均为谐调幅值的 1/2,$n=19$ 的激励幅值为谐调时的 0.636。因此,经过流体失谐设计后,原激励频率位置激励力的幅值降低了,但是激励频率由单频转化为一个频带内的多个频率,这与 8.3.2 节中的分析是吻合的。

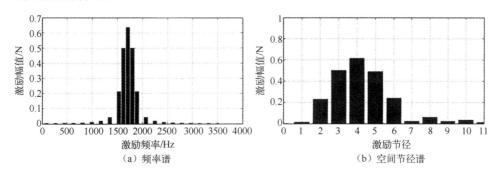

（a）频率谱　　　　　　（b）空间节径谱

图 8.16　失谐分布 A 的激励特性

同理,基于式(8.8)对某一时刻失谐流体激励做空间傅里叶变换,得到的失谐激励空间节径谱如图 8.16(b)所示。可以看出,激励由单一节径(图 8.15(b))转化为多节径,除了包含由 $N_{S1}=18$ 和 $N_{S2}=20$ 所引起的节径 5 和 3 外,在 2、4、6 等节径处激励的幅值均比较大。

基于上述的方法,可以进一步分析主要频率的激励在各个转子叶片上的空间分布,确定分散的激励频率与分散的激励空间分布是否存在对应关系。对不同激励频率的分量进行傅里叶分析后计算出空间分布如表 8.1 所列。显然各个激励频率与空间节径数是相互对应的。从表中可以明显看到 1617.8Hz 激励频率所对应的激励阶次为 5,但是该激励的幅值降低为原来的 1/2。其他的激励频率分散程度相对于第 1 族固有频率频带(1615~1620 Hz)更大,因此不易激起其他阶共振,预估减振效果良好。

表 8.1　各个频率下激励的空间分布

激励频率/Hz	激励阶次	相邻叶片间相位/(°)	激励幅值/N
1617.8	5	78.26	0.5

189

激励频率/Hz	激励阶次	相邻叶片间相位/(°)	激励幅值/N
1707.68	4	62.61	0.636
1797.56	3	46.96	0.5

2. 流体失谐分布 B 激励特性分析

对于流体失谐分布 B，第一个区域分布 $16/2(N_{S1}=16)$ 个叶片，第二个区域分布 $20/2(N_{S2}=20)$ 个叶片，两个区域各占 $180°$，不考虑失谐流体的基值，仅考虑脉动幅值的影响，由式 (8.20) 令 $A_{01}=0$、$A_{02}=0$、$A_{11}=1N$、$A_{12}=1N$。

利用同样的方法进行频域分析，得到了如图 $8.17(a)$ 所示的频率谱。此时激励幅值分布仍是在 $n=N_{S1}$ 和 $n=N_{S2}$ 时为 $1/2$，并且 n 位于 N_{S1} 和 N_{S2} 附近时有比较大的幅值。需要注意，这时的频率包括 $n=N_{S1}-1$、$n=N_{S1}+1$、$n=N_{S1}$、$n=N_{S2}-1$、$n=N_{S2}+1$、$n=N_{S2}$。与流体失谐分布 A 的区别在于频率成分中已经不包含 $n=18$ 频率成分（叶盘 5 节径模态固有频率位置）。

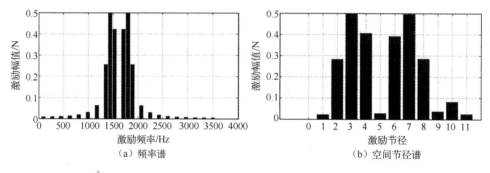

（a）频率谱　　　　　（b）空间节径谱

图 8.17　失谐分布 B 的激励特性

同样对某一时刻的激励进行空间傅里叶展开，得到了如图 $8.17(b)$ 所示的空间激励节径谱分布。可以看出与频谱图相似，其中 3 节径和 7 节径的幅值均为谐调激励幅值的 $1/2$。但是明显此时也已经不存在 5 节径激励成分。

同样地对空间节径谱与频率谱进行对应分析。对频率域的傅里叶分析后进行相位分析，结果如表 8.2 所列。对流体失谐分布 B 进行激励特性分析后可以认为，这时完全不存在固有频率的激励，也不存在与固有模态分布相同的激励分布，因此可以完全避开共振，预计减振效果较流体失谐分布 A 更好。激励分析的结果对响应分析起到了重要的作用，这将在第 10 章响应分析时详述。

表 8.2　各个频率下激励的空间分布

激励频率/Hz	激励阶次	相邻叶片间相位/(°)	激励幅值/N
1348.17	8(15)	125.22	0.256
1438.05	7	109.57	0.5

激励频率/Hz	激励阶次	相邻叶片间相位/(°)	激励幅值/N
1527.92	6(17)	93.91	0.423
1707.68	4(19)	62.61	0.423
1797.56	3	46.96	0.5
1887.43	2(21)	31.30	0.256

3. 基频分量影响分析

文献[135]的研究认为,进行失谐流体设计后,转子叶片在经过上下半圈静子时,激振力基值将有一定变化。因此为了研究流体激励基值的影响规律并且分析可能由此诱发的低频分量,将流体失谐分布 A 进行适当修改:静子数仍然保持不变,且仍是一个区域分布 $18/2(N_{S1} = 18)$ 个叶片,第二个区域分布 $20/2(N_{S2} = 20)$ 个叶片,两个区域各占 180°。但是,令 $A_{01} = 1.6 N$、$A_{02} = 1 N$、$A_{11} = 1 N$、$A_{12} = 1 N$,此时考虑失谐流体的基值影响规律,也可以称为"流体失谐分布 C"。由上述方法得到的激励力在频域和空间域的分析结果分别如图 8.18(a)和(b)所示。

从频率谱图(图 8.18(a))中可以看出,除了频率在 $n = N_{S1}$ 和 $n = N_{S2}$ 附近有较大的激励幅值外,在 n 值较小时也有较大幅值,如 $n = 1$ 和 $n = 2$ 时,激励幅值分别为 0.382 N 和 0.127 N。

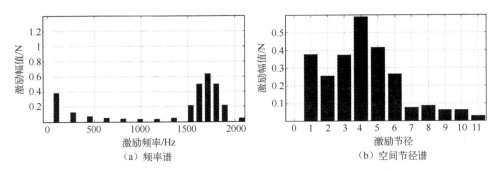

(a) 频率谱   (b) 空间节径谱

图 8.18　失谐分布 C 的激励特性

由图 8.18(b)明显可以看到,空间失谐激励节径谱与流体失谐分布 A 相比较增加了 1 节径的频率成分,并且其他节径处的具体量值也发生了变化。

激励的空间分布和频域分布对应关系列于表 8.3。从表中可以发现激励频率与激励空间分布不再是一一对应的关系,如在两个激励频率的位置都出现了 5 阶次的激励。因此节径谱中各个节径下的激励幅值是各个频率的激励叠加效应的结果,出现了与流体失谐分布 A 中不同的计算结果。因此可以认为,在上下半圈激励基值发生变化的情况下,激振力的频率分布与空间分布不再是一一对应的关系,并且会出现低频激励,值得注意。

表 8.3 各个频率下激励的空间分布

激励频率/Hz	激励阶次	相邻叶片间相位/(°)	激励幅值/N
89.88	1	15.6522	0.382
269.63	5	78.2609	0.1275
1527.92	6	93.91	0.2165
1617.8	5	78.26	0.5
1707.68	4	62.61	0.634
1797.56	3	46.96	0.5
1887.43	2	31.30	0.216

8.6 本章小结

本章系统讨论了流体激励谐调和失谐叶盘结构共振原理,给出了失谐流体激励分析方法,分别讨论了典型叶盘结构和流场激励的频率特性和空间节径特性。

通过本章的工作,可以得到以下几点结论:

(1) 对于谐调叶盘结构,共振判定中激励与模态的频率吻合与空间分布吻合同样重要,均为激起共振的必要条件。节径谱是描述激励周向空间分布的重要指标,在判定谐调叶盘共振中起到关键作用。

(2) 根据实际叶盘结构的工作环境和叶盘结构的振动理论能够预测叶盘结构的激励状态,预知叶盘结构的共振状态,并且对谐调和失谐流体激励本身进行分析是流体失谐设计的必要工作。

(3) 结构失谐与流体失谐同是航空发动机中的失谐现象。结构失谐是由于转子叶盘扇区之间出现的小量差异造成的,会导致模态频率重频分离、频率分散以及模态空间节径分布分散;流体失谐是由于静子叶片周向分布不均匀造成的,会导致激励由单频转化为多频,单一节径转化为多节径成分。

(4) 对于本章分析的典型实例,通过对叶盘结构模态特性以及设计流体失谐模式流体激励特性的研究认为:两种设计流体失谐模式都可以降低叶盘结构的共振水平,其中流体失谐模式 B 完全避开了叶盘结构的固有模态频率和空间分布,预计降低振动效果更好。

第 9 章　谐调和失谐流场与流体激励特性分析

9.1　引　言

由第 8 章的讨论可知,双重失谐叶盘结构振动是失谐流场激励下的振动响应问题,因此,本章讨论典型谐调和失谐流场的计算以及相应的流体激励特性,为第 10 章进行双重失谐流体激励下的振动响应分析奠定基础。这里与 7.3 节的区别在于,7.3 节中讨论的是典型谐调流场的激励特性,而本章是研究相应转静子系统进行了典型流体失谐设计的流场和流体激励特性。

基于本章的分析基础,将在第 10 章进行同时考虑流体激励失谐和叶盘结构失谐的整体叶盘结构振动响应问题分析研究。由于这方面的研究无法直接利用商用有限元程序进行,但又考虑到商用程序的成熟可靠,故而基于典型商用程序,建立了进行双重失谐流体激励叶盘振动响应的分析平台[31],其主要环节和分析流程如图 9.1 所示,主要涉及以下几方面。

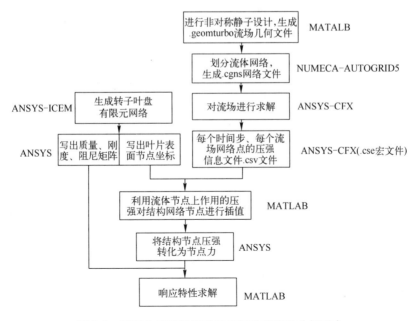

图 9.1　双重失谐流体激励叶盘振动响应的分析平台

1. 谐调和失谐流体激励计算

利用计算流体动力学软件 ANSYS – CFX 进行两级转子叶盘系统(前一级静子+后一级转子)非定常流场气动计算,利用 CFX 软件 . cse 宏文件将计算得到的流场作用于转子叶片表面的时域压强信息写出,再利用 MATLAB 软件进行流体激励特性分析。

2. 叶盘结构建模和系数矩阵导出

利用有限元商用 ANSYS 程序得到转子叶盘结构的有限元模型,并导出系统的质量、刚度和阻尼矩阵。

3. 流体激励节点力的确定

编制 APDL 程序将有限元模型中受到流体压力作用的各叶片表面节点的坐标信息和编号信息导出,利用第 1 步中得到的压强信息在 MATLAB 软件中对有限元节点进行插值处理,得到作用在有限元节点上的压力信息。

4. 系统方程建立和振动响应求解

基于得到的系统质量、刚度、阻尼矩阵和载荷,建立振动分析方程,编制程序进行振动响应特性分析。

本章主要讨论上述第 1 环节。首先进行典型发动机转子叶盘系统的两级全环三维流体动力学计算,然后结合第 8 章所讨论的失谐流体激励的原理分析,讨论了谐调和两种设计流体失谐分布状态的叶盘非定常气动载荷激励的频率谱特性和空间谱特性。

9.2　谐调与设计失谐流体准三维流体动力学计算分析

本节主要利用 CFD 计算流体动力学方法,分析 8.5.1 节典型静子叶片谐调分布和两种非对称失谐分布设计时全环的准三维非定常流场特性。原设计静子具有均匀分布的 18 个叶片;流体失谐分布 A 为上半周均匀分布 9 个,下半周均匀分布 10 个静子叶片;流体失谐分布 B 为上半周均匀分布 8 个,下半周均匀分布 10 个静子叶片。

9.2.1　两级全环流体动力学计算模型

叶片非对称分布使静子叶环失去了旋转循环对称性,不能像对称分布那样通过叶片数的约化简化数值模拟。同时,研究静子叶片非对称分布对气动载荷的影响也必须对完整静子叶环流场进行全环非定常数值模拟。

研究主要关心上游导叶数目的变化对下游转子叶片气动负荷的作用。对于亚音速压气机,研究[237]表明上下游叶片排之间的非定常气动作用主要由周期性通过的位势场和上游叶片的尾迹决定,上游叶片内部的三维非定常流动虽然会有一定的影响,但其作用是有限的,不会使上下游叶片间的相互作用发生质的改变。因而采用简化计算模型,仅取压气机叶身中部截面的一个薄层进行准三维的全环非定常数值模拟,计算模型如图9.2所示。

图9.2 全环非定常数值模拟模型

流场的数值计算利用 CFX 软件完成,非定常数值模拟采用双重时间步法求解三维非定常粘性雷诺平均 N – S 方程,选用两方程 sst 湍流模型。非定常计算采用定常数值模拟结果作为初场,定常计算时转静交界面设置为"冻结转子(Frozen Rotor)"。空间离散采用二阶迎风格式,时间离散应用二阶后差欧拉格式,使用多重网格技术加速收敛。认为转子旋转一周为一个周期,计算时将一个周期分为240 个物理时间步,每个物理时间步计算 10 个虚拟时间步。通过流场内监测点压力波动出现明显的周期性认为计算收敛,计算共进行了 4 个周期。

计算中进口边界条件给定总温、总压和气流角,出口给定静压平均值,上下端壁设定为自由滑移壁面,进出口边界条件的具体数值见表 9.1。三种静子分布方式(即前述的一种非失谐均匀分布和两种流体失谐模式)的数值模拟采用相同拓扑结构的网格,单通道内沿展向分布两层网格,单层网格总数约为 0.9 万,模型总网格规模约 80 万,局部网格模型见图9.3。

表9.1 流场分析边界条件

进口总温	进口总压	进口气流角	出口静压	转　　速
293 K	140 000 Pa	− 14. 67°	293 Pa	5392. 7 r/min

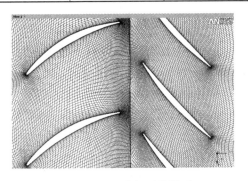

图9.3 两级流场网格模型

9.2.2 典型流场的流体动力学基本特性

由静子叶片谐调和两种失谐分布的三种模型计算得到的流量和气动效率如表9.2所列。由于只计算了一个薄片,流量的绝对数值没有实质的意义。数据结果相对比较表明,各方案流量的差别很小,流体失谐分布 A 的流量较原型略有降低。其原因是增加了一个静叶,堵塞作用增大;而流体失谐分布 B 的流量较原型略有增大。效率方面,流体失谐分布 A 的效率较原型明显下降,降幅在 1 个百分点,而流体失谐分布 B 的效率与原型压气机持平,略有提高。

表9.2　流量和气动效率

流 体 形 式	谐 调 流 体	流体失谐分布 A	流体失谐分布 B
流量/(kg/s)	0.01671	0.01668	0.01673
效率	0.7802	0.7720	0.7803

三种模型数值模拟结果某一瞬时计算流面的流线分布见图9.4。图中显示了整圈的叶片通道,流线采用相对速度大小表示。图中显示,各方案的导叶处于较大的负攻角状态,在整圈导叶的压力面均出现一定的分离,该分离区几乎占据了整个叶片的压力面。各方案中各导叶通道的分离区大小在周向存在一定的不均匀性,单个方案之间并无明显区别。而动叶的攻角状态较为理想,通道中没有分离出现。

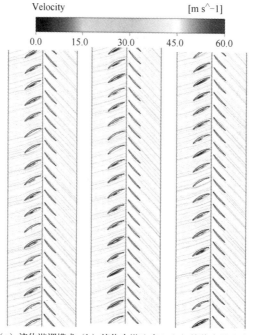

（a）流体谐调模式（b）流体失谐分布A（c）流体失谐分布B

图9.4　三种流场模型某一时刻的流线图

三种模型数值模拟结果的压力分布见图9.5。其主要特点为:

(1) 流体谐调设计方案导叶通道的压力分布在周向呈现出较明显的以导叶通道为周期的分布形态,同时各通道间的压力分布也存在一定的不同,在周向表现为5个交错分布的压力高和压力低的区域。而在导叶通道内部,各叶片通道的压力分布存在较明显的差别,在周向出现5个明显的高压区,这些高压区的大小和压力幅值基本相当。这种周向的不均匀性在动叶通道的下游同样很明显,每个高压区域控制大概两个动叶通道的范围。动叶通道内压力的分布形态显然是由于导叶通道压力周向的不均匀引起的,只是导叶通道内的不均匀性在动叶通道被显著放大了。

(2) 与流体谐调设计方案相比,流体失谐分布 A 方案中各导叶通道内的压力分布并无明显差别,但是图中显示动叶通道内压力的分布与原型相比有很大的不同。整圈动叶通道内高压区域减小到4个,而这4个高压区域的大小和压力幅值也不相同。其中一个高压区域所控制的范围增大到 3 个动叶通道,压力的幅值也明显增大,同时,与之相隔的高压区域有所减小,压力幅值也降低。

(3) 在流体失谐分布 B 方案中,上述的变化更加明显,动叶通道中出现4个高压区域,其中,相邻的两个高压区域较大,分别控制了 3 个和 5 个动叶通道,而另外两个高压区域则明显减小,压力幅值也减弱。

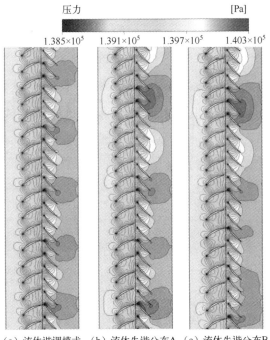

(a) 流体谐调模式　(b) 流体失谐分布A　(c) 流体失谐分布B

图9.5　三种流场模型某一时刻的压力图

为了更直接的了解各模型通道中压力周向分布,图9.6给出了不同方案动叶通道内4个流向位置整圈压力分布。图9.6(a)给出了4个流向位置,图9.6(b)~(e)为各位置的周向压力分布,图中横坐标为无量纲的周向位置,纵坐标为压强信息。图中的粗实线、虚线和细实线分别表示的是相应于谐调流体、流体失谐分布 A 和 B 的压力分布。

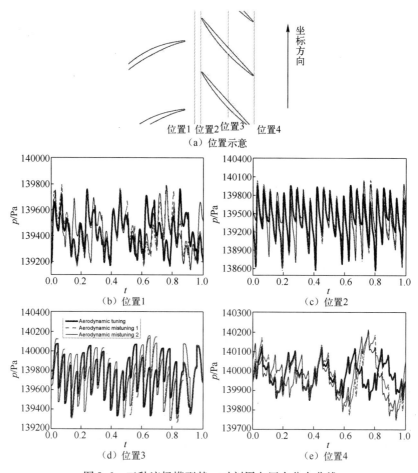

图9.6 三种流场模型某一时刻周向压力分布曲线

可以看出:

(1) 图9.6(b)给出了转子和静子之间的周向压力分布比较,可以看到流体谐调设计方案的整圈压力分布在周向表现为明显的 5 个周期,而流体失谐分布 A 方案在周向表现为 4 个周期,其中在前半环的压力分布与流体谐调设计方案基本重合,这是因为二者在该范围内的叶片稠度相同;而在后半环内仅出现 2 个压力波动峰值,与流体谐调设计方案明显不同,这是因为后半环的叶片数有所改变。流体失谐分布 B 方案在周向虽然也是出现 5 个波动峰值,但由于其整圈的叶片稠度均有所改变,其压力脉动特点也与流体谐调设计方案显著不同。流体失谐分布 B 方案在前半环出现 3 个压力波动峰值,而在后半环出现 2 个波动峰值,这与该方案前半环导叶的稠度增大,而后半环导叶的稠度减小有关。

(2)图 9.6(c)和图 9.6(d)是动叶前缘和动叶通道中部附近的压力分布,这两幅图中压力脉动的主要周期性已表现为叶片周期,图中每个压力"跳动"代表了一个动叶叶片,图 9.6(d)同时也表征了该叶片上的气动负荷。图中数据说明,三方案中各叶片的负荷大小都是不均匀的,而在不同方案中这种不均匀性是明显不同的,而比较两幅图可以发现这种负荷不均匀性的差别随着流动的发展而被放大。

(3)图 9.6(e)是叶片尾缘附近的压力分布,该图中各方案压力的分布特点与图 9.6(b)一致,只是图 9.6(b)中的各项压力分布特点在动叶入口位置表现的更加明显。上述分析表明,这里对静子导叶叶片的调整对于改变动叶叶片的气动负荷是有效的。

9.3 典型谐调非定常流场的激励特性

在上述叶环的三种模型准三维非定常流场计算的基础上,本节进一步由计算结果中提取和分析相应的作用于转子叶片上的时序流场压强,对转子叶片上不同位置的时序脉动压力进行频域和空间域处理,进而分析了这三种模型流场对转子叶片的激振力特性,并通过与第 8 章的分析比较,判断失谐流体设计的效果。

9.3.1 谐调流体频域激励特性

在转速稳定的情况下,流体计算得到的各个节点的压强虽然不是第 8 章中的简化流体激励的谐波形式,但是也具有良好的周期性,某一点压强时间历程 $p(t)$ 的傅里叶展开可以表示为式(2.10)的形式。若转速为 Ω,对称分布静子叶片数为 N_S 时,谐调流体激励的基频 ω 为 ΩN_S,流体激励的频率应为基频的整数倍。在第 8 章的研究中仅仅考虑到了基频的影响,而没有分析其倍频的作用效果。

由于作用于各个转子叶片上的流体激励时间历程信号是完全一样的,只是存在一个时间差,因此选取了某一转子叶片叶身截面并进行激励信号分析,讨论叶片上不同点的激励载荷的情况。图 9.7 为对 9.2 节中计算得到的某一叶身截面上 4 个位置的激励特性,其中图 9.7(a)给出了 A、B、C、D 四个监测点的具体位置:A 点和 C 点分别位于叶身的前缘和尾缘,而 B 和 D 两点位于叶身中部的吸力面和压力面上。图 9.7(b)~(i)给出了各点的时序脉动压强和其频域特性。从图中可以看出,前缘的脉动压力幅值最大,尾缘的最小。但是在整个转子叶片表面脉动压力的频率都是相同的,与式(2.10)描述的频率相同,为转速的整数倍。在图中可以明显看到 1617.8 Hz 和 3235.6 Hz,但是相对于 1 倍频而言,2 倍频的幅值较小,而且 2 倍频并不在叶盘固有频率的范围内,因此作用效果会较小。由此可以认为 8.5.2 节中给出的简化激励与这里的计算结果在频域方面具有很好的一致性,简化激励可以很好地模拟实际流体激励的作用效果。

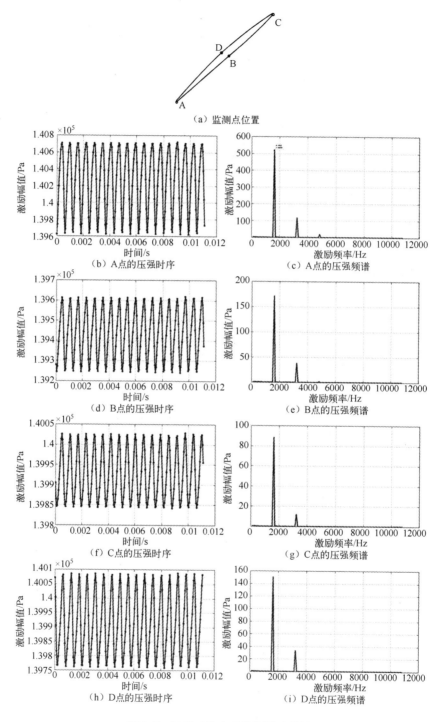

（a）监测点位置

（b）A点的压强时序

（c）A点的压强频谱

（d）B点的压强时序

（e）B点的压强频谱

（f）C点的压强时序

（g）C点的压强频谱

（h）D点的压强时序

（i）D点的压强频谱

图 9.7　转子叶片上的谐调激励特性

9.3.2 谐调流体空间激励特性

一般说来,叶盘结构各扇区对应位置之间的激励是幅值相等存在一个固定相位差的行波激励,其中激励阶次 N_E 由转子叶片数以及静子件(支板或是静子叶片数)数目共同决定,只有当激励阶次 N_E 与叶盘模态节径数相等时,才可能发生叶盘的耦合共振。因此,需要讨论流体的激励阶次和激励空间分布问题。

对于流体计算得到的非定常激励,其形式非常复杂。在任一时刻,激励可以表示成同一时刻一系列不同阶次的行波激励的叠加。任意激励的激励阶次仍通过傅里叶展开来得到,利用第8.2节的方法对任意时刻空间激励向量 $F(t)$ 作傅里叶展开所得到向量即是真实流体激励的空间节径谱。这与第8章中节径谱的定义完全一致,只是此时即使是流体谐调模式下,激励节径谱也不再是单一节径成分。

在转速不变的情况下,转子叶盘旋转一周的过程中,各扇区所受激励的时间历程是一样的,不同扇区之间的激励只存在一个时间差,此时只需要知道一个扇区的激励,就可以根据时间关系推导出其他扇区的激励。因此在理论上讲,各个时刻激励在叶盘各扇区上的分布形式是一致的,只是会相对叶盘旋转一个角度。这样,只要分析任意一个时刻所对应的激励阶次即可。

这样,采用第8章的节径谱分析理论,得到了某时刻叶片上如图9.7(a)所示4点的空间激励谱特性,如图9.8所示。可以看出,各点节径成分是相同的,均包含5节径、10节径。5节径成分的幅值最大,是由转速的基频引起的。这与8.5.2节中给出的简化流体激励节径成分一致。10节径显然是由于转速的2倍频引起的,由于其不在共振频率范围内,因此不能激起共振。

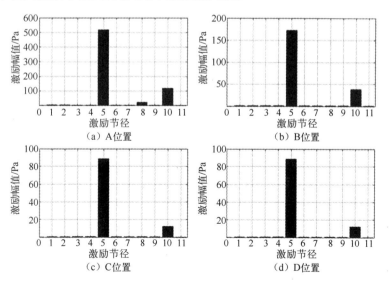

图9.8 谐调激励节径谱

由以上分析可以看出,第 8 章分析的简化流体激励与本章的典型流体激励的计算结果在空间分布方面同样具有很好的一致性,简化激励可以很好地模拟实际流体激励的阶次作用效果。对不同位置的空间激励谱比较仍然显示出对于不同位置脉动激励的大小不一致,前缘最大,尾缘最小。

9.4 典型流体失谐分布 A 非定常流场的激励特性

本节对 CFD 流体计算得到了流体失谐分布 A 的激励特性进行分析,并且与 8.5.3 节的模拟流体失谐模式 A 的分析结果进行比较,表明两者是吻合的。并且在此基础上判断流体失谐分布 A 对于激励特性的抑制效果。

9.4.1 流体失谐分布 A 激励频域分析

这里仍然是对图 9.7(a)所示的 4 点处的计算结果进行分析。计算得到的激励特性如图 9.9 所示。其中各图的左图为脉动压强的时序结果,右图为激励的频率特性。4 位置的结果比较显示脉动压强是由前缘向尾缘逐渐减小的。由于 A 点的幅值最大,结果显示最为明显,因此下面以 A 点为例进行分析。

从图 9.9(a)可以明显看出,转子在旋转一周的过程中,作用于 A 点的脉动压强不再如图 9.7 中所示谐调流体形式,其幅值会随着时间而产生变化,转子转过前半圈时脉动压强的波动周期较小,转过后半圈时脉动压强的波动周期较大,并且在前半圈与后半圈交界位置脉动压强的幅值存在明显变化。这与 8.5.3 节中给出的简化失谐流体激励比较更为复杂,并不存在突变点,为一个连续的变化趋势。对 A 点的激励频率特性进行分析如图 9.9(b)所示,从图中可以看出频率呈现出成族出

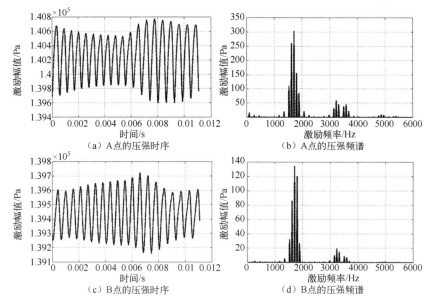

(a) A 点的压强时序 (b) A 点的压强频谱
(c) B 点的压强时序 (d) B 点的压强频谱

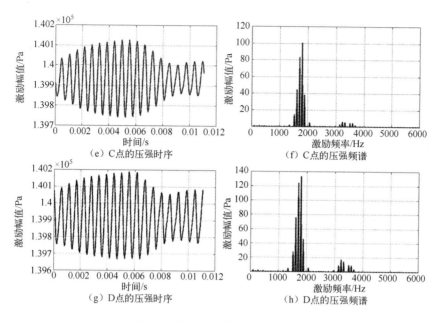

（e）C点的压强时序　　　　　　　　（f）C点的压强频谱

（g）D点的压强时序　　　　　　　　（h）D点的压强频谱

图9.9　流体失谐分布A激励特性

现的现象,即原先对应于谐调流体激励的某一个频率经过失谐流体设计后变化为1族频率。

对于转速的基频 1617.8 Hz($n=18$)而言,转化为 $n=17$、$n=18$、$n=19$、$n=20$、$n=21$ 等幅值较大的频率成分,这点与8.5.3节中简化激励分析结果一致,验证了8.5.3节中简化失谐激励频域分析的正确性。对于不同频率激励的幅值,其规律与8.5.3节中一致,具体相对比值却发生了一定变化。这个现象利用8.3节中的理论可以明确解释。根据式(8.34),$n=18$ 所对应的幅值应该为后半圈脉动分量幅值的1/2,而后半圈脉动幅值与谐调流体激励下脉动幅值数值基本相当,因此 $n=18$ 所对应的幅值应为谐调流体激励幅值的1/2左右,而计算结果显示 $n=18$ 所对应的激励频率的幅值减小为谐调时的0.5018,与理论吻合;而根据式(8.30),$n=20$ 所对应的幅值应该为前半圈脉动分量幅值的1/2,而前半圈脉动分量的平均值约为谐调流体脉动幅值的0.636倍,因此 $n=20$ 所对应的幅值应为谐调流体激励幅值的0.32倍左右,而实际CFD计算分析得到的结果是0.30倍。由此可以验证8.3节中关于失谐流体频域特性的描述。

对于转速的2倍频($n=36$)3235.6 Hz而言,经过流体失谐设计后激励同样转化为一系列频率。根据理论分析结果,失谐激励族应包含 $n=36$、$n=40$、$n=35$、$n=37$、$n=39$ 和 $n=41$ 等成分,而图9.9(b)中的结果也正是包含以上频率成分,与理论非常吻合,再次验证了前述的分析。相对于1倍频频率族而言,2倍频频率族的各个频率均不在叶盘固有频率附近,预测激起叶盘共振可能性较小。因此,在进行流体失谐设计时,第8章中仅考虑1倍频的失谐流体特性是合理的,这点在后面进行的实际流体激励下叶盘结构瞬态响应特性分析中会进一步得到验证。

对于叶身上不同位置的 4 点而言,激励幅值的绝对值不同:脉动压强幅值由转子叶片前缘向尾缘逐渐减小。这主要是由于在 CFD 计算分析时仅考虑了上游静子对转子叶盘的影响,没有考虑下游静子的作用效果。并且各个频率下激励的相对幅值也不同。如图 9.9(b) 中幅值最大点频率为 $n=19$,而图 9.9(f) 中幅值最大点频率为 $n=20$。这点也显示出实际流体激励在空间各点上仍有差别,相当复杂。

9.4.2 流体失谐分布 A 激励空间分析

对于流体失谐分布 A,在图 9.7(a) 所示的 4 点处的空间激励谱特性如图 9.10 所示。与谐调流体激励情况(见图 9.8)比较,失谐激励的节径成分复杂了许多。由第 8.5.3 节简化失谐流体激励分析结果可以看出,节径数为 2、3、4、5、6 的节径成分相对较大,与这里的分析结果是一致的,只是各个节径的相对大小可能发生了变化,如 C 位置和 D 位置的最大幅值不再为 4 节径,而转化为 3 节径。造成这种现象的原因与上述流体失谐模式 A 激励频率成分的相对幅值不等原因一致。除此之外在 10 节径附近也有一个峰值,这是由于 2 倍频的效果引起的。对应于 A、B、C、D 四个点,流体失谐设计后 5 节径所对应的激励幅值均较原始 5 节径成分有所减低,其中 A 位置降低幅度最大,其幅值仅为原幅值的 0.4923 倍。因此流体失谐模式 A 在空间域将激励能量分散了,能够起到较好的减振效果。

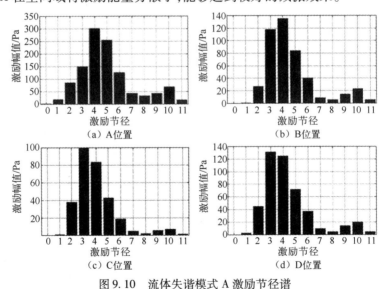

图 9.10 流体失谐模式 A 激励节径谱

9.5 典型流体失谐分布 B 非定常流场的激励特性

下面分析流体失谐分布 B 的激励特性,并与 8.5.3 节流体失谐分布 B 简化激励的分析结果进行比较。在此基础上判断流体失谐分布 B 的设计效果。

9.5.1 流体失谐分布 B 激励频域分析

依然是研究图 9.7(a)所示 4 点处在流体失谐分布 B 作用下的激励特性,图 9.11 给出了分析结果。其中各图左图为脉动压强的时序结果,右图为激励的频率特性。4 个位置的时域和频域结果仍然显示脉动压强是由前缘向尾缘逐渐减小的,与谐调流体模型和流体失谐模式 A 模型趋势一致。同样下面以 A 点的结果为例进行讨论。

从图 9.11(a)可以看出,转子在旋转一周的过程中,作用于 A 点的激励包含 18 个周期的脉动压强,但是其幅值会随着时间而产生变化,不是简单的谐波形式。转子转过前半圈时压强脉动的周期较小,幅值较小,转过后半圈时压强脉动的周期较大,幅值也相对较大。并且在前半圈与后半圈交界位置脉动压强的幅值存在明显变化。对 A 点的激励频率特性进行分析如图 9.11(b)所示。从图中可以看出频率同样呈现出成族出现的现象。

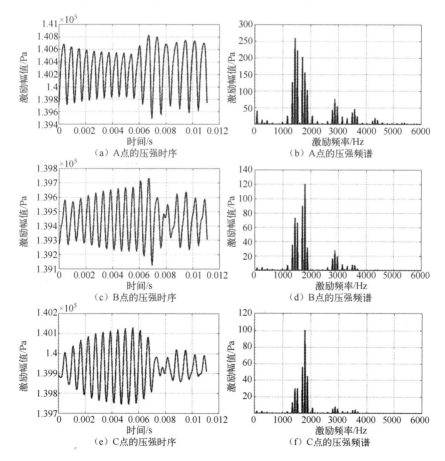

(a) A 点的压强时序　　　　　　　(b) A 点的压强频谱

(c) B 点的压强时序　　　　　　　(d) B 点的压强频谱

(e) C 点的压强时序　　　　　　　(f) C 点的压强频谱

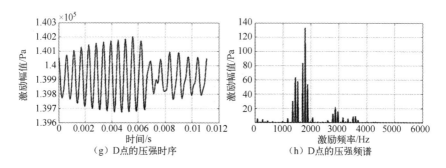

（g）D点的压强时序　　　　　　　　（h）D点的压强频谱

图9.11　流体失谐分布B激励特性

对于转速的基频 1617.8 Hz($n=18$)而言，转化为 $n=15$、$n=16$、$n=17$、$n=19$、$n=20$、$n=21$ 等幅值较大的频率成分，这点与8.5.3节中简化激励分析结果一致，验证了简化失谐激励频域分析理论是正确的。对于不同频率激励的幅值，分布规律与8.5.3节中一致，具体相对比值却发生了一定变化。原因分析可以利用8.3节中的方法进行。从1倍频的分析结果可以看出在原来 $n=18$ 位置已经不存在峰值，说明完全避开了固有频率，由此预估减振效果会较流体失谐分布A更好。

对于转速的2倍频 3235.6 Hz($n=36$)而言，经过流体失谐设计后激励同样转化为一系列频率。根据理论分析结果，失谐激励族应包含 $n=31$、$n=32$、$n=33$、$n=35$、$n=37$、$n=39$、$n=40$ 和 $n=41$ 等成分，而图9.11(b)中的结果也正是包含以上频率成分，与理论吻合。相对于1倍频频率族而言，2倍频频率族的各个频率均不在叶盘固有频率附近，预测激起叶盘共振可能性较小。

相对于流体失谐分布A的频域结果而言，图9.11(b)显示出相对较大的低频分量：其中 $n=1$ 时为 40 Pa，$n=3$ 时为 12.94 Pa，$n=5$ 时为 10.54 Pa，根据式(8.39)，前3个频率下压强的比值约为15:5:3，显然此时理论与CFD仿真计算的结果是吻合的。由于低频分量是转子转过两个半圈时脉动压强的基值差造成的，在8.5.2节中利用简化激励已经分析过上下半圈脉动压强基值差对低频分量的影响。由于上下半圈脉动压强的基值差越大，低频分量越大，应该注意失谐分布B相对于失谐分布A而言上下半圈的脉动压强基值差更大，引起的低频分量成分更大。但是由于低频分量频率位置没有固有模态，因此不会激起强迫振动。

9.5.2　流体失谐分布B激励空间分析

图9.7(a)所示4点处的流体场在失谐分布B时的空间分布特性如图9.12所示。从图中可以看出：失谐激励的节径成分非常复杂。其中主要的节径成分为2、3、4、6、7、8节径，这与8.5.3节中简化激励得到的结果一致，但是相对大小规律并不完全相同。从图中可以看出，原本谐调流体激励中存在的5节径成分现在基本不存在或者非常小了，这便是流体失谐分布B需要达到的目的。显然在频率上和

空间分布上,流体失谐分布 B 都完全避开了固有模态,预估减振效果会非常明显。激励节径谱幅值的大小分布规律仍然是从叶片前缘到尾缘逐渐减小。

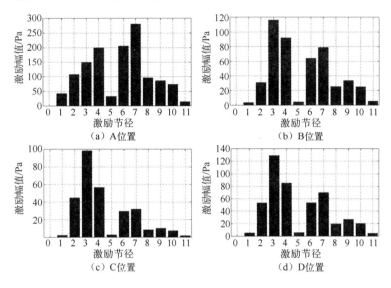

图 9.12　流体失谐分布 B 激励节径谱

9.6　本章小结

本章利用计算流体动力学 CFD 方法计算了全环准三维流场,分析了谐调和两种设计流体失谐模式下的叶盘非定常气动载荷与其激励特性,并与第 8 章的讨论进行了比较。研究表明:

(1) 典型流场的频域特性和空间特性与 8.5 节基于模拟激励的分析结果是一致的,表明可以利用前述对简化模拟激励的分析,对叶盘结构的共振特性进行定性分析。

(2) 通过合理的静子失谐设计,可以减小主要频率的激励幅值,有助于降低叶盘结构的振动应力。

第 10 章　双重失谐流体激励叶盘结构
振动响应特性分析

10.1　引　　言

第 8 章讨论了转子叶盘系统转静件干涉下叶盘结构流体激励共振原理,研究了谐调与失谐叶盘结构模态特性、模拟谐调与失谐流体激励特性等,讨论了流体失谐设计的减振效果。

第 9 章进行了典型发动机转子的两级全环三维流体动力学计算,得到了典型流场在谐调和两种流体失谐分布时,作用于叶盘结构的非定常气动载荷(流体激励),在第 8 章所讨论的简化流体失谐激励的基础上,进一步分析了这些流体激励的频率特性和空间节径谱特性。

本章将进一步研究在谐调和设计失谐流体激励下谐调和失谐叶盘结构的振动响应、响应的频域和空间分布特性等,从而研究转子叶盘系统失谐设计的要求和规律。

本章和第 8 章、第 9 章一起构成了一个整体。考虑流体激励和叶盘结构存在旋转周期对称性的双重失谐,基于转静件干涉的激励和双重失谐节径谱的关系讨论,系统分析了航空发动机工作过程中叶盘结构振动响应特性,从减小和降低叶盘振动响应的角度讨论了双重失谐设计的基本思路和原则方法。

本章的叶盘振动响应激励分别是模拟激励和第 9 章计算得到的典型流体激励,综合应用了模态减缩理论和时域精细积分方法,其基本原理和详细描述可见第 4 章和文献[29]。

分析对象为前面讨论的整体叶盘结构,其模型为图 5.3 或图 8.2 所示,有 23 个转子叶片,转子前的静子叶环有 18 个叶片。计算中给定比例阻尼系数为 $\alpha = 50.9122$,$\beta = 4.9102 \times 10^{-7}$,保证在第一组模态频率范围内阻尼比在 5‰左右[136, 165, 238],采用模态减缩理论和时域精细积分方法相结合,积分步长选为一个振动周期的 1/30。考虑旋转效应,所选旋转速度为 564.71 rad/s。

转子叶盘系统的流体失谐是在 8.5.1 节所设计的。与非失谐分布一起构成了三种静子叶片分布形式如图 8.14 所示。其前排静子叶环的静子数 N_S 为 18,后排转子叶片数 N_R 为 23。设计两种形式的失谐分布为:①流体失谐分布 A:上半圈 $N_{S1}/2 = 9$,下半圈 $N_{S2}/2 = 10$;②流体失谐分布 B:上半圈 $N_{S1}/2 = 8$,下半圈

$N_{S2}/2 = 10$。叶盘结构失谐是第8.4.2节给出的叶片失谐,具有不同失谐幅度的3种随机(样本)失谐模式,如图8.6所示,失谐幅度分别为0.25%、1%和7%,分别称为失谐模式 I、失谐模式 II 和失谐模式 III。通过改变叶片弹性模量实现失谐。

本章振动响应通过第9.1节中图9.1所描述的分析平台进行分析。分析中采用两种激励:一种是模拟激励,这种激励为点激励,作用于叶片尖端一侧角点;另一种是典型流体激励,是一种分布激励,是基于第9章对典型三维非定常流场流体激励特性的计算,将时域上的流体脉动压强按照有限元节点位置进行差值处理后作为叶盘结构模型的各节点载荷。前者称为"模拟激励",后者称为"典型流体激励"。两者的区别在于叶片上分别作用的是单点载荷和各节点上的分布载荷,两者在对转子叶盘系统共振激励的频率谱特性和空间节径谱特性上是一致的。利用"模拟激励"更方便地了解失谐转子叶盘系统共振激励的典型特征,而研究在"典型流体激励"作用下的振动响应,则计算结果更具有工程意义。

10.2 谐调流体激励下谐调叶盘结构振动响应特性

本节计算分析谐调流体激励下谐调叶盘振动响应特性。其中,模拟激励分别计算了共振和非共振两种情况。讨论了振动响应的时域响应、响应频率谱和节径谱特性等。

10.2.1 模拟流体激励下叶盘振动响应

1. 设计转速 I 下的振动响应

基于图5.3的谐调叶盘有限元模型,给定工作转速为8.4.1节所确定的共振转速(设计转速)564.71 rad/s,作用于叶盘模型的为上述"模拟激励"。

图10.1所示为计算得到的振动响应特性。图10.1(a)和(b)为不同时段的时域位移响应特性。从图中可以明显看出此时叶盘处于共振状态。因为叶盘是谐调的,因此各叶片的响应是完全一致的,仅在时间上存在一个相位差。

叶盘响应的频域分布和空间分布分别示于图10.1(c)和(d)。可以看出,此时响应频率为1617.8 Hz,响应节径谱分布也为5节径。与7.5.1节的结果一致,此时叶盘在前排静子尾流激励下发生了第1族5节径模态共振。

2. 设计转速 II 下的振动响应

为了比较共振和非共振状态叶盘结构的振动响应特点,这里假设工作转速(称为设计转速 II)为554.75 rad/s(88.29 r/ms)计算谐调叶盘的振动响应。这时流体激励频率为1589.25 Hz,根据叶盘结构的共振条件,此时叶盘处于非共振状态。

图10.2(a)和(b)为时域振动响应计算结果,其中图10.2(c)为各叶片的叶尖节点响应幅值,从图中可以看出各个叶片的响应幅值完全一致,但是响应幅值降低为激

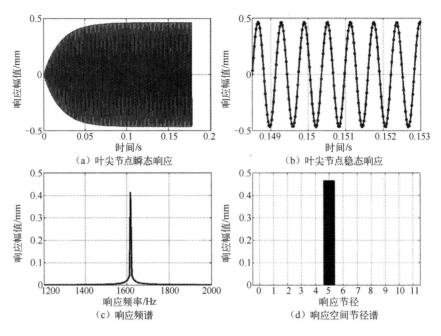

图 10.1 谐调模拟流体激励的谐调叶盘振动响应特性(设计转速 I)

励频率为 1617. 8 Hz 时(即上述的设计转速 I)的 29%。频响曲线(图 10. 2(d))显示响应频率为 1589. 25 Hz,与激励频率完全一致;响应节径谱(图 10. 2(e))仍为单一的 5 节径分布。

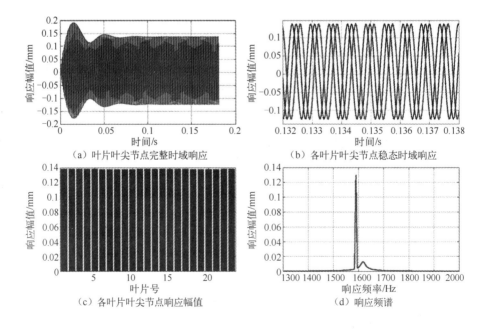

（a）叶片叶尖节点完整时域响应   （b）各叶片叶尖节点稳态时域响应

（c）各叶片叶尖节点响应幅值   （d）响应频谱

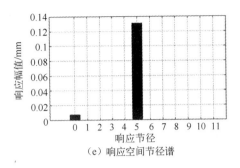

（e）响应空间节径谱

图 10.2　模拟谐调流体激励下谐调叶盘振动响应特性（设计转速Ⅱ）

10.2.2　典型流体激励下叶盘振动响应

对于图 8.14(a)所示的静子叶片分布状态,计算得到了典型流体激励下谐调叶盘振动响应特性。图 10.3 给出了转子叶片截面 4 处(图 9.7(a))的振动响应。其中左图为时域瞬态振动响应,右图为响应频域特性。从时域响应结果可以看出叶盘处于共振状态,振动幅值较大,这与第 8 章的设计目标一致。各处响应幅值说明响应也是由前缘向尾缘逐渐减小,与激励的分布一致。

此外,对于响应的频率谱和节径谱特性,由图 10.3 的各图知,响应频率为单频 1617.8Hz,由图 10.4 知,响应节径谱均为单一 5 节径空间分布。

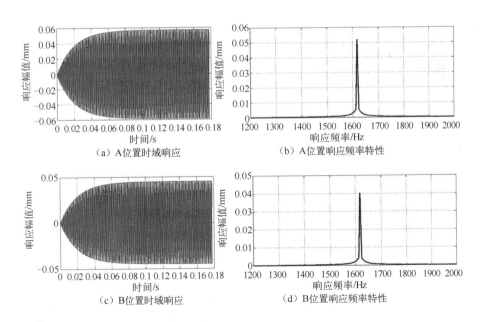

（a）A位置时域响应

（b）A位置响应频率特性

（c）B位置时域响应

（d）B位置响应频率特性

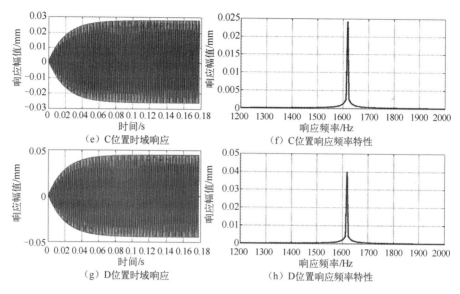

（e）C位置时域响应　　　　　　　　（f）C位置响应频率特性

（g）D位置时域响应　　　　　　　　（h）D位置响应频率特性

图 10.3　典型流体激励下叶盘振动响应特性

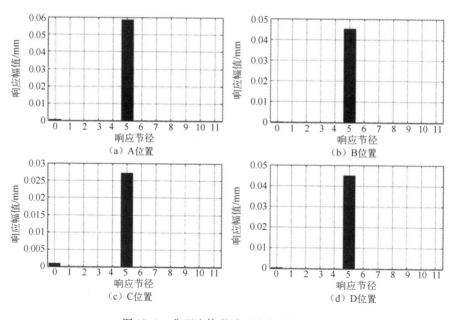

（a）A位置　　　　　　　　　　　　（b）B位置

（c）C位置　　　　　　　　　　　　（d）D位置

图 10.4　典型流体激励下叶盘响应节径谱

此外,无论是模拟激励还是流体激励,计算得到的响应特性无论是频率谱和节径谱均仅含单一谱成份,这与第 8 章的分析描述是吻合的。而且表明了利用模拟激励进行分析是有益的。在难以进行流体动力学计算时,可以利用模拟激励进行分析,判断在转静件干涉中转子叶盘的共振可能。

10.3 谐调流体激励的失谐叶盘结构振动响应特性

本节计算谐调流体激励下失谐叶盘的振动响应特性,结构失谐是图8.6给出的三种随机样本失谐。其中,模拟流体激励分别计算了共振和非共振两种情况。讨论了振动响应的时域响应、响应频率谱和节径谱特性等。

10.3.1 模拟流体激励的失谐叶盘振动响应

1. 结构失谐模式Ⅰ的叶盘振动响应

失谐模式Ⅰ的失谐比例为0.25%,是三种失谐模式中失谐幅值最小的。在失谐叶盘的响应特性分析中,施加激励、给定阻尼与谐调叶盘完全一致,转速条件为共振转速564.71 rad/s。

计算得到的3个典型叶片叶尖的时域响应特性曲线如图10.5(a)所示。可以看出,与谐调叶盘的响应结果不同,此时各叶片的响应幅值不再相同,但是由于该模式失谐幅值较小,所以差别也不大。图10.5(b)为各叶片响应幅值,响应幅值最大为0.478 mm,最小为0.459 mm,二者差值为0.019 mm。响应频率仍为单频1617.8 Hz(图10.5(c)),响应节径谱(图10.5(d))中5节径仍为主要的响应成分,说明各叶片响应的相位差也基本一致。此时叶盘结构的响应与谐调叶盘相差较小。将这里的分析结构与8.4.2节中的模态分析结果比较后可以看出,模态局部化严重并不一定导致响应局部化严重。这也验证了文献[84,86,87]关于模态局部化仅是振动响应局部化的必要条件的结论。

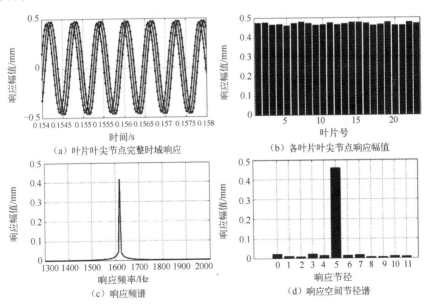

(a) 叶片叶尖节点完整时域响应

(b) 各叶片叶尖节点响应幅值

(c) 响应频谱

(d) 响应空间节径谱

图10.5 模拟流体激励下失谐模式Ⅰ叶盘响应特性

2. 结构失谐模式 II 的叶盘振动响应

在相同的转速、阻尼、激励条件下,结构失谐模式 II 的叶盘振动响应的计算结果如图 10.6 所示。图 10.6(a)和(b)分别为典型叶片响应的时域结果和各叶片叶尖节点的响应幅值。可以看出,各叶片响应幅值差别增大,响应的最大幅值为 0.4801 mm,最小幅值为 0.408 mm,差值为 0.0721 mm。响应频率仍为单频 1617.8 Hz (图 10.6(c)),响应节径谱(图 10.6(d))中 5 节径成分仍为主要的响应成分,其他节径成分均较小。由此可以看出在某一工作状态下,失谐并不一定能够导致响应幅值增大很多。

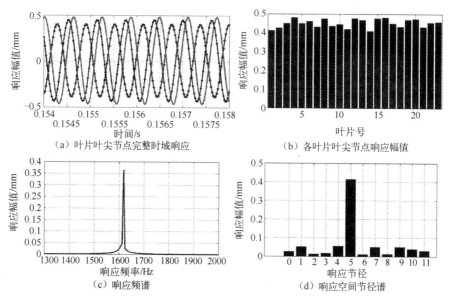

图 10.6　模拟流体激励下失谐模式 II 叶盘响应特性

3. 结构失谐模式 III 的叶盘振动响应

对模拟谐调流体激励下结构失谐模式 III 的叶盘振动响应特性进行了计算分析。这里给定的设计转速为非共振转速 554.7529 rad/s,相应于 10.2.1 节的设计转速 II,使得结构谐调的叶盘处于非共振状态下。因此,可以与 10.2.1 节振动响应进行比较,了解结构失谐的影响。

图 10.7 为计算得到的叶盘振动响应特性。图 10.7(b)表明此时各叶片的响应幅值差别较大,图 10.7(c)给出了各叶片稳态响应的幅值分布,此时响应幅值的最大值为 0.516 mm,与 10.2.1 节中相同激励的谐调叶盘比较,结构失谐使振动幅值放大比[23,82]达 3.75;而响应幅值的最小值为 0.0626 mm,最大值与最小值的差为 0.4534mm,差别较大。响应频率(图 10.7(d))主要为 1589.25 Hz;图 10.7(e)的响应节径谱成分变的更复杂,不再是单一的 5 节径分布。

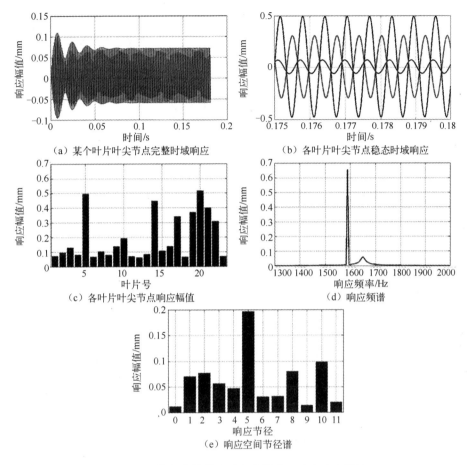

（a）某个叶片叶尖节点完整时域响应

（b）各叶片叶尖节点稳态时域响应

（c）各叶片叶尖节点响应幅值

（d）响应频谱

（e）响应空间节径谱

图 10.7　模拟流体激励下失谐模式 Ⅲ 叶盘响应特性

以上的分析表明,转速小量的变化可能导致激励频率变化进而对响应状态影响很大。因此,某一确定失谐模式对响应特性的影响不仅与失谐本身有关系,而且与叶盘结构的激励条件也有很大关系。

4. 结构失谐叶盘的频响特性

由上面的分析可以知道,随着失谐程度的增大,在偏离原谐调叶盘共振频率的位置也会激起较大振动(共振)。因此,需要分析在一定频率范围内振动响应幅值随着激励频率的变化情况,以及不同失谐模式对这种变化的影响。

图 10.8 是谐调和不同结构失谐模式下,模拟谐调流体激励下的叶盘结构的稳态响应最大值随激励频率的变化曲线。

从图 10.8 中可以观察到:①随着失谐程度的增大响应最大值有增大的趋势,当失谐幅度达到 7% 时,响应幅值在整个该族模态频段范围内放大比为 1.0925;②随着失谐比例的增高,响应最大值出现的频率将减小;③随着失谐比例的增高,共振带将会增宽。若将响应幅值大于 0.4 mm 的区域定义为共振带,则随着失谐比

215

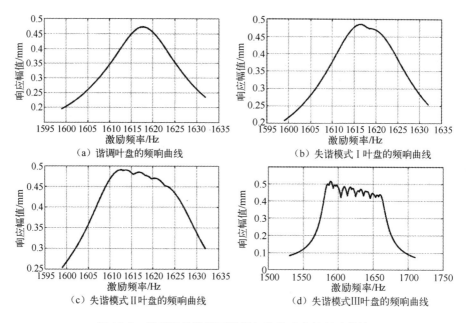

图 10.8 模拟流体激励下谐调与失谐叶盘的频响特性

例的增高,共振带的增大明显。这主要是由于失谐增大,第 1 族固有频率的频带宽度增大,并且第 1 族内的各个模态均含有 5 节径的成分,都能够被 5 节径激励激起。表 10.1 列出了上述分析相应的数据。

表 10.1 不同失谐模式共振带宽度

失谐比例	响应最大值/mm	最大响应频率/Hz	共振带宽度(>0.4 mm)/Hz
0	0.4726	1617.8	10.3
0.25%	0.4853	1616.3	13.3
1%	0.4903	1612	20.2
7%	0.5163	1589.1	84.5

10.3.2 典型流体激励的失谐叶盘振动响应

1. 结构失谐模式 I 叶盘振动响应

计算结果如图 10.9 所示,其中图 10.9(a)为 3 个叶片叶尖节点的稳态时域响应,图 10.9(b)为各个叶片叶尖节点的稳态响应幅值,由于失谐量较小,从图中可以看出各叶片的响应水平基本一致,变化不大。与模拟激励的结果(图 10.5)比较可以看出,两种载荷的响应幅值相对变化完全一致,仅仅是绝对值不同而已。因此,又一次表明利用模拟激励同样可以进行共振的定性分析。图 10.9(c)和(d)是响应的频率谱和节径谱特性。响应频率是单频 1617.8 Hz,响应节径谱为单一的 5 节径成分。计算结果显示结构失谐模式 I 并没有导致很明显的响应局部化现象。

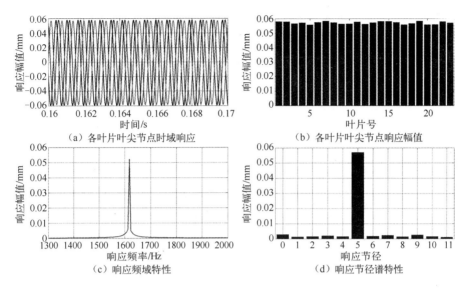

（a）各叶片叶尖节点时域响应

（b）各叶片叶尖节点响应幅值

（c）响应频域特性

（d）响应节径谱特性

图 10.9　典型流体激励下结构失谐模式Ⅰ叶盘瞬态响应特性

2. 结构失谐模式Ⅱ叶盘振动响应

这时的振动响应特性如图 10.10 所示。可以看出,各叶片的响应幅值不同,最大值为 0.0579 mm,最小值为 0.0493 mm。与结构失谐模式Ⅰ相比,结构失谐对于响应的影响程度更大一些。图 10.5(b)与图 10.10(b)的叶片响应幅值空间分布规律是一致的,说明模拟激励的叶盘振动响应可以反映实际响应特征。图 10.10(c)和(d)分别给出了响应的频域结果和空间分布,分别是 1617.8 Hz 频率和 5 节径主导的空间分布。

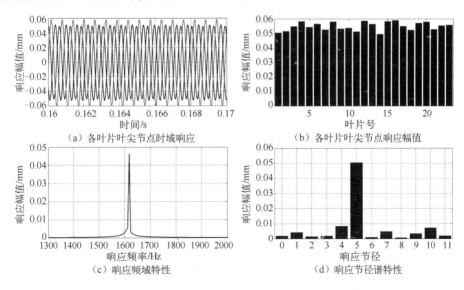

（a）各叶片叶尖节点时域响应

（b）各叶片叶尖节点响应幅值

（c）响应频域特性

（d）响应节径谱特性

图 10.10　典型流体激励下结构失谐模式Ⅱ叶盘瞬态响应特性

3. 结构失谐模式Ⅲ叶盘振动响应

图 10.11 表示了这种失谐模式叶盘结构的振动响应特性。从图 10.11(a)和(b)中可以看出,各叶片响应相差较大,最大叶片幅值 0.0587 mm,最小为 0.016 mm,相差约占最大幅值的 73%。图 10.11(c)和(d)表明,响应频率仍然以 1617.8 Hz 为主,空间节径仍是 5 节径主导,同时包含其他节径成分,节径成分较为复杂。

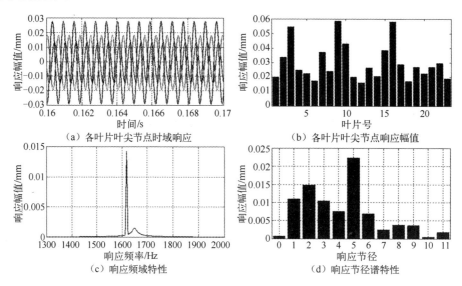

(a) 各叶片叶尖节点时域响应　　　　(b) 各叶片叶尖节点响应幅值

(c) 响应频域特性　　　　(d) 响应节径谱特性

图 10.11　典型流体激励下结构失谐模式Ⅲ叶盘振动响应特性

10.4　失谐流体激励下谐调叶盘结构振动响应特性

10.4.1　模拟流体失谐分布激励下谐调叶盘振动响应特性

按 8.5.1 节图 8.14 中的两种失谐静子叶片分布,设定模拟流体激励,计算分析相应的谐调叶盘振动响应特性。激励的作用点和阻尼大小与 10.2.1 节中的谐调激励一致,转速条件为 564.71 rad/s,是谐调时的设计转速 I 的共振状态。

1. 失谐分布 A 激励的谐调叶盘结构振动响应

计算得到的叶盘振动响应如图 10.12 所示。其中,图 10.12(a)是时域受迫响应位移曲线,监测点选取与 10.2.1 节的相同。与图 10.1(a)比较表明,这里的叶盘受迫响应较小。

与谐调流体激励下叶盘的响应水平不同的是,这时的时域响应状态稳定后其幅值也是脉动的。在转子转动一周的过程中,经历上半圈静子所产生的尾流激励时,叶片的响应有增大的趋势,而经历下半圈时,响应水平有减小的趋势。这主要是由于上半圈静子分布仍然满足 $n=18$，其产生的激励频率与固有频率一致；而下半圈静子分布改变为 $n=20$，激励频率与固有频率不再一致。图 10.12（b）为叶盘第一个 1/2 旋转期间谐调激励和分布 A 激励下某一叶片的响应。可见，由于这期间作用的激励是一致的，因此响应也是相同的。

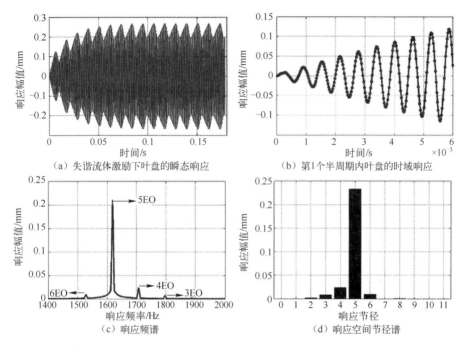

图 10.12　模拟流体失谐分布 A 的谐调叶盘响应特性

对上述的时域响应进行空间傅里叶变换得到相应的空间响应节径谱如图 10.12（d）所示。响应节径谱表示响应中包含的节径成分，将其与激励节径谱、模态振型节径谱对照可以分析是哪些激励成分激起了共振。参考图 8.16（b）的激励空间谱可以知道，多节径成分的激励最终激起的主要是 5 节径的响应，其他成分的响应水平都很低。同样对时域响应做频域傅里叶分析，得到响应的频谱图（图 10.12（c）），同样可以发现多频率的激励激起的主要为 $n=18$ 频率处的响应，而其他频率位置响应水平较低。分析原因可以认为，失谐流体设计使得激励频率分散，错开了共振频率，因此其他节径数的频率没有激起共振。

表 10.2 也给出了响应的空间阶次与响应频率之间的对应关系，此时响应的空间节径数与响应频率是一一对应的关系。从表中可以明显看出此时的主要响应成分是 5 节径，频率为 1617.8 Hz，这与 8.5.3 节中激励分析中得到的结果一致。由于该激励的幅值相对应谐调流体已经有所降低，因此响应水平也相应减小了，起到了减振的效果。

表 10.2　响应频率与响应空间阶次的对应关系

响应频率/Hz	响应阶次	相邻叶片间相位/(°)	响应幅值/mm
1527.92	6	93.91	0.0100
1617.8	5	78.26	0.2105
1707.68	4	62.61	0.0241
1797.56	3	46.96	0.0075

2. 失谐分布 B 激励的谐调叶盘振动响应

计算得到了流体失谐分布 B 作用下谐调叶盘结构的振动响应特性。图 10.13(a) 所示为某叶尖节点的时域响应曲线。可以看出响应比流体失谐分布 A 的响应水平还要小,此时叶盘处于非共振状态。这主要是由于这种失谐流体设计上半圈静子分布为 $n = 16$,下半圈静子分布为 $n = 20$,失谐流体激励已经避开了固有频率 1617.8 Hz 的 $n = 18$,也避开了固有模态 5 节径空间分布。图 10.13(b) 给出了位移时域稳态响应。

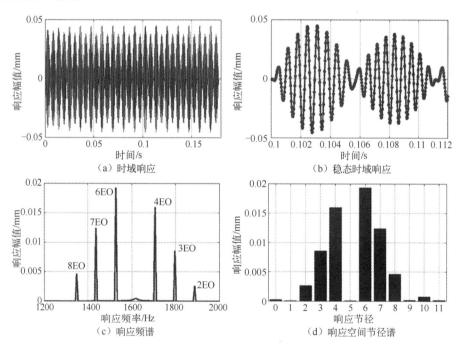

（a）时域响应　　　　（b）稳态时域响应

（c）响应频谱　　　　（d）响应空间节径谱

图 10.13　模拟流体失谐分布 B 的谐调叶盘响应特性分析

图 10.13(c) 和(d) 为失谐流体分布 B 激励的响应频域谱和节径谱图,对照图 8.17 可以看出,响应的频率成分和空间分布都与激励的分布一致,但是各节径数和频率下的响应水平都较小,没有激起共振。此时流体失谐设计起到了很好的降低振动响应水平的效果。

表 10.3 为各响应频率与响应空间分布的对应关系,此时响应的空间分布与频率分布仍然为一一对应的关系。显然表中不存在 5 节径、1617.8 Hz 的响应成分,与激励分析得到的结果一致,此时减振效果非常明显。这与 8.5.3 节中流体失谐设计预期效果一致。

表 10.3　响应频率与响应空间阶次的对应关系

响应频率/Hz	响应阶次	相邻叶片间相位/(°)	响应幅值/mm
1348.17	8	125.22	0.0046
1438.08	7	109.57	0.0124
1527.92	6	93.91	0.0193
1707.6788	4	62.61	0.0160
1797.56	3	46.96	0.0085
1887.44	2	31.30	0.0026

图 10.14 给出了谐调流体和上述两种设计失谐流体下叶盘的稳态时域响应特性比较。从图中可以看出流体失谐设计对于降低受迫响应水平的作用是十分明显的,两种流体失谐设计下叶盘的响应水平分别降低为谐调时的 56.872% 和 9.574%。

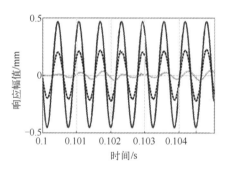

图 10.14　谐调和失谐流体激励下谐调叶盘的稳态响应特性

3. 激励基频分量对谐调叶盘结构振动响应的影响

对应第 8.5.3 节的讨论,对于模拟流体激励,讨论失谐流体激励基频分量对谐调叶盘响应特性的影响规律。静子空间分布与相关参数与 8.5.3 节相同,并称这种情况为"失谐分布 C"。

图 10.15(a)表示了流体失谐分布 C 时叶盘的时域振动响应,同时表示了相应的流体失谐分布 A 的响应。结果显示二者的差别较小,是基本一致的。响应的频域分布(图 10.15(b))与空间节径分布(图 10.15(c))也与流体失谐分布 A 的基本一致。这主要是由于在低频分量位置不存在固有模态,不能激起共振。由此可

221

见,流体失谐设计时要注意低频分量的影响,但是针对低阶模态进行的流体失谐设计一般不会产生低频分量的影响。

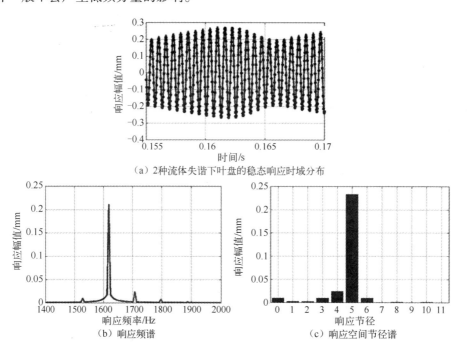

（a）2 种流体失谐下叶盘的稳态响应时域分布

（b）响应频谱

（c）响应空间节径谱

图 10.15　模拟流体失谐分布 C 的下叶盘响应特性分析

10.4.2　典型流体失谐分布激励下谐调叶盘振动响应特性

分别计算了失谐分布 A 和 B 的典型流体激励下谐调叶盘结构的振动响应,分析了图 9.7(a)所示叶片某截面 A、B、C 和 D 点的相应结果。

1. 失谐分布 A 激励的谐调叶盘振动响应

对于失谐分布 A 典型流体激励下谐调叶盘结构的振动响应,图 10.16 分别给出了 A、B、C 和 D 点的时域响应、响应频率分布和响应空间节径分布。从响应的时域特性结果可以看出:稳态响应的幅值仍然是脉动的,在转子叶片转过上半圈时振幅较大,转过下半圈时振幅较小。这与 10.4.1 节模拟激励的响应规律是一致的。从频率特性可以看出,主要成分为 1617.8 Hz,即 $n=18$ 频率成分。而 $n=19$、$n=20$ 与 $n=17$ 的相对较小,并且响应中不含 2 倍频频率成分。同样地,从空间节经谱特性可以看出,5 节径是主导成分,其他成分的较小。而且,以 A 点为例,与图 10.3 所示的响应值比较,这时响应幅值降低为谐调流体作用时的 36.1%,说明流体失谐设计起到了较好的减振作用。

2. 失谐分布 B 激励的谐调叶盘振动响应

计算分析了流体失谐分布 B 激励下谐调叶盘结构的振动响应特性。图 10.17

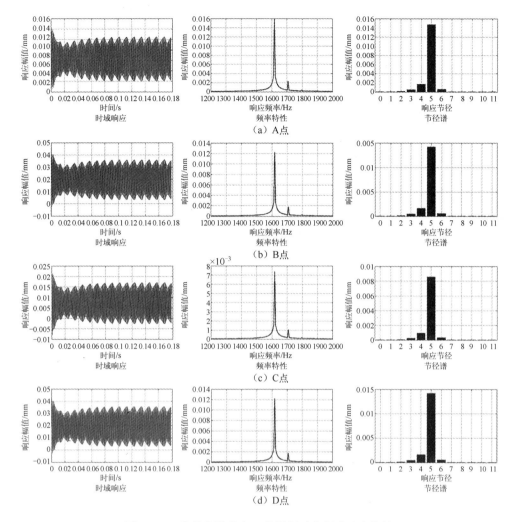

图 10.16　流体失谐分布 A 的谐调叶盘振动响应特性

为 4 个位置响应的时域结果、频率特性和响应空间节经谱。从时域响应图中可以看出此时各点的响应幅值较小,处于非共振状态。频率特性结果表明,响应包含了 $n=15$、$n=16$、$n=17$、$n=19$、$n=20$ 和 $n=21$ 的频率成分,但是幅值均较小。并且响应中并不包含 2 倍频频率族成分。响应的空间节径成分包含 2、3、4、6、7、8 节径,同样幅值非常小。这些均与第 8.5.3 节对激励特性的分析吻合。

可以看出,振动响应中不再包含 $n=18$ 频率成分和 5 节径空间成分,说明响应完全避开了叶盘的第 1 族 5 节径模态,响应水平为谐调流体激励下的 9.67%,流体失谐设计非常有效。图 10.18 给出了 3 种流体激励下谐调叶盘 A 位置的振动响应,其中谐调流体激励的响应最大,流体失谐 A 激励的响应次之,流体失谐 B 的最小,可见流体失谐设计对于减小叶盘共振的效果明显。

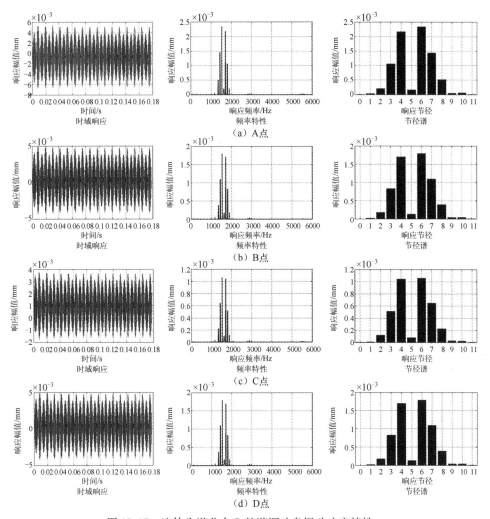

图 10.17　流体失谐分布 B 的谐调叶盘振动响应特性

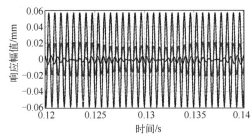

图 10.18　三种流体激励下谐调叶盘的振动响应

本节的计算结果表明,在典型流体激励下,叶盘振动响应的时域、频域、空间域特性与前面讨论的模拟激励的结果是吻合的。从而也说明,可以采用模拟激励的分析进行流体激励叶盘振动的定性分析。

224

10.5　模拟激励双重失谐叶盘振动响应特性

本节同时考虑流体激励和叶盘结构两方面的失谐,研究流体激励下叶盘结构的振动响应特性。流体激励为图8.14(b)和(c)所示静子叶片非均匀分布状态的模拟激励,叶盘结构失谐为图8.6所示的三种叶片失谐。

10.5.1　失谐流体激励的结构失谐模式Ⅰ叶盘振动响应特性

1. 流体失谐分布A与结构失谐模式Ⅰ组合的叶盘振动响应

计算得到的在这两种失谐模式组合下的叶盘结构振动响应如图10.19所示。其中图10.19(a)为某叶片叶尖节点在时域的振动响应。可以看出,叶片的时域响应特性与10.4.1节中的振动响应较为类似。响应幅值稳定后,转子旋转的前半周响应幅值增大,后半周响应幅值减小。图10.19(b)为典型的3个叶片的时域稳态振动响应。可以看出,这时各叶片间的响应幅值相差不大,相位差也较为规律。而图10.19(c)为叶盘各叶片的稳态响应幅值,可见,虽然各个叶片的响应幅值不相等,但是差别较小。响应水平为谐调流体激励下的57.95%。图10.19(d)为响应的频域特性,最大幅值的响应频率为1617.8 Hz($n=18$),除此之外还包含1527.9 Hz($n=17$)、1707.7 Hz($n=19$)、1797.6 Hz($n=20$),但是这些频率下的响应幅值很小。响应的频率成分与8.5.3节中流体失谐分布A的激励频率成分一致。图10.19(e)为响应的空间分布,看出响应空间分布以5节径为主,其他节径的响应很小,基本没有被激起。

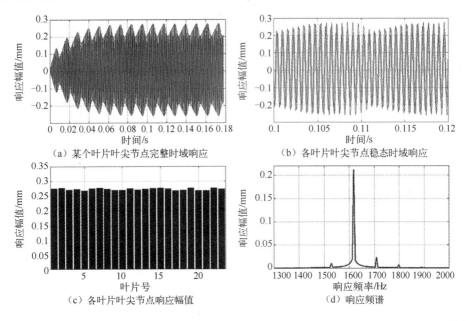

(a)某个叶片叶尖节点完整时域响应　　(b)各叶片叶尖节点稳态时域响应

(c)各叶片叶尖节点响应幅值　　(d)响应频谱

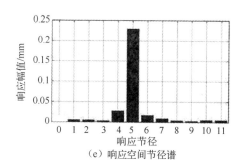

（e）响应空间节径谱

图 10.19 流体失谐分布 A 的结构失谐模式 I 叶盘响应特性

由以上的计算与分析可知,流体失谐设计同样可以降低失谐叶盘的响应水平。但是由于结构失谐与流体失谐均导致增加频率成分,因此对避开共振也存在一些不利影响。以下试图从共振判断的角度对上述问题进行分析。

结构失谐有两方面的影响:①结构失谐使得原谐调叶盘结构中的某一节径模态出现在该族的各个失谐模态中,由此使得模态对激励空间分布的选择性增大(放宽),整个该族内的模态都有可能包含与激励空间分布相同的节径数,可能发生共振的模态由一个扩展为一族模态;②结构失谐导致频率分离,整个共振频带的宽度增大,并且失谐程度越高,共振频带宽度越大。

同样地,流体失谐也有两方面的影响:①流体失谐使得原激励成分中的单一节径转化为多节径,使得激励对模态空间分布的选择性增大(放宽),更容易激起共振;②流体失谐使得原激励成分中的单一频率转化为多频成分,使得共振的可能性进一步增大。

基于上述的讨论,可以给出失谐流体激励下失谐叶盘结构共振判断的 Campbell 图如图 10.20 所示。从图中可以看出,表示固有频率的 2 条横线之间的区域都是共振区,而激励线由谐调流体激励时的 1 条转化为多条,更容易激起共振。

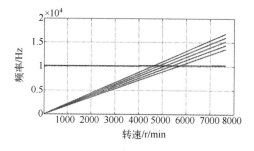

图 10.20 流体失谐分布 A 下结构失谐模式 I 叶盘的 Campbell 图

考虑工作转速下固有频率与激励频率的关系,参考图 10.21。其中由左起第二竖线处为一"族"线,"粗线"表示的是固有频率区域,而高的"细线"表示的是谐调流体时的激励频率－幅值线,其余为设计失谐流体激励—幅值线(包括的"高细线"重造的"短细线")。显然,在该族固有频率范围内的激励,经过流体失谐设计后激励的幅值降低为原谐调流体激励的一半,但是却由原单频激励转化为多频激励。

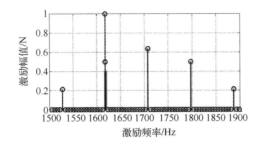

图 10.21　流体失谐模式 A 激励频率与结构失谐模式 I 叶盘固有频率关系

在上述的分析中,由于结构失谐的幅度较小,固有频率的分散范围也较窄(参见第 8 章图 8.7),而失谐流体激励的分散度较为宽,因此基于图 10.20 和图 10.21 的特点,实际上是不易激起共振的。

2. 流体失谐分布 B 与结构失谐模式 I 组合的叶盘振动响应

对于流体失谐分布 B 作用下失谐叶盘结构的振动响应如图 10.22 所示。结果中各个叶片的响应水平更加均匀(图 10.22(c)),响应水平进一步降低,为谐调流体激励下的 10.98%。显示该流体失谐设计很好地降低了叶盘结构的响应水平。响应的频率(图 10.22(d))成分包括 1348.2 Hz($n=15$)、1438.0 Hz($n=16$)、1529.7 Hz($n=17$)、1707.7 Hz($n=19$)、1797.6 Hz($n=20$)、1887.4 Hz($n=21$),与激励频率成分一致;响应的空间谱分布(图 10.22(e))也与激励的空间谱分布一致。

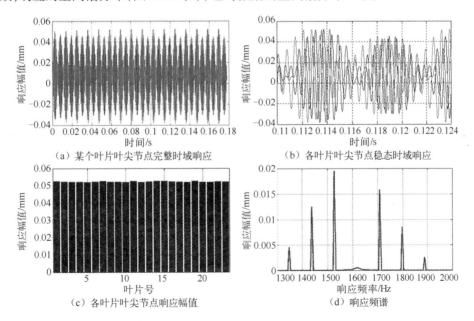

(a)某个叶片叶尖节点完整时域响应

(b)各叶片叶尖节点稳态时域响应

(c)各叶片叶尖节点响应幅值

(d)响应频谱

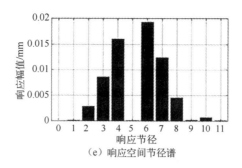

（e）响应空间节径谱

图 10.22　流体失谐模式 B 下结构失谐模式 I 叶盘响应特性

同样给出了相应的 Campbell 图如图 10.23 所示，此图与图 10.20 的差别仅在激励频率上。在图 10.20 中，5 条斜线对应的激励频率分别为 $n = 17$、$n = 18$、$n = 19$、$n = 20$、$n = 21$。而在图 10.23 中，激励频率为 $n = 15$、$n = 16$、$n = 17$、$n = 19$、$n = 20$、$n = 21$。

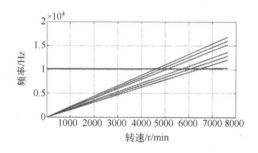

图 10.23　流体失谐分布 B 下结构失谐模式 I 叶盘的 Campbell 图

图 10.24 表示的是当前工作条件下固有频率和激励频率的关系。显然经过失谐流体设计后激励频率分散开了；而且结构失谐使固有频率频带稍微变宽了一些，但是频带仍然较窄，与激励频率相隔较远。因此流体失谐分布 B 对于结构失谐模式 I 叶盘在当前工作状态下的减振效果很好。

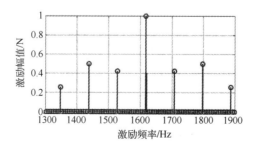

图 10.24　流体失谐分布 B 激励频率与结构失谐模式 I 叶盘固有频率关系

10.5.2　失谐流体激励的结构失谐模式Ⅱ叶盘振动响应特性

1. 流体失谐分布 A 与结构失谐模式Ⅱ组合的叶盘振动响应

流体失谐分布 A 激励下,具有结构失谐模式Ⅱ的叶盘结构振动响应如图 10.25 所示。其中时域响应(图 10.25(a)、(b))的各个叶片响应水平明显不一致。并且与谐调流体激励时的响应状态(10.2.2 节)比较,响应水平明显降低,降低为谐调流体激励下响应水平的 58.11%。图 10.25(c)为各个叶片的稳态响应幅值,差值较 10.5.1 节的结构失谐模式Ⅰ的值增大了。图 10.25(d)为响应的频率特性曲线,其中最大幅值的响应频率为 1617.8 Hz($n=18$),周围包含 1527.9 Hz ($n=17$)、1707.7 Hz($n=19$)、1797.6 Hz($n=20$),但振动幅值都很小。响应的频率成分与 8.5.2 节中的激励成分一致。空间响应节径谱(见图 10.25(e))显示响应仍以 5 节径成分为主。

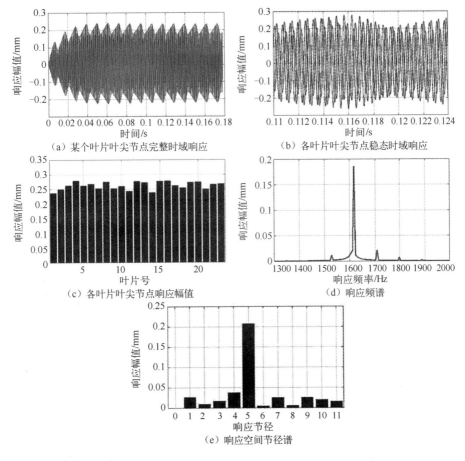

(a) 某个叶片叶尖节点完整时域响应　　(b) 各叶片叶尖节点稳态时域响应

(c) 各叶片叶尖节点响应幅值　　(d) 响应频谱

(e) 响应空间节径谱

图 10.25　流体失谐分布 B 下结构失谐模式Ⅱ叶盘响应特性

图 10.26 为相应的 Campbell 图,图中斜线与水平直线区域相交的部分均是共振区。但是值得强调的一点是,即使这些区域为共振区,激振力的幅值较原谐调流体激励仍然有所降低。图 10.27 表示在该工作转速下激励频率与固有频率的关系,从图中可以看出竖直粗线表示的固有频带宽度较结构失谐模式 I 增大了不少。

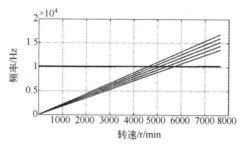

图 10.26 流体失谐分布 A 下结构失谐模式 II 叶盘的 Campbell 图

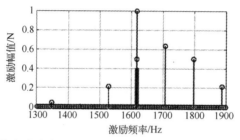

图 10.27 流体失谐分布 A 激励频率与结构失谐模式 II 叶盘固有频率关系

2. 流体失谐分布 B 与结构失谐模式 II 组合的叶盘振动响应

这种情况下计算得到的图 10.28(a)和(b)为各个叶片的时域响应曲线,各叶片的时域响应幅值各不相同,相位也比较杂乱。图 10.28(c)给出了各叶片的响应幅值,响应最大值降低为谐调流体激励的 11.12% 。响应的频率(图 10.28(d))成分包括 1348.2 Hz($n=15$)、1438.0 Hz($n=16$)、1529.7 Hz($n=17$)、1707.7 Hz($n=19$)、1797.6 Hz($n=20$)、1887.4 Hz($n=21$),与激励频率成分一致;响应的空间谱分布(图 10.28(e))也与激励的空间谱分布一致。可见,这种组合的流体失谐设计和结构失谐使得叶盘结构响应水平明显降低。

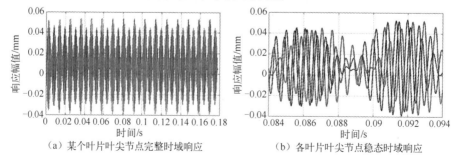

(a)某个叶片叶尖节点完整时域响应   (b)各叶片叶尖节点稳态时域响应

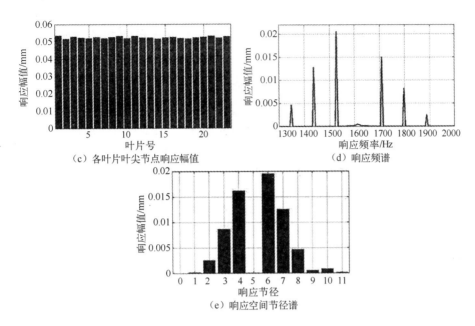

（c）各叶片叶尖节点响应幅值 （d）响应频谱

（e）响应空间节径谱

图 10.28　流体失谐模式 B 下结构失谐模式 Ⅱ 叶盘响应特性

图 10.29 是失谐叶盘结构的 Campbell 图,图 10.30 是激励频率与固有频率的关系图。从图 10.30 中可以看出失谐流体设计后,在当前转速下激励频率完全避开了固有频率范围,这正是振动响应明显降低的原因。

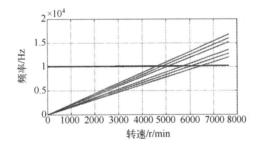

图 10.29　流体失谐分布 B 下结构失谐模式 Ⅱ 叶盘的 Campbell 图

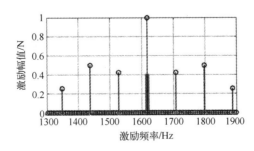

图 10.30　流体失谐分布 B 激励频率与结构失谐模式 Ⅱ 叶盘固有频率关系

10.5.3 模拟失谐流体激励下结构失谐模式Ⅲ叶盘瞬态响应特性

1. 流体失谐分布 A 与结构失谐模式Ⅲ组合的叶盘振动响应

对于流体失谐分布 A 激励的失谐叶盘(失谐模式Ⅲ)振动响应如图 10.31 所示。其中图 10.31(a)、(b)是时域响应。这种情况下,各叶片的响应幅值差别较大(图 10.31(c))。最大响应为谐调流体激励下的 57.75%。图 10.31(d)为某叶片响应的频域特性,可以看出频率为 1589.2 Hz($n=18$)的响应幅值很大,占据了响应的很大部分,1677.5 Hz($n=19$)的频率成分同样响应很大。而 1501 Hz($n=17$)、1765.8 Hz($n=20$)、1854.1 Hz($n=21$)的响应水平较小。值得注意的是此时的主要响应频率与流体谐调时不再一致,既包含 $n=18$,又包含 $n=19$。图 10.31(f)为另一叶片叶尖节点的幅频特性曲线,可以看出两个叶片同一位置不同频率的响应相对幅值发生了变化,但是主要的响应成分并没有发生变化。在响应的空间谱分布特性中(图 10.31(e)),仍以 5 节径为主,但是也出现了其他节径成分的振动。

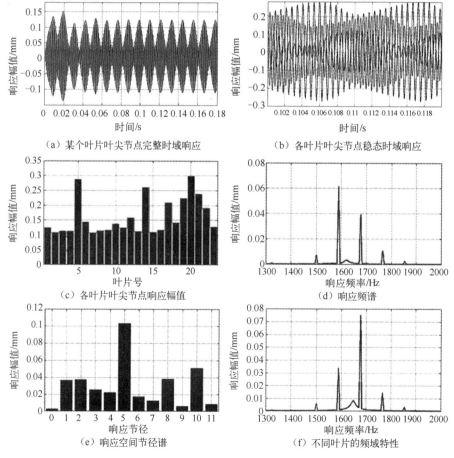

(a)某个叶片叶尖节点完整时域响应

(b)各叶片叶尖节点稳态时域响应

(c)各叶片叶尖节点响应幅值

(d)响应频谱

(e)响应空间节径谱

(f)不同叶片的频域特性

图 10.31 流体失谐分布 A 下结构失谐模式Ⅲ叶盘响应特性

图 10.32 为相应流体激励的失谐叶盘结构的 Campbell 图,从图中可以看出固有频带的宽度增加很多,并且失谐流体激励的频率为多频,因此共振带宽度较大。图 10.33 显示当前转速下激励频率与固有频带的关系,从图中可以看出 $n = 19$ 的激励成分距固有频带也非常近了,并且其激振力的幅值要比 $n = 18$ 大,因此 $n = 19$ 频率也激起了很大的振幅。

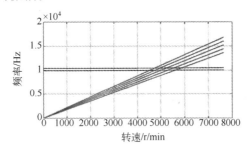

图 10.32　流体失谐分布 A 下结构失谐模式Ⅲ叶盘的 Campbell 图

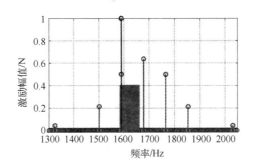

图 10.33　流体失谐分布 A 激励频率与结构失谐模式Ⅲ叶盘固有频率关系

2. 流体失谐分布 B 与结构失谐模式Ⅲ组合的叶盘振动响应

图 10.34 是这种组合的叶盘振动响应。可以看出各叶片的振幅较小,并且振幅相位差较明显。响应水平为谐调流体激励时的 20.35%。响应幅值最大频率位置为 1677.5 Hz($n = 19$),还包括 1501 Hz($n = 17$)、1412.67 Hz($n = 16$)、1324.4 Hz($n = 15$)、1765.8 Hz($n = 20$)、1854.1 Hz($n = 21$)频率成分,响应的频率成分与 8.5.3 节中激励频率成分一致。响应的空间分布中 5 节径成分较小,4、6 节径成分相对较大,这也与激励分析时一致。

图 10.35 和图 10.36 分别为 Campbell 图和激励频率与固有频率的关系图。从图中可以看出流体失谐设计后激励频率虽然已经分散开了,并且幅值均有所降低,但是结构失谐的程度较高,导致第 1 族模态频带宽度增大,使得 $n = 19$ 激励频率与固有频带较近,这是响应频率由 $n = 18$ 转化为 $n = 19$ 的主要原因。此时,流体失谐分布 B 对于结构失谐模式Ⅲ叶盘结构的减振效果较之结构失谐模式Ⅰ和结构失谐模式Ⅱ叶盘相对较差。

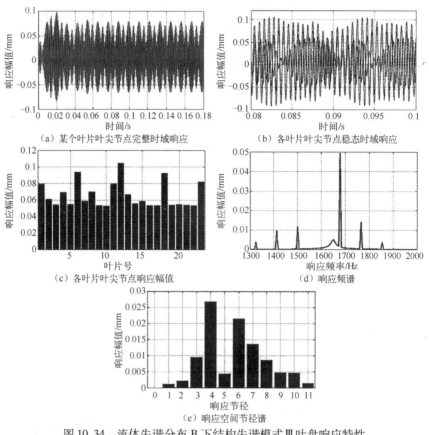

（a）某个叶片叶尖节点完整时域响应

（b）各叶片叶尖节点稳态时域响应

（c）各叶片叶尖节点响应幅值

（d）响应频谱

（e）响应空间节径谱

图 10.34　流体失谐分布 B 下结构失谐模式Ⅲ叶盘响应特性

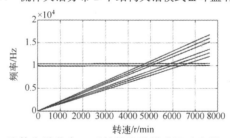

图 10.35　流体失谐分布 B 下结构失谐模式Ⅲ叶盘的 Campbell 图

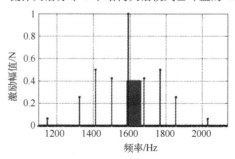

图 10.36　流体失谐分布 B 激励频率与结构失谐模式Ⅲ叶盘固有频率关系

10.6　典型流体激励双重失谐叶盘振动响应特性

基于图9.1所示的分析平台,对于谐调和两种静子叶片失谐分布设计,在第9章分析得到了典型流体激励载荷。本节将这样的载荷作用于具有结构失谐的叶盘结构,计算得到了相应的振动响应,并对这种具有双重失谐的叶盘结构振动响应特性和双重失谐设计对响应的影响进行了分析讨论。

10.6.1　典型失谐流体激励的结构失谐模式 I 叶盘振动响应特性

1. 流体失谐分布 A 与结构失谐模式 I 组合的叶盘振动响应

计算分析结果如图10.37所示。从时域响应图中可以明显看出各叶片的响应水平相差仍然不大,但是整体响应水平降低为谐调流体激励作用下的36.82%,可见流体失谐分布 A 对于结构失谐模式 I 叶盘能起到较好的减振效果。响应频域中仍然是1617.8 Hz 为主导,而响应的空间谱则是5节径为主,但是两者的幅值较谐调流体激励时有大幅度的降低。

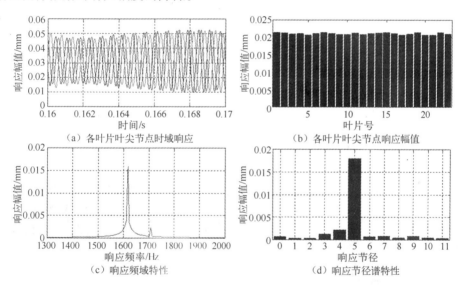

图 10.37　流体失谐分布 A 下结构失谐模式 I 叶盘振动响应特性

2. 流体失谐分布 B 与结构失谐模式 I 组合的叶盘振动响应

这时的叶盘结构响应如图10.38所示。时域响应表明各叶片响应幅值较谐调流体时有较大降低,因为此时叶盘处于非共振状态。从图10.38(b)中可以看出,各叶片的响应幅值水平相差较小,且与模拟激励时(图10.22(c))各叶片的响应幅值相对变化是一致的,从而也说明采用模拟激励可以进行定性的分析。此外,图10.22(c)和(d)显示响应的频率成分包含 $n=15$、$n=16$、$n=17$、$n=19$、$n=20$ 和

$n = 21$，响应的空间节径数包含 2、3、4、6、7、8，也与模拟激励的计算结果一致。此时的响应水平为谐调流体激励下的 9.95%，流体失谐分布 B 较流体失谐模式 A 在降低响应水平方面更为有效。

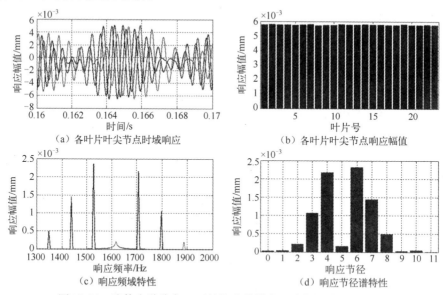

（a）各叶片叶尖节点时域响应　　　　（b）各叶片叶尖节点响应幅值

（c）响应频域特性　　　　（d）响应节径谱特性

图 10.38　流体失谐分布 B 下结构失谐模式 I 叶盘振动响应特性

10.6.2　典型失谐流体激励的结构失谐模式 II 叶盘振动响应特性

1. 流体失谐分布 A 与结构失谐模式 II 组合的叶盘振动响应

计算得到的叶盘结构振动响应特性如图 10.39 所示。从图 10.39（b）中可以

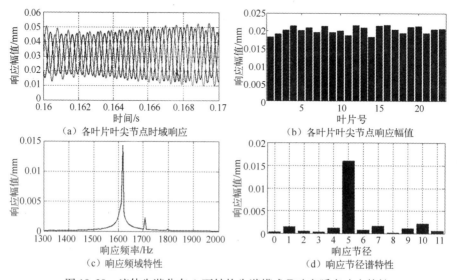

（a）各叶片叶尖节点时域响应　　　　（b）各叶片叶尖节点响应幅值

（c）响应频域特性　　　　（d）响应节径谱特性

图 10.39　流体失谐分布 A 下结构失谐模式 II 叶盘瞬态响应特性

看出,各叶片的响应水平变化较结构失谐模式Ⅰ增大了,整体响应水平较谐调流体激励时降低了,降低为谐调流体激励作用下的36.78%,可见流体失谐分布A对于结构失谐模式Ⅱ叶盘同样能起到很好的减振效果。响应中仍是1617.8 Hz为主要的响应频率,而响应的空间谱是5节径为主,但是幅值较谐调流体激励时有较大降低。

2. 流体失谐分布B与结构失谐模式Ⅱ组合的叶盘振动响应

图10.40给出了这种组合的叶盘振动响应时域、频域和空间分布特性。由时域响应图可见,各叶片的响应幅值较谐调激励时同样有大幅度降低,此时叶盘处于非共振状态。从图10.40(b)中可以看出,各叶片的响应幅值相差较小,与模拟激励的情况相似。图10.40(c)和(d)显示响应的频率成分包含 $n=15$、$n=16$、$n=17$、$n=19$、$n=20$ 和 $n=21$,响应的空间节径数包含2、3、4、6、7、8,也与模拟激励的计算结果一致。此时的响应水平为谐调流体激励下的9.90%,表明流体失谐分布B较分布A在降低响应水平方面更为有效。

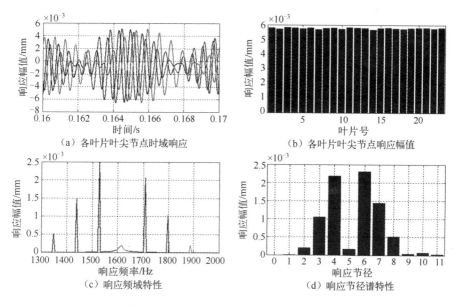

图10.40 流体失谐分布B下结构失谐模式Ⅱ叶盘振动响应特性

10.6.3 典型失谐流体激励的结构失谐模式Ⅲ叶盘振动响应特性

1. 流体失谐分布A与结构失谐模式Ⅲ组合的叶盘振动响应

这种组合的叶盘结构振动响应如图10.41所示。此时各叶片响应幅值相差较大,但是响应幅值最大值降低明显,仅有0.0216 mm,为谐调流体激励下的36.8%,起到了较好抑制共振的效果。响应的的频率以 $n=18$ 和 $n=19$ 为主,节径成分包含较多,5节径成分最大。

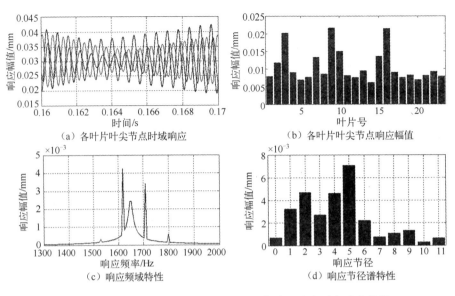

（a）各叶片叶尖节点时域响应　　　　（b）各叶片叶尖节点响应幅值

（c）响应频域特性　　　　　　　（d）响应节径谱特性

图 10.41　流体失谐模式 Ⅰ 下结构失谐模式 Ⅲ 叶盘瞬态响应特性

2. 流体失谐分布 B 与结构失谐模式 Ⅲ 组合的叶盘振动响应

这时的叶盘振动响应如图 10.42 所示。此时各个叶片的响应幅值降低明显，响应幅值最大值降低为 0.00697 mm，为谐调流体激励下的 11.87%，起到了很好抑制共振的效果。响应的频率中已不包含 $n=18$，节径成分包含较多，但不包含 5 节径，完全避开了第 1 族 5 节径模态。因此，可以认为流体失谐分布 B 对结构失谐模式 Ⅲ 叶盘也起到了很好的减振效果。

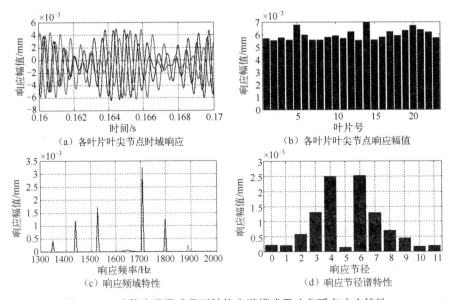

（a）各叶片叶尖节点时域响应　　　　（b）各叶片叶尖节点响应幅值

（c）响应频域特性　　　　　　　（d）响应节径谱特性

图 10.42　流体失谐模式 Ⅱ 下结构失谐模式 Ⅲ 叶盘瞬态响应特性

10.7 谐调与设计失谐流体激励下叶盘的概率响应特性

考虑确定性流体失谐与概率性结构失谐共同作用,采用基于 Monte Carlo 模拟的随机有限元法对失谐叶盘结构概率振动响应局部化特性进行研究。分别给出模拟谐调与失谐流体激励下结构失谐叶盘的概率响应特性,研究中考察了不同结构失谐程度、不同的流体失谐分布下叶盘响应幅值的变化。

10.7.1 谐调流体激励下结构失谐叶盘的概率响应特性

失谐叶片的弹性模量为失谐参数。假设该参数服从均值为 121 GPa,标准差(即随机失谐幅值 A_{rand})为 1% ~ 10% 的正态随机分布,每一个失谐幅度下应用 Monte Carlo 方法抽样 3000 次研究叶盘结构概率振动响应局部化特性。激振力为模拟谐调流体激励,与 8.5 节给出相同,阻尼仍为 5‰,响应分析用模态减缩法和精细积分法,激振力的施加位置为叶片尖端一侧角点,积分步长选为一个振动周期的 1/30。

这里与以往求解幅值放大比的研究工作[81] 有所不同,以往的工作中抽样时进行谐响应特性计算,分析叶盘在一定失谐程度下在一段频率范围内幅值放大比的分布,而本文给定了一个确定的激励形式,模拟发动机的一种确定工作状态,计算在该工作状态下,不同失谐幅度对响应特性的影响规律。

计算得到失谐叶盘结构响应幅值放大因子的最大值和平均值随失谐幅值变化的曲线如图 10.43 所示。可以看出,随着失谐幅值 A_{rand} 的增加,结构响应的局部化程度具有略微增大后减小的变化趋势。首先,对于幅值放大因子的平均值,当失谐程度较小时,幅值放大因子平均值随失谐幅值的增加而有所增大,至 $A_{rand} = 0.5\%$ 时,其达到最大值,此后若失谐幅值 A_{rand} 继续增加,幅值放大因子持续下降,并且在绝大部分区域,该放大因子平均值小于 1,说明这时结构失谐对该工作状态下叶盘的响应起到了缓和的作用。国际学者[165, 238, 239] 也得到过类似的研究结果,他们认为:失谐叶盘的受迫响应水平可以比谐调叶盘的小很多,并且这种失谐并非人为设

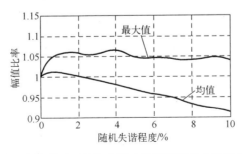

图 10.43 谐调流体激励下结构失谐叶盘随机瞬态响应幅值放大比曲线

计失谐,而是对于任意的随机失谐。其次,再观察幅值放大比的最大值,随着失谐幅度 A_{rand} 的增加,放大比最大值首先增加,到达 1.05 左右时即不再明显增大,而是仅有小量的波动。本例的计算结果说明对于第 1 族模态而言,结构非常敏感,模态局部化现象非常明显,但是由于局部化较严重的模态中对应于激励节径数的模态并不占主导地位,因此激励不能激起更剧烈的振动,响应局部化现象并不突出,姚建尧[84]对类似现象也进行了解释。

10.7.2 失谐流体激励下结构失谐叶盘的概率响应特性

本小节计算了在两种流体失谐分布下,叶盘结构随机失谐概率响应特性。仍然假设各个叶片的弹性模量服从均值为 121 GPa,标准差(即随机失谐幅值 A_{rand})为 1% ~10% 的正态随机分布,每一个失谐幅度下应用 Monte Carlo 方法抽样 3000 次研究叶盘结构的概率响应局部化特性。转速为 564.71rad/s。计算了幅值放大比随失谐幅度的变化趋势如图 10.44 所示。为了更加直观地观察到流体失谐设计对于降低响应水平的效果,图中的幅值放大因子的分母为给定流体谐调时谐调叶盘结构的响应幅值,这样可以了解流体失谐设计对于降低响应水平的影响。

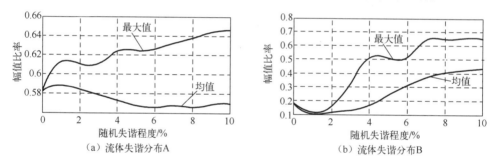

图 10.44 两种失谐流体下结构失谐叶盘随机瞬态响应幅值放大比曲线

对于流体失谐分布 A,响应的幅值放大因子平均值在 0.58 左右,与流体谐调时的变化趋势一致,随着失谐幅度的增大,幅值放大比有小幅增大后即减小,在大部分区域内结构失谐叶盘的响应幅值较结构谐调叶盘更小;但是幅值放大比的最大值随着失谐程度的增加而持续增大,并且响应水平始终大于结构谐调时。

对于流体失谐分布 B,幅值放大比的变化趋势却有较大的不同:响应幅值放大比平均值在失谐幅度较小时随着失谐程度的增大有所降低,幅值的均值放大比在 0.2 以下,此时流体失谐设计起到了很好的降低振动的效果。但是当失谐程度增大到 2% 以后,随着失谐程度增大,幅值放大比持续增大,最终增大到 0.4 以上。而对于幅值放大比的最大值,其变化趋势与平均值基本一致,只是幅度较大,最终接近 0.7。流体失谐分布 B 在结构失谐程度较小时完全避开了固有频率,因此响应的水平非常小;但是随着结构失谐程度的提高,结构的第 1 族固有频率频带范围逐渐变宽,设计流体失谐分布 B 不能再完全避开固有频率,于是响应水平出现上升的趋势。

由上面两小节的分析,可以得到以下的结论:

(1) 对于某一工作状态下的流体激励谐调叶盘响应分析的概率特性显示,结构随机失谐会降低响应水平。

(2) 而同一工作状态下失谐流体激励结果则表明,两种设计流体失谐方式都能够降低叶盘结构的响应水平。

(3) 进行流体失谐设计时,需要考虑到结构随机失谐效应的影响。流体失谐减振效果与工作状态、流体失谐设计方案、结构失谐程度都有关系。应该在充分计算分析的基础上进行流体失谐设计,这一点在美国发动机结构完整性大纲[177] 中也有阐述。

10.8　本章小结

本章分别考虑模拟流体激励和第 9 章计算的典型流体激励,基于图 9.1 的分析平台,研究了谐调叶盘转子(完全无失谐)、单重失谐叶盘转子(仅存在流体分布失谐或叶盘结构失谐)以及双重失谐叶盘转子(同时存在流体失谐和叶盘结构失谐)的叶盘结构振动响应,分别分析了不同失谐情况的时域响应历程、频率谱特性、空间谱特性、Campbell 图和固有频率与激励频率的关系,以及典型的概率响应特性。

结合本章和第 8、9 章的分析,可以有以下认识:

(1) 在谐调叶盘结构中,对应某一确定节径数的流体激励而言,仅存在对应节径数的单一重频模态可以被激起共振。流体失谐设计对谐调叶盘结构避开共振,降低强迫响应水平效果明显。

(2) 对于结构失谐叶盘而言,第 1 族频带宽度会增大,并且失谐程度越大,频带宽度也越大;族模态中的各个模态均有可能包含对应节径成分,因此该族模态均有可能被激起共振。流体失谐设计会使得激励的幅值降低,但是激励的频率成分更加丰富,激励的空间节径成分也更加丰富。

(3) 利用流体失谐设计降低失谐叶盘结构振动响应水平是可行的。但是由于结构失谐的本质属性,在进行流体失谐设计时应注意:①对确定性结构失谐叶盘进行流体失谐设计时要对共振模态族的所有模态予以关注,不再考虑激励与模态的节径对应的关系;②考虑频率对应关系时,需要给出流体失谐、结构失谐 Campbell图,关心整个模态族的频带曲线与流体失谐设计下各个激励频率上叶盘的共振可能性,并进行响应特性分析;③进行流体失谐减振效果评价时需要引入概率性响应特性分析,计算在结构加工误差、材料变异性范围内流体失谐影响结构失谐叶盘的响应特性的概率特性结果。

（4）利用三维流体动力学计算得到的作用于转子叶盘的实际流体激励和实际激励下叶盘结构的振动响应特性,对于时域、频率和节径特性与模拟激励的结果是一致的。因此可以利用模拟激励的定性分析,判定叶盘结构的共振以及流体失谐设计的效果。

（5）对于所研究的两种流体失谐分布设计,相应于三种失谐叶盘的共振响应均具有很好的抑制作用。尤其是流体失谐分布 B,在流场性能略有提高的前提下,将响应水平降低为原模型的 10% 左右。

（6）基于本章的分析,可以建议的工程叶盘结构流体失谐设计流程为:首先根据叶盘结构共振理论与发动机实际工作环境确定流体失谐方式;接着利用简化单点激励模拟实际流体,进行激励特性与响应特性分析,初步判断流体失谐设计效果;其次针对确定的流体失谐模式判断其对结构失谐叶盘振动特性的影响,并且在此基础上进行流体失谐与结构失谐共同作用的叶盘瞬态响应特性计算,验证响应水平。最后再利用计算流体动力学计算实际流场,分析实际流体激励特性,并进行实际失谐流体激励下叶盘瞬态响应特性,从而最终评估流体失谐设计减振效果。

第 11 章 考虑陀螺效应的谐调和失谐叶盘结构振动特性

11.1 引　言

本章进行了典型谐调和失谐叶盘结构在考虑科氏力和离心力时的振动模态、频率响应特性研究。首先描述了旋转叶盘结构的振动理论,然后分别研究了考虑旋转效应的谐调和失谐叶盘结构的模态特性和频率响应特性,分析了单独考虑离心力和陀螺力,以及同时考虑时的规律和特点。

11.2　旋转叶盘结构振动方程和分析

11.2.1　转动系统惯性力分析

如图 11.1 所示的转动结构,设 $X - Y - Z$ 是固定直角坐标系,$x - y - z$ 是与结构一起匀角速度 $\vec{\Omega}$ 转动的运动坐标系,$\vec{a}$ 为 $\vec{\Omega}$ 的单位向量,即 $\vec{\Omega} = \vec{a}\Omega$。动坐标系原点在固定坐标系中的位置向量为 $\vec{R}_0$。

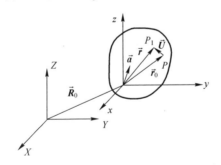

图 11.1　转动结构简图

设点 P(在运动坐标系中的坐标为 $\vec{r}_0 = [x_0, y_0, z_0]^T$)运动到 P_1 位置(在运动坐标系的坐标为 $\vec{r} = [x, y, z]^T$)时相对于动坐标系的位移为 $\vec{U} = [u, v, w]^T$。则 $\vec{r} = [x, y, z]^T = \vec{r}_0 + \vec{U} = [x_0 + u, y_0 + v, z_0 + w]^T$。$P$ 点在运动坐标系中的相对速

度为

$$\vec{r} = \begin{bmatrix} \dot{x} \\ \dot{y} \\ \dot{z} \end{bmatrix} = \begin{bmatrix} \dot{u} \\ \dot{v} \\ \dot{w} \end{bmatrix} = \dot{U} \tag{11.1}$$

相对加速度为

$$\vec{r} = \begin{bmatrix} \ddot{x} \\ \ddot{y} \\ \ddot{z} \end{bmatrix} = \begin{bmatrix} \ddot{u} \\ \ddot{v} \\ \ddot{w} \end{bmatrix} = \ddot{U} \tag{11.2}$$

将 $x-y-z$ 坐标系的原点取在转轴上，则 P 点在固定坐标系下的绝对速度为 $\vec{R} = \vec{U} + (\vec{\Omega} \times \vec{r})$，$\vec{\Omega} \times \vec{r}$ 为牵连速度，则绝对加速度为

$$\vec{R} = \vec{r} + \vec{\Omega} \times (\vec{\Omega} \times \vec{r}) + 2\vec{\Omega} \times \vec{r}$$

$$= \begin{bmatrix} \ddot{u} \\ \ddot{v} \\ \ddot{w} \end{bmatrix} - \Omega^2 S^T S \begin{bmatrix} x \\ y \\ z \end{bmatrix} + 2\Omega S \begin{bmatrix} \dot{u} \\ \dot{v} \\ \dot{w} \end{bmatrix}$$

$$= \begin{bmatrix} \ddot{u} \\ \ddot{v} \\ \ddot{w} \end{bmatrix} - \Omega^2 S^T S \begin{bmatrix} u \\ v \\ w \end{bmatrix} - \Omega^2 S^T S \begin{bmatrix} x_0 \\ y_0 \\ z_0 \end{bmatrix} + 2\Omega S \begin{bmatrix} \dot{u} \\ \dot{v} \\ \dot{w} \end{bmatrix} \tag{11.3}$$

其中

$$S = \begin{bmatrix} 0 & -a_z & a_y \\ a_z & 0 & -a_x \\ -a_y & a_x & 0 \end{bmatrix} \tag{11.4}$$

a_x、a_y、a_z 分别是转动角速度 $\vec{\Omega}$ 的单位向量 $\vec{a}$ 在 x、y、z 轴上的投影；$\vec{\Omega} \times (\vec{\Omega} \times \vec{r})$ 和 $2\vec{\Omega} \times \vec{r}$ 分别为离心加速度和科氏加速度。

由此得到转动结构单位体积上受到的惯性力为

$$\vec{F}_g = -\rho \vec{R} = -\rho \begin{bmatrix} \ddot{u} \\ \ddot{v} \\ \ddot{w} \end{bmatrix} + \rho \Omega^2 S^T S \begin{bmatrix} u \\ v \end{bmatrix} + \rho \Omega^2 S^T S \begin{bmatrix} x_0 \\ y_0 \\ z_0 \end{bmatrix} - 2\rho \Omega S \begin{bmatrix} \dot{u} \\ \dot{v} \\ \dot{w} \end{bmatrix} \tag{11.5}$$

11.2.2 考虑旋转效应的结构有限元方程

设单元体积为 V_e，将式(11.5)对单元体积积分，得单元惯性力为

244

$$\vec{F}_g^{\,e} = -\int_{V_e} \rho\, \vec{\ddot{R}}\, \mathrm{d}V_e = -\int_{V_e} \rho \begin{bmatrix} \ddot{u} \\ \ddot{v} \\ \ddot{w} \end{bmatrix} \mathrm{d}V_e + \Omega^2 \int_{V_e} \rho S^T S \begin{bmatrix} u \\ v \\ w \end{bmatrix} \mathrm{d}V_e +$$

$$\Omega^2 \int_{V_e} \rho S^T S \begin{bmatrix} x_0 \\ y_0 \\ z_0 \end{bmatrix} \mathrm{d}V_e - 2\Omega \int_{V_e} \rho S \begin{bmatrix} \dot{u} \\ \dot{v} \\ \dot{w} \end{bmatrix} \mathrm{d}V_e \tag{11.6}$$

在有限元法中,结构的位移是用节点的位移 U_e 与单元形函数 N 来表示的

$$\begin{bmatrix} u \\ v \\ w \end{bmatrix} = NU^e = N \begin{bmatrix} u \\ v \\ w \end{bmatrix}^e \tag{11.7}$$

将式(11.7)代入式(11.6),得到

$$\vec{F}_g^{\,e} = -\int_{V_e} \rho N\, \ddot{U}^e \mathrm{d}V_e - 2\Omega \int_{V_e} \rho SN\, \dot{U}^e \mathrm{d}V_e +$$

$$\Omega^2 \int_{V_e} \rho S^T SN U^e \mathrm{d}V_e + \Omega^2 \int_{V_e} \rho S^T S r_0 \mathrm{d}V_e \tag{11.8}$$

记单元节点载荷为 $\vec{F}^e$,则外力(包括惯性力 $\vec{F}_g^e$ 与节点载荷 $\vec{F}^e$)在虚位移 δU^e 上所做的虚功为

$$\begin{aligned}
\delta W &= -\delta U^{eT} \int_{V_e} \rho N^T N\, \ddot{U}^e \mathrm{d}V_e - 2\Omega \delta U^{eT} \int_{V_e} \rho N^T SN\, \dot{U}^e \mathrm{d}V_e \\
&\quad + \Omega^2 \delta U^{eT} \int_{V_e} \rho N^T S^T SN U^e \mathrm{d}V_e \\
&\quad + \Omega^2 \delta U^{eT} \int_{V_e} \rho N^T S^T S r_0 \mathrm{d}V_e + \delta U^{eT} F^e \\
&= -\delta U^{eT} M^e\, \ddot{U}^e - \delta U^{eT} M_G^e\, \dot{U}^e + \delta U^{eT} K_c^e U^e \\
&\quad + \delta U^{eT} Q_c^e + \delta U^{eT} F^e
\end{aligned} \tag{11.9}$$

其中

$$M^e = \int_{V_e} \rho N^T N \mathrm{d}V_e, \quad M_G^e = 2\Omega \int_{V_e} \rho N^T SN \mathrm{d}V_e$$

$$K_c^e = \Omega^2 \int_{V_e} \rho N^T S^T SN \mathrm{d}V_e, \quad Q_c^e = \Omega^2 \int_{V_e} \rho N^T S^T S r_0 \mathrm{d}V_e \tag{11.10}$$

分别为单元质量矩阵、单元科氏力矩阵、单元离心力刚度矩阵和单元离心力向量。

结构应变与变形的关系为

$$\varepsilon = \overline{B} U^e \tag{11.11}$$

式(11.11)中

$$\overline{B} = B_L + B_{NL} \tag{11.12}$$

为单元几何矩阵。其中,B_L 为引起线性应变的几何项;B_{NL} 为引起非线性应变的几

何项,它们均是节点位移 U_e 的函数。虚位移引起的虚应变为

$$\delta \boldsymbol{\varepsilon} = \overline{\boldsymbol{B}} \delta U^e \tag{11.13}$$

单元的虚应变能为

$$\delta \boldsymbol{V} = \int_{V_e} \delta \boldsymbol{\varepsilon}^T \boldsymbol{\sigma} \mathrm{d}V^e = \delta U^{eT} \int_{V_e} \overline{\boldsymbol{B}}^T \boldsymbol{\sigma} \mathrm{d}V_e \tag{11.14}$$

根据虚位移原理,在外力作用下处于平衡状态的弹性体,当发生约束所允许的任意微小虚位移时,外力在虚位移上所做的功等于弹性体内的应力在虚应变上所做的功,即

$$\delta \boldsymbol{W} = \delta \boldsymbol{V} \tag{11.15}$$

将式(11.9)和式(11.14)代入式(11.15),并从等式两端消去虚位移 δU^{eT} 得

$$\boldsymbol{M}^e \ddot{\boldsymbol{U}}^e + \boldsymbol{M}_G^e \dot{\boldsymbol{U}}^e + \boldsymbol{K}_c^e \boldsymbol{U}^e + \int_{V_e} \overline{\boldsymbol{B}}^T \boldsymbol{\sigma} \mathrm{d}V_e = \boldsymbol{Q}_c^e + \boldsymbol{F}^e \tag{11.16}$$

将式(11.16)对单元求和,得到转动结构的动力学有限元方程为

$$\boldsymbol{M} \ddot{\boldsymbol{U}} + \boldsymbol{M}_G \dot{\boldsymbol{U}} + \boldsymbol{K}_c \boldsymbol{U} + (\boldsymbol{K}_0 + \boldsymbol{K}_L + \boldsymbol{K}_\sigma) \boldsymbol{U} = \boldsymbol{F} \tag{11.17}$$

其中

$$\boldsymbol{K}_0 = \sum_{e=1}^n \int_{V_e} \boldsymbol{B}_L^T \boldsymbol{D} \boldsymbol{B}_L \mathrm{d}V_e, \boldsymbol{K}_L = \sum_{e=1}^n \int_{V_e} (\boldsymbol{B}_L^T \boldsymbol{D} \boldsymbol{B}_{NL} + \boldsymbol{B}_{NL}^T \boldsymbol{D} \boldsymbol{B}_{NL} + \boldsymbol{B}_{NL}^T \boldsymbol{D} \boldsymbol{B}_L) \mathrm{d}V_e,$$

$$\boldsymbol{K}_\sigma = \sum_{e=1}^n \int_{V_e} \left[\frac{\partial \boldsymbol{N}}{\partial \boldsymbol{X}} \right]^T \boldsymbol{\sigma} \left[\frac{\partial \boldsymbol{N}}{\partial \boldsymbol{X}} \right] \mathrm{d}V_e \tag{11.18}$$

分别是结构的线性刚度矩阵、考虑大变形的初始位移刚度矩阵和初始应力刚度矩阵。其中,$\boldsymbol{D}$ 为结构弹性矩阵,$\boldsymbol{N}$ 为形函数矩阵。三种刚度矩阵的推导过程见文献[23]。

11.2.3 旋转叶盘振动方程

由式(11.17),考虑阻尼的影响,可知旋转叶盘在科氏力和离心力作用下的动力学方程可以表示为

$$\boldsymbol{M} \ddot{\boldsymbol{U}}(t) + (\boldsymbol{M}_G(\Omega) + \boldsymbol{C}) \dot{\boldsymbol{U}}(t) + (\boldsymbol{K}_0 + \boldsymbol{K}_c(\Omega) + \boldsymbol{K}_m(\Omega)) \boldsymbol{U}(t) = \boldsymbol{F}(t) \tag{11.19}$$

其中,$\boldsymbol{M}$、$\boldsymbol{K}$ 和 $\boldsymbol{C}$ 分别为质量矩阵、刚度矩阵和阻尼矩阵;$\boldsymbol{M}_G(\Omega)$ 为科氏力矩阵;$\boldsymbol{K}_c(\Omega)$ 和 $\boldsymbol{K}_m(\Omega)$ 分别为应力刚化矩阵和旋转软化矩阵,其中,旋转软化矩阵为初始位移刚度矩阵 $\boldsymbol{K}_L$ 和初始应力刚度矩阵 $\boldsymbol{K}_\sigma$ 之和;$\boldsymbol{F}(t)$ 为作用于叶盘结构的外激励。

科氏力是由转子的回转效应引起的,在以往的叶盘结构振动计算中,往往忽略科氏力的影响。然而当轮盘较大、叶片较长时,回转效应的作用效果往往比较明显。在现代发动机叶盘结构中叶片和轮盘往往作为一个整体,为了追求高性能指标,轮盘又设计得越来越薄,由此更频繁的诱发了叶盘的耦合振动,轮盘的振动对于回转效应的贡献更加突出。由于作用于叶盘结构单位体积上的科氏力可以表示为

$$\overrightarrow{\boldsymbol{F}}_{\text{Coriolis}} = -\rho(2 \overrightarrow{\boldsymbol{\omega}} \times \overrightarrow{\boldsymbol{r}}) \tag{11.20}$$

其中, $\vec{\omega}$ 为旋转角速度矢量, 方向为 z 向; $\vec{r}$ 为振动速度矢量; ρ 为材料密度。因此仅当 $\vec{\omega}$ 与 $\vec{r}$ 的方向完全一致时, 该点才不受到科氏力作用。反之, 当振动方向与旋转角速度方向不一致时, 便会引起科氏力的作用而进一步影响系统的振动特性。由 11.2.1 节推导过程知, 科氏力矩阵 $M_G(\Omega)$ 为与转动角速度、密度成正比的反对称矩阵, 满足关系

$$M_G = -M_G^T \tag{11.21}$$

应力刚化矩阵 $K_c(\Omega)$ 与旋转角速度的平方成正比, 与密度成正比, 其作用效果能使叶盘振动的固有频率增大。而旋转软化矩阵 $K_m(\Omega)$ 则是由于在模态、响应求解中采用的均是线性小变形理论, 为了引入大变形理论而采取的补偿措施, 顾名思义, 旋转软化矩阵会使得系统的刚度变小, 但是其相对于应力刚化矩阵的影响小很多。因此本章下面的讨论中不予考虑。

仅考虑科氏力的作用, 忽略离心力、外激励和阻尼, 振动方程 (11.19) 将变为如下形式

$$M\ddot{U}(t) + M_G(\Omega)\dot{U}(t) + KU(t) = 0 \tag{11.22}$$

其中, 质量矩阵和刚度矩阵为对称阵, 而科氏力矩阵为反对称阵, 即

$$M = M^T, K = K^T, M_G = -M_G^T \tag{11.23}$$

假设自由振动方程解有如下形式

$$U(t) = \psi e^{\lambda t} \tag{11.24}$$

其中, $U(t)$、ψ 和 λ 均为实数, 将式 (11.24) 代入式 (11.22) 中得到

$$\chi(\lambda)\psi = 0 \tag{11.25}$$

其中

$$\chi(\lambda) = \lambda^2 M + \lambda\Omega M_G + K \tag{11.26}$$

如果方程有非平凡解, 要求

$$\det \chi(\lambda) = 0 \tag{11.27}$$

方程的解由全部特征值组成, 特征值 λ_r 所对应的特征向量有左向量和右向量, 并且它们都是复数形式。右向量 ψ_r 和左向量 ψ_l 分别满足以下两式

$$\chi(\lambda)\psi_r = 0, \quad \psi_l^T \chi(\lambda_r) = 0 \tag{11.28}$$

其中, ψ_r 为模态振型, 而 ψ_l 则包含了激励能激起本阶模态振动的能力[240]。

式 (11.25) 的解包含 n (系统自由度数) 个复数特征值和相应的复数特征向量。因此将特征向量描述为以下形式

$$\psi_r = y + iz \tag{11.29}$$

其中, y 和 z 分别为特征向量的实部和虚部, 方程 (11.25) 左乘 ψ_r, 可以得到如下方程

$$\overline{\psi}(\lambda^2 M + \lambda\Omega M_G + K)\psi = 0 \tag{11.30}$$

$$(y - iz)^T(\lambda^2 M + \lambda\Omega M_G + K)(y + iz) = 0 \tag{11.31}$$

并得到

$$\lambda^2 m - 2i\lambda\Omega g + k = 0 \tag{11.32}$$

其中

$$m = \boldsymbol{y}^T \boldsymbol{M} \boldsymbol{y} + \boldsymbol{z}^T \boldsymbol{M} \boldsymbol{z}, \quad k = \boldsymbol{y}^T \boldsymbol{K} \boldsymbol{y} + \boldsymbol{z}^T \boldsymbol{K} \boldsymbol{z}, \quad g = \boldsymbol{z}^T \boldsymbol{M}_G \boldsymbol{y} \tag{11.33}$$

由此可以解出特征值为

$$\lambda \frac{-i\Omega g \pm \sqrt{\Omega^2 g^2 + mk}}{m} \tag{11.34}$$

令 $\omega_n = k/m, \mu = g/m$，可以得到的 λ 表达式如下

$$\lambda = -i\Omega\mu \pm \sqrt{\Omega^2\mu^2 + \omega_n^2} \tag{11.35}$$

式(11.35)揭示了科氏力作用下谐调叶盘系统由科氏力导致频率分离的根本原因。

11.2.4　典型叶盘结构有限元模型和分析方法

典型叶盘结构有限元模型如图 11.2 所示,叶盘整体结构由 24 个叶片直接连接在轮盘上组成。叶盘材料属性为:密度 $7.75 \times 10^3\ \mathrm{kg/m^3}$,弹性模量 $2.6 \times 10^{11}\ \mathrm{Pa}$,泊松比为 0.27。利用 ANSYS 进行网格划分,采用 8 节点六面体单元 SOLID185,共有单元 17 640 个,节点 29 168 个。在轮盘根部的前端面施加轴向位移约束,在套齿处施加周向位移约束,在轮盘根部的后端上面施加径向位移约束,结构的工作转速为 11 516 r/min(1206 rad/s)。

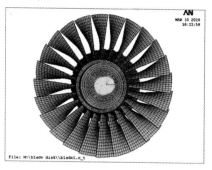

图 11.2　典型叶盘结构有限元模型

在下面的研究中,模态分析由 ANSYS 程序完成,但考虑科氏力的频率响应分析,是利用 ANSYS 得到的质量、刚度和阻尼矩阵,再由 MATLAB7.6.0 编程进行。

11.3　旋转效应下谐调叶盘结构模态特性

11.3.1　离心力对谐调叶盘模态特性的影响

多种转速下离心力作用的谐调叶盘前 80 阶频率曲线如图 11.3(a)所示,其中图 11.3(b)为第 1 族 1 节径模态频率与转速的关系。

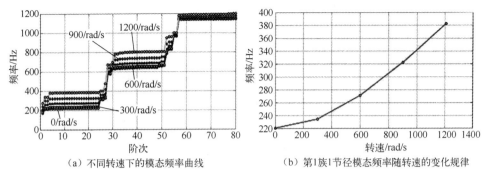

（a）不同转速下的模态频率曲线　　　　　　（b）第1族1节径模态频率随转速的变化规律

图 11.3　离心力对叶盘模态频率的影响

从图 11.3 可以看出

（1）随着转速的增大,离心力使叶盘刚度增大,固有频率升高。由于刚度是与转速的平方成正比的,因此随着转速的增大,频率变化曲线类似二次函数形式（见图 11.3（b））。

（2）对于不同族的模态,由于叶片振动形式不同,频率提高程度也不同。第 1 族模态频率平均提高 160 Hz,第 3 族模态频率却平均只提高 50 Hz,这是由于转速所带来的离心力沿着叶盘的半径方向,主要影响叶片的径向刚度。第 1 族模态为叶片一弯振动,受径向刚度影响大,而第 3 族模态为扭转振动,径向刚度的提高对其频率影响较小,两族模态叶片的模态振型如图 11.4 所示。因此,离心力对叶盘振动频率的影响不仅与转速有关,还和振型有关。

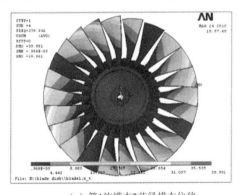
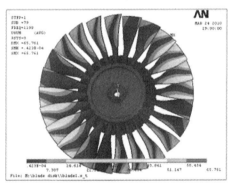

（a）第1族模态2节径模态位移　　　　　　（b）第3族模态2节径模态位移

图 11.4　不同族 2 节径模态位移

（3）不同转速作用下,各阶模态的模态振型变化不大。少数模态（尤其是节径数较少的模态）会出现一些变化,叶片一弯振动在不同转速下的模态位移如图 11.5 所示。随着转速的增加,盘的刚度加强了,这将对科氏力的作用效果产生重要影响,在 11.3.2 节将进一步讨论。

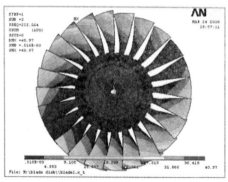
(a) 300rad/s

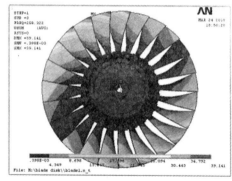
(b) 600rad/s

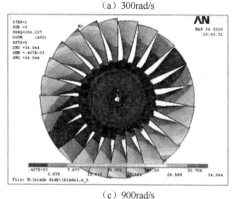
(c) 900rad/s

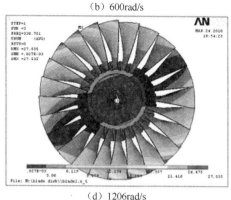
(d) 1206rad/s

图 11.5　各种转速下第 1 族 1 节径的模态位移

11.3.2　科氏力对谐调叶盘模态特性的影响

首先确定了满足精度要求的模态求解阶数,其次研究了工作转速下叶盘的模态特性受到科氏力的影响规律,最后分析了转速变化引起科氏力变化对叶盘结构模态特性的影响规律。

1. 确定求解阶数

由文献[29]的分析知,考虑科氏力结构模态特性的求解阶数对于解的精度有着重要影响。科氏力矩阵由转速确定,转速越高,科氏力矩阵越大。与不考虑科氏力的情况相比,在保持一定模态阶数具有相同计算精度时,总的求解阶数就应该更大。

这里的分析假设工作转速为最高转速,因此满足工作转速的模态求解阶数即可以满足这里的所有转速情况。在工作转速下(1206 rad/s),分别计算了 300 阶模态和 400 阶模态,取出前 200 阶,频率误差小于 0.18%。因此认为在转速为 1206 rad/s 情况下,需要得到前 200 阶模态的解,求解 400 阶模态即可满足精度要求。

2. 工作转速下的模态特性

给定工作转速,仅仅考虑科氏力的作用,在动坐标系下求解前 3 族模态,得到的频率计算结果如图 11.6 所示。各图的左图为节径频率曲线,上下两曲线为考虑科氏力后的分离频率曲线,而中间的为不考虑科氏力所对应的节径频率曲线;右图为考虑科氏力后频率分离量(频率分离量占不考虑科氏力时频率的比例)。第 1 族模态频率分离量最大达到 1.81%;第 2 族模态频率分离量最大达到 5.82%;第 3 族模态频率分离量最大达到 6.58%。

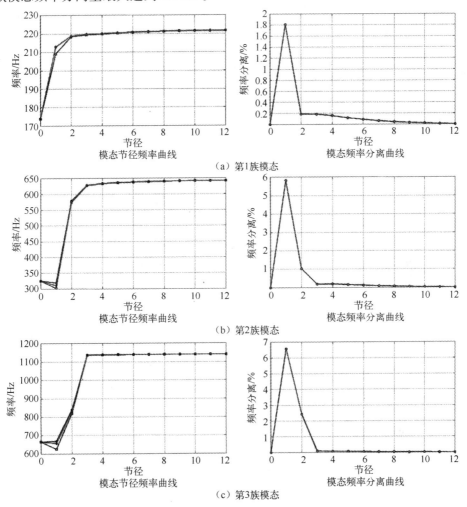

（a）第1族模态

（b）第2族模态

（c）第3族模态

图 11.6　前 3 族模态频率特性

分析表明:

(1)考虑科氏力后频率会出现分离。

各族模态中,0 节径和 12 节径振动为单频,不存在频率分离,而其他各阶频率均会发生分离。分离频率所对应的模态振型分为前行波模态振型和后行波模态振型。

(2)频率分离在 1 节径振动中最明显,随着节径数的增多频率分离量逐渐减小。

由于在节径数较低时,叶盘的耦合作用较强,轮盘参与振动的程度较大。轮盘参与振动后其本身的振动会导致科氏力的作用,此外轮盘振动会改变叶片的振动方向和振幅大小,会加大科氏力的作用效果。这样,由于轮盘和叶片的耦合振动将导致科氏力的作用更为明显,因而频率分离较大。随着节径数的增加轮盘参与振动越来越弱,即耦合作用越来越弱,因而科氏力的影响也越来越小,频率分离也不断减小。

(3)叶片轮盘间的耦合程度对科氏力效应的影响。

以第1族和第2族的1节径模态为例,其振型见图11.7。结合图11.6,可以看出,对于第1族中的1节径模态轮盘参与振动程度明显较低,所以频率分离较少;而第2族模态的轮盘参与程度均较高,所以分离也较大。由此可见,模态振型中轮盘的耦合程度对于频率分离量的影响较大,轮盘振动越大,分离越明显。

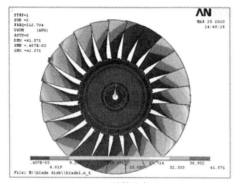

无科氏力　　　　　　　　　　　　　　有科氏力
(a) 第1族1节径模态

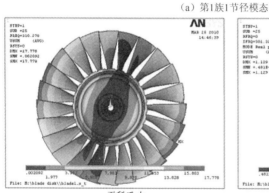

无科氏力　　　　　　　　　　　　　　有科氏力
(b) 第2族1节径模态

图11.7　科氏力对1节径模态位移的影响

(4)对于高节径模态振动,一般为叶片主导振动,此时叶片振动形式对科氏力导致频率分离程度起到重要作用。

例如,第1族和第3族模态中6节径的振动模态振型(见图11.8)分别对应叶片振动形式是"1弯"和"1扭"。由于弯曲振动方向与角速度矢量的方向夹角较大,因此受科氏力的影响较为明显,而扭转振动方向与角速度矢量方向的夹角较小,受科氏力影响较小,频率分离量也较小。表11.1给出的4节径~11节径模态频率分离量表明了这样的规律。

252

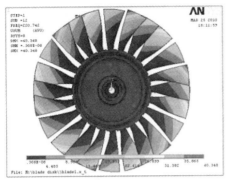

无科氏力模态	有科氏力模态

（a）第1族6节径

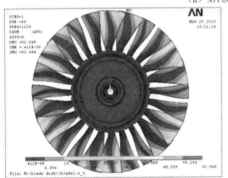
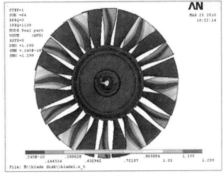

无科氏力模态	有科氏力模态

（b）第3族6节径

图 11.8　科氏力对 6 节径模态位移的影响

表 11.1　各族叶片主导振动的频率分离量/（%）

振型 \ 节径数	4	5	6	7	8	9	10	11
"1 弯"	0.1545	0.1134	0.0861	0.0588	0.0407	0.0271	0.0181	0.0090
"1 扭"	0.0615	0.0614	0.0439	0.0351	0.0263	0.0175	0.0175	0.0088

3. 转速的影响

计算了转速从 0 至工作转速间前两族模态频率随转速的变化规律如图 11.9 所示。可以看出,转速增大频率分离增加。但由于没有考虑离心力,频率没有提高的趋势。每族曲线中均是 1 节径模态频率分离最大,随着节径数的增大,频率分离越来越小。

11.3.3　离心力和科氏力共同作用的谐调叶盘模态特性

图 11.10 是不同转速下前两族模态节径频率曲线。转速分别给定 0、300 rad/s、600 rad/s、900 rad/s 和 1206 rad/s,每一种转速都对应三条曲线,分别是仅考虑离心力对应的一条节径频率曲线和共同考虑科氏力和离心力时所对应的两条频率节径曲线。

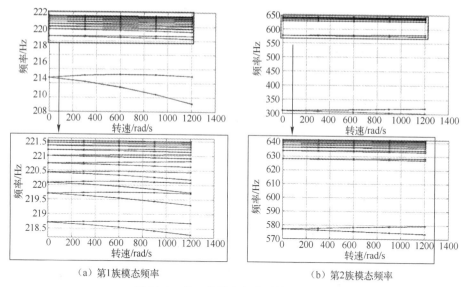

（a）第1族模态频率　　　　　　　　（b）第2族模态频率

图11.9　前2族模态频率随转速的变化

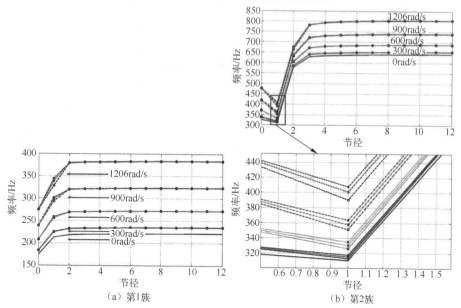

（a）第1族　　　　　　　　　　（b）第2族

图11.10　前2族模态频率节径曲线

可以看出：

（1）随着转速的增加,由于离心力的作用,曲线沿纵坐标整体向上平移,固有频率均有所提高。

（2）随着转速的增加,受到科氏力影响产生分离的两条曲线分离量越来越大。这是由于转速与科氏力成正比,科氏力随转速增加而增大了,影响也越来越大。

（3）科氏力和离心力共同作用下的频率特性并不是科氏力和离心力单独作用

效果的简单迭加,离心力的作用效果会影响科氏力的作用。第 1 族 1 节径模态在仅考虑科氏力时分离量仅有 3.96 Hz,而在离心力和科氏力共同作用时的分离量达到了 15.96 Hz。观察第 1 族 1 节径模态振型图(见图 11.11)随转速的变化发现,随着转速的增加,盘的振动越来越大,越来越明显。这是因为,对于第 1 族 1 节径模态,随着转速的增加,叶片的刚度比盘增大得更快,因此导致两者之间的刚度差别减小,耦合程度增强,而耦合作用的增强直接导致科氏力的作用加强。因此离心力的作用效果对科氏力的作用效果会产生较大的影响。

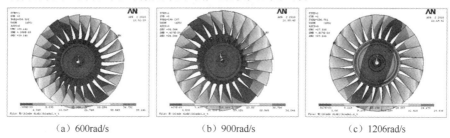

(a) 600rad/s   (b) 900rad/s   (c) 1206rad/s

图 11.11   第 1 族 1 节径模态振型随转速的变化

11.4   旋转效应下失谐叶盘结构模态特性

首先给出确定的失谐模式,其次考察不同转速下离心力对模态局部化的影响,最后讨论同时考虑离心力和科氏力时的失谐叶盘模态特性。

设定人为失谐模式为图 11.12 所示叶盘结构的左上顺时针两深色叶片弹性模量分别失谐 3% 和 −2%。

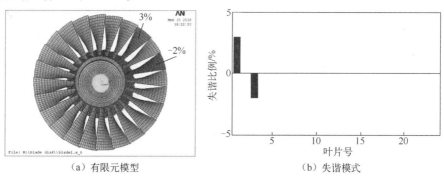

(a) 有限元模型   (b) 失谐模式

图 11.12   失谐叶盘有限元模型和失谐模式

11.4.1   不同转速下离心力对失谐叶盘模态特性的影响

计算得到的前 50 阶模态位移局部化因子(模态局部化因子定义见文献[23,82],反映失谐后模态位移振动幅值最大值增大的程度)如图 11.13 所示。图中显示第 24 阶和第 49 阶模态的模态局部化程度较大,第 24 阶和第 49 阶模态失谐前后的模态振型如图 11.14 所示。图中可以明显看出谐调模态各叶片振幅一致,振动比较均匀;而失谐后振动局部于一两个叶片。

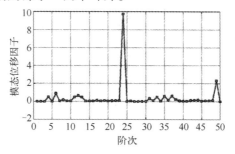

图 11.13　离心力作用下前 50 阶模态位移局部化因子

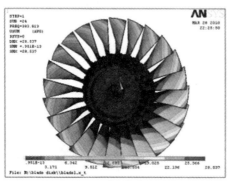

谐调模态　　　　　　　　　　　　　　失谐模态

（a）第24阶

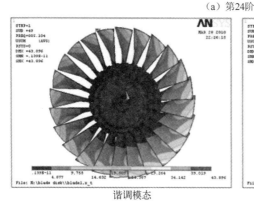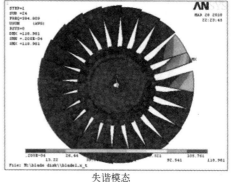

谐调模态　　　　　　　　　　　　　　失谐模态

（b）第49阶

图 11.14　两阶模态振型在失谐前后的变化

　　给出 600 rad/s、900 rad/s 和工作转速下局部化因子曲线如图 11.15 所示。可以看出,对于局部化现象较为明显的第 24 阶和第 49 阶模态,随着转速的增大局部化因子有所降低;而对于其他各阶规律并不一致。因此认为随着转速的增大,离心力对模态局部化现象有一定影响,但是影响规律并不明显。

256

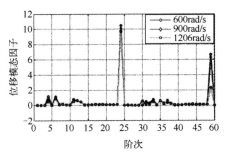

图 11.15　三种转速下前 50 阶模态位移局部化因子

11.4.2　离心力和科氏力共同作用下失谐叶盘模态特性

给出三种转速下（600 rad/s、900 rad/s 和 1206 rad/s）仅考虑离心力和同时考虑科氏力和离心力作用下的前 24 阶模态局部化因子如图 11.16 所示。转速为 600 rad/s 时，两条曲线基本一致。随着转速的增大，两条曲线的差异越来越大。到转速为 1206 rad/s 时差异最大。

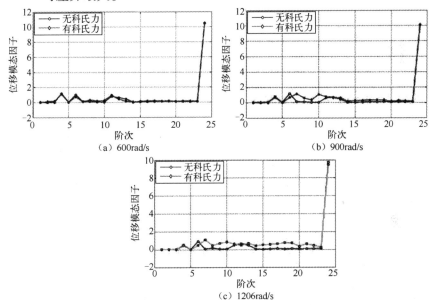

图 11.16　三种转速下考虑科氏力和不考虑科氏力前 25 阶模态局部化因子

为了考察科氏力对失谐叶盘的影响，定义"科氏力影响因子。"基于无量纲振型元素（其定义见文献[23,82]），由科氏力作用前后失谐叶盘同一阶振型模态无量纲位移可以定义科氏力影响因子 A_C 为

$$A_C = \frac{u_c - u_{nc}}{u_{nc}} \times 100\% \tag{11.36}$$

其中，u_c 和 u_{nc} 分别为考虑科氏力和不考虑科氏力时失谐叶盘的无量纲化模态位移。此定义与模态局部化因子的区别在于计算模态局部化因子时需要谐调和失谐

257

叶盘的归一化模态幅值,而计算科氏力影响因子时均计算失谐状态下的归一化模态幅值。这个定义的含义在于,科氏力影响因子为 0 说明考虑科氏力前后模态局部化现象没有改变,即科氏力对该阶失谐模态没有影响;而其值为正说明科氏力使得模态局部化现象越发严重了,并且数值越大科氏力的影响作用也越大;其值为负则相反。

将 3 种转速下的科氏力影响因子在图 11.17 中给出。从图中可以明显看出科氏力对于失谐叶盘有较大影响。转速为 600 rad/s 时曲线的纵坐标整体水平较低,而转速为 900 rad/s 和 1206 rad/s 时,曲线的纵坐标整体水平提升很大,最大超过了 100%。对于第 6 阶模态科氏力影响因子为负值,并且随着转速的增大,科氏力影响因子越来越小,由此可以判断科氏力

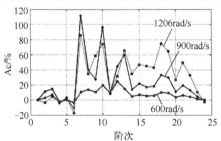

图 11.17　3 种转速下前 24 阶
模态科氏力影响因子

对于第 6 阶模态局部化起到了缓和的作用,并且随着转速的增大局部化在减小。

科氏力影响较大的模态振型如图 11.18 和 11.19 所示。从图中可以看出,在转速为 600 rad/s 时,考虑科氏力和不考虑科氏力失谐叶盘的模态特性没有太大差别;而转速为 1206 rad/s 时,考虑科氏力的模态振型局部化程度明显加强了。

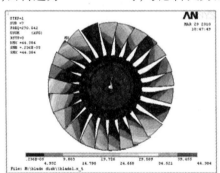
无科氏力
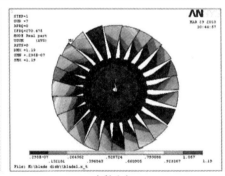
有科氏力

（a）第7阶模态振型

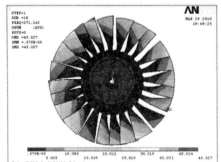
无科氏力
有科氏力

（b）第10阶模态振型

图 11.18　600 rad/s 时典型阶次叶盘模态位移云图

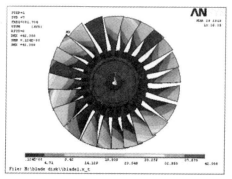
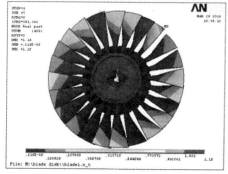

无科氏力   有科氏力

（a）第7阶模态振型

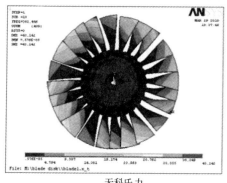
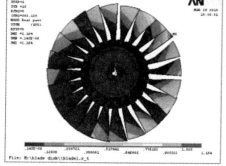

无科氏力   有科氏力

（b）第10阶模态振型

图 11.19   1206 rad/s 时典型阶次叶盘模态位移云图

11.5   旋转效应下谐调叶盘结构频率响应特性

接下来研究在离心力和科氏力作用下谐调叶盘结构的频率响应特性。进行频率响应计算时给定单点（模拟）阶次激励,激励力幅值给定 10 N,阻尼给定 $\alpha = 2.094$,$\beta = 2.653 \times 10^{-7}$,保证在频率响应计算扫频范围内,模态阻尼比在 0.1% 附近。扫频的范围由模态分析时计算出的固有频率确定。

由于第 1 族模态振动形式简单,频率集中,因此利用第 1 族频率进行响应分析。下面首先研究了工作转速下的频率响应特性,然后研究了转速为 600 rad/s 时的频率响应特性。

11.5.1   工作转速下谐调叶盘的频率响应特性

考虑到 1 节径模态频率分离最大,所以首先计算了作用 1 阶次激励时,工作转速下谐调叶盘结构的频率响应特性。图 11.20(a) 和 (b) 分别为不考虑和考虑离心力时叶尖节点轴向响应频响曲线。图中中间曲线为不考虑科氏力影响时的频响曲线,这时因为没有频率分离,所以前行波和后行波激励(前行波激励是指激励方向与盘转动方向一致,后行波激励是指激励方向与盘转动方向相反)激起的频响曲线是重合的,仅能看到 1 条;而左右两频的曲线为考虑科氏力后激起的后行波频响曲线和前行波频响曲线。

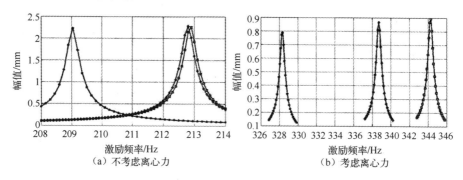

(a) 不考虑离心力   (b) 考虑离心力

图 11.20   工作转速下 1 阶次激励频响曲线

由上述的分析可以知道:

(1) 由于叶盘结构是谐调的,因此每个叶片对应点的频响曲线是完全重合的。

(2) 不考虑科氏力的两条曲线对比可以发现,离心力使得叶盘结构刚度增大,导致共振频率升高和共振峰值降低。对于考虑科氏力的两条频响曲线,离心力同样使得共振频率升高,共振峰值降低;此外离心力还使得前后行波共振频率之间的距离增大了。

(3) 单点阶次激励有两个方向:与转速方向一致的为前行波激励方向,与转速方向相反的为后行波激励方向。不考虑科氏力时两个激励方向激起的频响曲线完全重合;考虑科氏力时激励方向不同可以激起不同频率的振动:激励方向与转速方向相同时能激起前行波曲线,激励方向与转速方向相反时能激起后行波曲线。

11.5.2   半工作转速下谐调叶盘的频率响应特性

转速为 600 rad/s 时 1 阶次激励频响曲线由图 11.21 给出,得到的规律与工作转速下的基本一致,区别在于图 11.21(b) 中的前后行波响应曲线峰值基本相当,与工作转速下的不一致。由图 11.20(a) 和图 11.21(a) 进行比较可以看出,科氏力为 600 rad/s 时和科氏力为 1206 rad/s 时的响应幅值大小基本一致,说明仅考虑科氏力时转速对谐调叶盘的响应幅值影响不大。而图 11.20(b) 和图 11.21(b) 的比较表明,离心力会使响应幅值降低,并且转速越高降低越多,这主要是因为转速带来的离心力增强了叶盘的刚度,导致响应幅值减小。

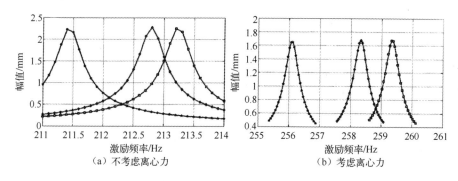

（a）不考虑离心力

（b）考虑离心力

图 11.21　转速 600 rad/s 时 1 阶次激励频响曲线

11.6　旋转效应下失谐叶盘结构频率响应特性

本节分析离心力和科氏力作用下的典型失谐叶盘频率响应特性。失谐模式与 11.4 节图 11.14 的相同。研究也分为工作转速下的频率响应特性和转速为 600 rad/s 时的频率响应特性两部分。激励也与上节的相同。

11.6.1　工作转速下失谐叶盘的频率响应特性

1. 仅考虑科氏力的频率响应特性

首先是失谐后典型叶片 1 阶激励频响曲线如图 11.22（a）所示。可见，科氏力使该叶片响应峰值降低。由于失谐导致各叶片振动不再一致，因此应对不同叶片的响应进行分析。图 11.22（b）是各叶片叶尖对应节点的位移幅值，其中"◆"表示为无科氏力的情况，"■"和"★"分别为考虑科氏力的前行波激励响应和后行波激励响应。

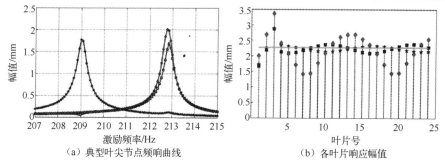

（a）典型叶尖节点频响曲线

（b）各叶片响应幅值

图 11.22　1 阶次激励下失谐叶盘谐响应特性

可以看出，不考虑科氏力时各叶片响应的最大值波动较大，并且叶盘响应的最大值也很大；科氏力的作用使得各叶片的响应幅值更加均匀了，并且叶盘响应的最大值也减小了。图中的水平直线为谐调叶盘不考虑科氏力时的响应幅值。不考虑科氏力的幅值放大比为 1.4759；而考虑科氏力后前后行波响应的幅值放大比分别为 1.2990 和 1.1931，考虑科氏力后幅值放大比降低了。

2. 科氏力和离心力共同作用下的频率响应特性

同时考虑科氏力和离心力的 1 阶次激励响应如图 11.23 所示。图 11.23(a)为各叶片中对应叶尖节点的频响曲线,每族曲线均有 24 条。由 3 族曲线可以看出,后行波频响曲线响应幅值较小,前行波曲线的响应幅值和不考虑科氏力时的响应曲线幅值基本相当,这点与前面谐调叶盘响应计算结果较为类似。其次给出各叶片的响应幅值图(见图 11.23(b))。

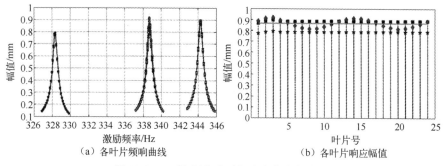

(a) 各叶片频响曲线　　　　　　　(b) 各叶片响应幅值

图 11.23　1 阶次激励下各叶片谐响应特性

可以得到以下结论:

(1) 和不考虑离心力的情况(见图 11.22)比较,离心力不仅使响应幅值降低,还能使各个叶片的响应幅值更加均匀。

(2) 考虑离心力后,后行波响应幅值比前行波低一些,与谐调叶盘的计算结果较为一致。

(3) 不考虑科氏力的响应幅值放大比为 1.0604,考虑科氏力前后行波的响应幅值放大比分别为 1.0053 和 1.0087;与不考虑科氏力时的情况比较略有降低。

3. 科氏力和离心力共同作用下不同阶次的频率响应特性

以上是 1 阶次激励下的响应特性。为了更加全面的分析工作转速下科氏力和离心力对叶盘结构响应特性的影响规律,计算了 2、3、4、5、6、12 阶次激励下叶盘的响应特性。给出各叶片的响应幅值图(见图 11.24,图中的标识与图 11.22(b)相同),并将各阶次考虑科氏力和不考虑科氏力响应最大值列于表 11.2 中。

表 11.2　各阶次激励下叶盘响应最大值

响应最大值 / 激励阶次	不考虑科氏力/mm	考虑科氏力/mm	差别/%
1	0.9188	0.8967	−2.4053
2	0.8034	0.8050	0.1992
3	0.8812	0.9337	5.9578
4	0.7738	0.7883	1.8739
5	0.9013	0.7783	−13.6470
6	0.9222	0.9130	−0.9976
12	0.7839	0.6131	−21.7885

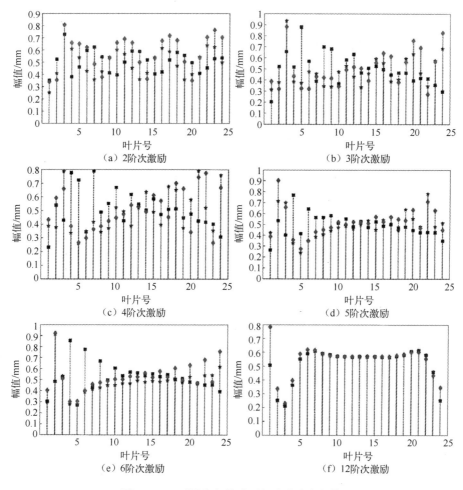

图 11.24　不同阶次激励下各叶片响应幅值

由上面的图和表可以知道：

（1）科氏力对于叶盘结构响应局部化有一定影响，并且对于不同的阶次影响不同。其中 2、3、4 阶使得叶盘结构的响应最大值增大，其他阶次使得响应最大值减小。

（2）由各个叶片的振动情况可以判断科氏力不仅仅影响响应的最大值，它对整个叶盘的响应状态都有影响。

（3）对于 1～11 阶次激励，前后行波的响应状况均不一致；但是对于 0 和 12 阶次激励，由于前行波激励和后行波激励完全相同，因此响应状况也完全相同。

11.6.2　半工作转速下失谐叶盘的频率响应特性

研究转速为 600 rad/s 时的频响特性，以分析转速的影响。激励仍为 1 阶次形式。

1. 仅考虑科氏力的频率响应特性

同样给出典型叶片叶尖节点频响曲线如图 11.25（a）所示，与转速为 1206 rad/s

时比较,振动峰值大小并没有变化,仅仅由于科氏力的作用导致共振频率有一些偏离。各叶尖节点的响应位移最大值图11.25(b)与图11.22(b)基本一致。

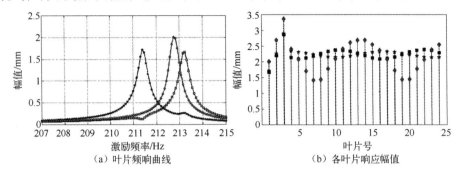

(a)叶片频响曲线　　　　　　　　(b)各叶片响应幅值

图11.25　1阶次激励下各叶片谐响应特性

2. 科氏力和离心力共同作用下的频率响应特性

同时考虑离心力和科氏力时各叶片叶尖相应节点的频响曲线和各叶片最大响应幅值分别如图11.26(a)和(b)所示。规律与工作转速下基本一致。

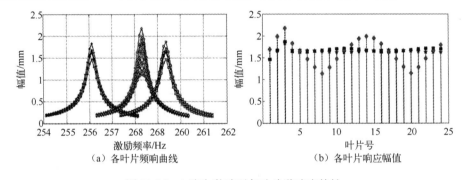

(a)各叶片频响曲线　　　　　　　　(b)各叶片响应幅值

图11.26　1阶次激励下各叶片谐响应特性

为了比较上述两种转速情况在数值上的差异,将两者各叶片的最大响应幅值放置在1张图上,如图11.27所示。与工作转速相比,600 rad/s转速下不考虑科氏力时叶片振幅的波动很大,并且整体响应幅值也偏大。由此认为离心力不仅能够使得响应幅值降低,并且能够使各个叶片之间的振幅区域均匀。

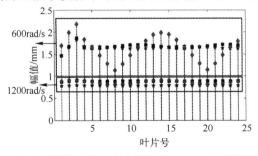

图11.27　不同转速下1阶次激励下各叶片响应幅值比较

264

11.6.3　不同失谐模式的叶盘频率响应特性

上面讨论的均是相应于图 11.12 失谐模式的叶盘模态和响应特性,可以称为"第 1 种失谐模式"。为了讨论在不同失谐模式时的频率响应特性,现在考虑另外两种失谐模式,可以称为"第 2 种失谐模式"和"第 3 种失谐模式"。这两种均是失谐幅度为 1% 的平均分布随机失谐,失谐形式如图 11.28 所示。阻尼、激励等与上述的相同。

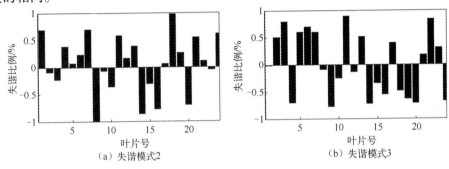

（a）失谐模式2　　　　　　　（b）失谐模式3

图 11.28　两种平均分布随机失谐模式

分别计算了 3 种失谐模式下 1~6 阶次激励和 12 阶次激励作用下第 1 族模态频率范围内的响应位移。得到如下结论:

（1）科氏力对于失谐叶盘结构响应位移有一定影响,并且对于不同失谐模式、不同阶次的影响不同。

（2）由各个叶片的振动情况(图 11.29~图 11.31)可以判断科氏力不仅影响响应的最大值,它使得各叶片的响应大小都发生了变化。

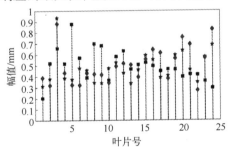

图 11.29　失谐模式 1 下 3 阶次
激励叶片响应幅值

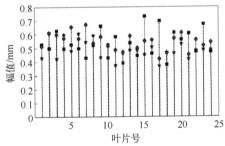

图 11.30　失谐模式 2 下 6 阶次
激励叶片响应幅值

（3）对于 1~11 阶次激励,前后行波的响应状况均不一致;但是对于 0 和 12 阶次激励,由于前行波激励和后行波激励完全相同,因此响应状况也完全相同。

（4）离心力对失谐叶盘响应振幅的影响与谐调叶盘一致,能使响应的幅值降低,并且使各叶片的响应最大值趋于均匀。

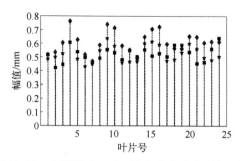

图 11.31　失谐模式 3 下 2 阶次激励叶片响应幅值

11.7　本 章 小 结

研究中得到相应的基本特点和规律。对于叶盘结构的模态特性

（1）对于谐调叶盘结构,考虑科氏力后固有频率会出现分离。各族模态中,0节径和12节径振动为单频,不存在频率分离,而其他各阶频率均会发生分离。频率分离在1节径振动中最明显,随着节径数的增多,频率分离量逐渐降低。

（2）轮盘和叶片的耦合振动将导致科氏力的作用更为明显,因此分离量也越大。考虑科氏力作用时对于叶盘耦合较强的振动模态应更为关注。科氏力和离心力共同作用下的频率特性并不是科氏力和离心力单独作用效果的简单叠加。对于有些模态,离心力的作用能够增强叶盘的耦合程度,进而对科氏力的作用效果产生较大的影响。

（3）实际工程中进行叶盘共振分析时应当考虑科氏力和离心力共同作用的效果,以便更为准确的预测共振。

（4）对于失谐叶盘结构而言,离心力对失谐叶盘模态局部化有一定的影响,但影响规律不明确;科氏力对于失谐叶盘结构模态特性的影响要比谐调叶盘结构大得多,科氏力会影响失谐叶盘模态局部化程度。

（5）引入"科氏力影响因子"用于判断科氏力对叶盘结构模态局部化的影响规律是合理的。科氏力作用下失谐叶盘局部化现象会产生较大改变,但是规律不一。

对于叶盘结构的响应特性

（1）单点阶次激励有两个方向:与转速方向一致的为前行波激励方向,与转速方向相反的为后行波激励方向。谐调叶盘结构不考虑科氏力时,确定阶次的前行波和后行波激励仅能激起1条频响曲线;考虑科氏力后分别激起两条频响曲线,与考虑科氏力时模态特性分析得到的分离频率相对应。谐调叶盘在考虑科氏力后,每个叶片对应点的频响曲线仍然是完全重合的。

（2）离心力使得叶盘结构刚度增大对响应有两方面影响:使得共振频率升高和共振峰值降低。

（3）科氏力对于失谐叶盘结构响应局部化有一定影响,并且对于不同的阶次影响不同:有些阶次受到科氏力作用后振动局部化现象有所改善,有些阶次则更加恶化。科氏力不仅影响响应的最大值,它对整个叶盘的响应状态都有影响。

第12章 基于失谐设计的典型叶盘振动响应抑制

12.1 引 言

典型航空发动机压气机叶盘振动较大,影响其工作可靠性。在抑制其振动响应的实验研究中,设计了两种程度不同叶盘主动失谐模式,并经实验测量表明,采用小失谐模式时的叶盘振动响应较大,而较大失谐模式的叶盘振动响应反而较小。为了了解这种失谐设计对抑制振动响应的作用,本章基于有限元方法和数值仿真研究了具有这样两种失谐模式的叶盘振动响应特性,分析相应的影响规律,表明实验研究中采用较大的失谐设计模式对减小叶盘振动响应的效果。

本章首先描述典型叶盘结构的有限元模型、模拟实验研究的叶片失谐和激励的确定;接着分别研究了两种激励频率范围叶盘的频率响应特性、实验工况的叶盘频响特性和三组确定激励频率下失谐叶盘的频率响应特性,分析相应的频率响应基本规律和特点。

12.2 有限元模型与激励载荷

12.2.1 模型和失谐模拟

典型叶盘结构如图 12.1 所示,轮盘上 38 个叶片沿周向均布。含有 748 904 个单元, 354 350 个节点。

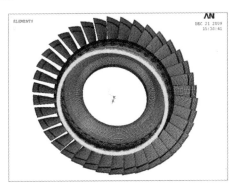

图 12.1 整体叶盘结构有限元模型

实验测量中设定的两种失谐形式如图 12.2 所示。其失谐幅值分别为 1.55%和 6.72%。并依据叶片一弯固有频率进行错频失谐。

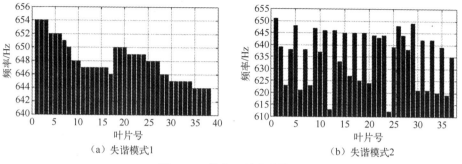

（a）失谐模式1　　　　　　　　　　　　（b）失谐模式2

图 12.2　给定两种失谐模式

将叶片弹性模量作为失谐参数，通过改变叶片弹性模量实现叶盘的失谐，达到调整各叶片一弯频率的目的。计算得到叶片公称一弯固有频率为 641.91 Hz；修改各叶片弹性模量，使它们的一弯频率与实验错频失谐结果相同。

图 12.2(a)失谐模式 1 的频差为 10 Hz，是该模式中所有叶片频率最低值的 1.5528%。图 12.2(b)失谐模式 2 的频差为 41 Hz，是该模式中所有叶片频率最低值的 6.72%。

12.2.2　激励载荷

进行频率响应的定性分析，可以将各叶片的载荷处理为单点模拟激励载荷，作用在各叶片叶尖相应节点，模拟载荷在空间中满足行波的形式，故作用在第 i 叶片的激励可以写为

$$f_i = F\sin(\omega t + i\theta) \qquad (12.1)$$

其中

$$\theta = \frac{2\pi N_E}{N_R} \qquad (12.2)$$

是行波激励的叶间相角；ω 为激振频率；N_E 为激励阶次；N_R 为转子叶片数，F 为激振力幅值。ANSYS 频率响应分析中，响应振幅和外激励的幅值成正比例，取 $F = 10$，结构模态阻尼比 $\zeta = 0.1\%$。由式(12.1)和式(12.2)知，模拟行波激振力在时间和空间上的分布均呈简谐形式，相邻叶片之间激振力相差固定的相位角，其大小由激励阶次 N_E 决定。因此，确定叶盘结构频率响应模拟行波激励主要涉及确定激励阶次和激励频率。

1. 激励阶次的确定

设静子叶片数为 N_S，转子叶片数为 N_R，则激励相位差 φ_e 可以表示为

$$\varphi_e = \frac{2\pi}{N_R} N_S \qquad (12.3)$$

而激起振动振型相位差 φ_v 与激励阶次 N_E 和转子叶片数关系为

$$\varphi_v = \frac{2\pi}{N_R} N_E \qquad (12.4)$$

叶盘共振三重点(双参数)条件之一是激励阶次等于节径数,即激励相位差和振型相位差满足如下关系

$$\varphi_e = 2k\pi \pm \varphi_v \qquad (12.5)$$

其中 $k = 0,1,2,3\cdots$。显然

$$\varphi_e = \varphi_v + \frac{2\pi}{N_R}(N_S - N_E) \qquad (12.6)$$

当静子叶片数大于转子叶片数时,共振激励阶次满足关系

$$N_E = N_S - N_R \qquad (12.7)$$

则

$$\varphi_e = \varphi_v + 2\pi \qquad (12.8)$$

满足式(12.5)条件可以激起共振。由于 $N_S = 42$,$N_R = 38$,因此得到 $N_E = 4$,即主要激励阶次成分为 4 阶次激励。

2. 激励频率的确定

实验研究失谐模式 1 和失谐模式 2 的工作转速分别为 11 347 r/min(1188.3 rad/s)和 11 236 r/min(1176.6 rad/s),两者的变化较小。根据静子叶片数、转子叶片数和实验参数可以确定激励频率。

根据叶盘结构激励的特点,N_E 阶次激励频率 f 应为

$$f = N_E n_{\text{rotating}} \qquad (12.9)$$

其中,n_{rotating} 为转速。

由于激励阶次 $N_E = 4$,由式(12.9)可知,两种实验转速的激励频率分别为 $f_1 = 4 \times 11\ 347/60 = 756.68$ Hz 和 $f_2 = 4 \times 11\ 236 = 749.08$ Hz。

由叶盘结构的模态特性计算知,在上述两种转速下谐调叶盘叶片 1 弯轮盘 4 节径的模态频率分别为 755.28Hz 和 752.85Hz,与激励频率相差分别为 0.19% 和 0.50%。因此可以确定上述的激励频率和激励阶次将导致叶盘结构的共振(叶片 1 弯的模态振动)。

12.3 典型频率范围阶次激励频率响应特性

考虑实验研究的转速,在叶片 1 弯族模态频率范围,研究具有 4 阶次激励的叶盘结构频率响应特性,分析失谐程度对叶盘频率响应的影响。选定两个频率范围,一个是整个 1 弯族模态频率段,即 700 ~ 780 Hz,另一个是谐调叶盘叶片 1 弯轮盘 4 节径模态频率附近频段,即 750 ~ 765Hz。

12.3.1 频率范围 1 的频率响应特性

分析了上述两种失谐模式下,该频率范围"响应放大比"最大值与失谐程度的

关系。激励为上述的 4 阶次单点模拟激励,激励位置为叶片顶端一角处。

图 12.3 为失谐模式 1 时,失谐程度与频率响应最大幅值放大比的关系。可以看出,随着失谐程度的增大,最大幅值放大比首先增加,到失谐量增加到 2% 时放大比最大达到 1.184,此后随着失谐程度的继续增大开始下降;在失谐量为 7% 处放大比又出现一个峰值,大小为 1.183。整个曲线幅值放大水平不高,响应局部化现象不很明显。

图 12.4 表示了幅值放大比最大时的响应空间分布(各叶片的响应幅值)。这时失谐 2%,幅值放大比最大,相应的激励频率为 760.16 Hz。由图 12.4 观察发现各叶片的响应幅值不同,是典型的失谐叶盘响应状态。

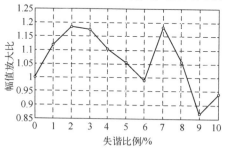

图 12.3 失谐模式 1 频响幅值放
大比与失谐程度关系

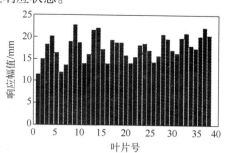

图 12.4 激励频率 760.16 Hz 失谐幅度
2% 时的响应位移空间分布

图 12.5 给出了失谐模式 2 时失谐量与响应幅值最大放大比的关系。可以发现,在这种情况下,随着失谐量增加响应幅值放大比首先增大,在失谐量达到 4% 时,放大比达到最大为 1.668,此后放大比降低。与图 12.3 比较可以看出,失谐模式 2 所引起的幅值放大比整体水平较高、局部化程度较为严重。

图 12.6 给出了失谐模式 2 在失谐比例达到 4% 时(幅值放大比最大值时)的响应空间分布情况,这时的激励频率为 741.31 Hz。与图 12.4 对比可以看出,失谐模式 2 下各叶片响应幅值更加分散,响应局部化程度较高,局部化现象较为严重。

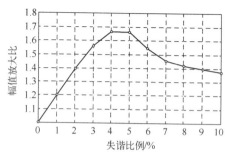

图 12.5 失谐模式 2 下谐响应幅值
放大比与失谐程度关系

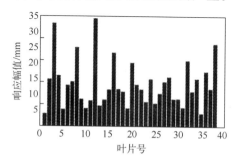

图 12.6 激励频率 741.31 Hz 失谐幅度
4% 时的响应位移空间分布

12.3.2　频率范围 2 的频率响应特性

改变激励频率的扫频范围为 750 ~ 765 Hz。同样给出了两种失谐模式下失谐程度与响应幅值最大放大比的关系如图 12.7 所示。比较图 12.7(a)和图 12.3 可以看出,两图的前半部分(失谐量小于 5% 时)完全相同,但是从失谐量增大到 6% 以后,两图出现了很大的差别。图 12.3 在 7% 时仍有一个峰值,并且后半段整体水平在 1 左右。而图 12.7(a)在失谐量增大到 6% 以后下降明显,放大比均下降到 0.5 以下。再将图 12.7(b)和图 12.3 比较,后者整体水平在 1.4 左右,最大达到了 1.668,而图 12.7(b)的放大比整体上在 1.2 以下,甚至在曲线的前半段(失谐比例小于 5% 时)幅值放大比是小于 1 的,最小达到 0.2 以下。因此说明,在这个失谐程度范围,人为失谐设计减小了振幅的大小,起到了降低振动的作用。

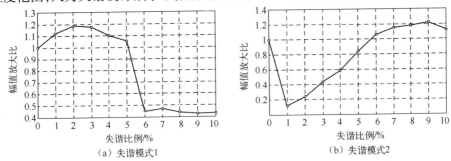

(a) 失谐模式1　　　　　　　(b) 失谐模式2

图 12.7　两种失谐模式的响应幅值放大比与失谐程度关系

图 12.8 为失谐模式 2 的失谐程度为 1% 时,两种激励频率范围在幅值放大比最大时的响应空间分布。图 12.8(a)对应频率范围为 700 ~ 780 Hz,这时的激励频率为 734.89 Hz,响应局部化现象不是非常严重,但是振幅很大;而图 12.8(b)对应范围为 750 ~ 765 Hz,放大比最大的激励频率为 750.0 Hz,响应的局部化现象较为严重,但是振幅较小。在这个频率范围内响应空间分布虽然不均匀,但是整体错开了共振频率,导致振幅不大。

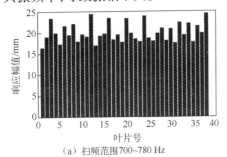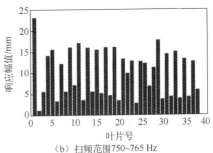

(a) 扫频范围700~780 Hz　　　　　　(b) 扫频范围750~765 Hz

图 12.8　失谐 1% 时的位移响应分布

上述的分析表明,对于同一失谐模式和同一激励阶次,激励频率范围不同时振动响应局部化特性会相差较大。

12.4 实验状态频率响应特性数值模拟

模拟实验研究的失谐模式、失谐比例和转速条件,采用单点激励的模拟行波激励,进行相应的叶盘结构频率响应计算,以验证实验结果的合理性。

失谐模式 1 失谐量为 1.55%,转速为 11 347 r/min;失谐模式 2 失谐量为 6.72%,转速为 11 236 r/min。行波激励频率范围为 730~780 Hz,基于模拟行波激励得到的,相应于实验研究的频响曲线如图 12.9 和图 12.10 所示,其中两图的图(a)分别为两种失谐的叶盘响应位移最大值,两图的(b)为相应的各叶片响应位移最大值,图(a)为图(b)的包络线。

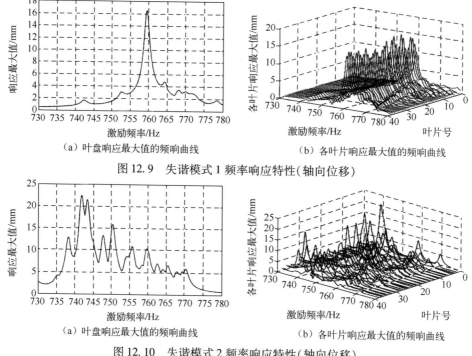

(a)叶盘响应最大值的频响曲线　　　　　　(b)各叶片响应最大值的频响曲线

图 12.9　失谐模式 1 频率响应特性(轴向位移)

(a)叶盘响应最大值的频响曲线　　　　　　(b)各叶片响应最大值的频响曲线

图 12.10　失谐模式 2 频率响应特性(轴向位移)

从图 12.9 可以看出,各个叶片的频响曲线基本一致,说明响应局部化程度不严重。叶盘响应最大值随频率的变化曲线也只有一个峰值,最大值为 16.53 mm。而图 12.10 的各条响应曲线间差别较大,说明局部化程度较为突出,并且叶盘响应最大值随着频率增大也有很多个峰值,其中最大值为 22.47 mm,较失谐模式 1 要大出不少。因此可以认为,激励频率范围如果在 730~780 Hz 之间时,失谐模式 2 比失谐模式 1 更为危险,产生的振动响应更剧烈。

对于更窄的激励频率范围,如激励频率在 758~762 Hz 之间时,响应曲线如图 12.11 所示。此时失谐模式 1 的最大值没有发生变化,但是失谐模式 2 的最大值为 9.38 mm。所以在此激励频率范围,失谐模式 2 比失谐模式 1 更为安全。

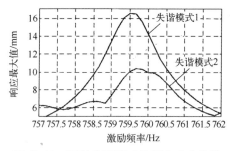

图 12.11　两种失谐模式的频率响应曲线

12.5　给定激励频率的叶盘结构频率响应特性

上面的分析表明,随失谐程度的增大,在频带范围内出现响应最大值的频率是不同的。如对失谐模式 2,失谐量 1% 时产生频率响应最大值的激振频率为 734.89 Hz,而失谐 10% 时的激振频率为 749.18 Hz。但是,实验研究中激励频率是确定的,不发生变化。因此,现在分析在特定激励频率激励下两种失谐模式叶盘结构的频率响应特性。

选取了频率范围内的 3 组激励频率。第 1 组激励频率为 759.5 Hz 和 752.1 Hz,两者之比是两种失谐模式实验研究时的叶盘转速之比;第 2 组激励频率均为 759 Hz;第 3 组激励频率均为 747 Hz。每组两频率的激励分别为激励失谐模式 1 和 2,研究其频率响应特性。这样的选择考虑了 12.4 节的频率响应特性分析,使得在给定的失谐模式下,各激励频率的响应特性有不同特点。

12.5.1　第 1 组频率激励的频率响应

这组激励的频率分别是相应于失谐模式 1 的 759.5 Hz 和失谐模式 2 的 752.1 Hz,前者与实验研究失谐模式 1 的转速 4 阶次激励频率 756.68 Hz 相差 0.37%,而后者与实验研究中对失谐模式 2 的转速 4 阶次激励频率 749.08 Hz 相差 0.30%。由这两频率模拟行波激励得到叶盘结构两种失谐模式的失谐程度与响应幅值放大比关系如图 12.12 所示。

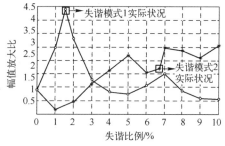

图 12.12　两种固定频率激励下幅值放大比变化曲线

可以看出,失谐模式 1 在失谐量较小时响应幅值放大比较大,而失谐量增大后放大比减小了。失谐模式 2 的响应在整个失谐量变化范围内是不断增大的,但均小于失谐模式 1 最大值。特别地,图中方框的两点为实验研究的失谐量。此时失谐模式 1 响应幅值放大比为 4.394,而失谐模式 2 响应幅值放大比为 1.905,失谐模式 1 与失谐模式 2 最大叶片响应位移之比为 2.306,而实验得到二者之比为 2.404。结果与实验结果较为吻合。

图 12.13 为上述两方框处叶盘结构响应空间分布。可以看出,失谐模式 1 的各叶片响应位移相差不大,局部化现象不明显,但是响应位移整体较大;而失谐模式 2 的各叶片响应位移相差很大,局部化现象较为明显,但是响应位移较小。

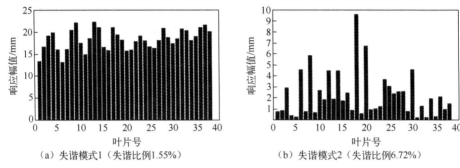

图 12.13 实际失谐比例下叶盘响应位移空间分布

这一现象的机理在于,采用失谐模式 2 的失谐设计虽然会导致较严重的局部化现象,但是由于失谐导致共振频率发生了变化,在此激励下叶盘不会发生共振,振动位移较小;而失谐模式 1 虽然不会导致严重的局部化现象,各个叶片的振幅较为一致。但是在此激励频率下处于共振状态,振幅最大值较大。

12.5.2 第 2 组频率激励的频率响应

两种失谐模式下激励频率均为 759 Hz,图 12.14(a) 和 (b) 分别给出了幅值放大比与失谐量的关系。失谐模式 1 的曲线在失谐量较小时幅值放大比较大,最大

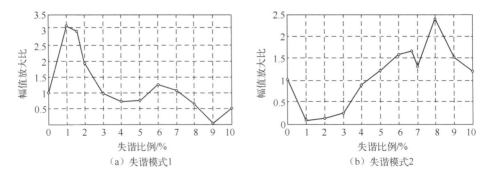

图 12.14 激励频率为 759 Hz 时响应幅值放大比与失谐幅度的关系

值出现在失谐量为1%时,幅值放大比为3.125,而在失谐量较大时幅值放大比较小,在失谐比例增大到7%以上后幅值放大比甚至降低到1以下;失谐模式2的曲线在失谐量较大时幅值放大比较大,最大值出现在失谐量为8%时,幅值放大比为2.38,而在失谐量较小时幅值放大比较小,其中失谐量小于4%时,幅值放大比处于1以下。因此,若对激励频率为759 Hz的工况进行失谐设计时,采用失谐模式1,则失谐程度应较大;而采用失谐模式2,则失谐程度应较小,以便叶盘振动位移最大值较小。

12.5.3　第3组频率激励的频率响应

第3组是两种失谐模式时激励频率均为747 Hz的情况。图12.15给出了幅值放大比随失谐的变化曲线。失谐模式1所对应的曲线类似于正态分布,最大值出现在失谐为5%时,幅值放大比的大小为2.916,而在失谐小于3和大于7的范围内,幅值放大比均在1.5以下。失谐模式2的曲线除了在失谐达到7%时有较小的降低,其他位置均是随着失谐的增加单调增加的,在失谐比例达到10%时,其值为16.63。可见,在这种激励频率下,两种失谐模式的整个失谐比例范围内,振动位移均没有小于1的情况,即此时两种失谐模式都不是合适的人为失谐设计。

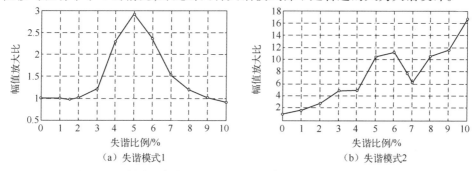

（a）失谐模式1　　　　　　　　　（b）失谐模式2

图12.15　激励频率为747 Hz时响应幅值放大比与失谐幅度的关系

12.6　本章小结

本章计算了典型压气机叶盘在两种不同失谐模式下的频率响应特性,考虑了不同失谐程度、不同激励频率范围和不同特定激励频率或激励频率组对失谐叶盘频率响应振动特性的影响。

研究工作利用文献[241]所给出的两种失谐模式,计算了典型阶次激励频率范围叶盘结构的频率响应特性。结果表明,存在某些激励频率,在失谐模式1下激起叶盘振动较大,而在失谐模式2下激起的振动较小。计算结果与文献[164]的实验结果较为吻合。

研究表明:

（1）失谐模式1在整个700~780 Hz频段内、在失谐变化范围内的响应水平较

失谐模式 2 要小,但是在更窄的频段内或在确定的激励频率下,响应特性就不再具有上述规律,而要根据具体情况具体分析;

(2) 失谐较小的模式 1 在某些频率下的响应幅值较之失谐较大的失谐模式 2 的更大。

通过上述的研究可以认为,对于确定的一种失谐模式,随着失谐程度的提高,在一定激励频率范围内的幅值放大比曲线并没有确定的规律;对于特定的某种失谐模式和特定频率的激励,随着失谐程度的提高,影响响应振幅的因素依然很多,包括失谐模态中包含的谐调模态阶次、固有频率变化大小、激励频率和激励阶次等。因此,对实际叶盘结构在流体激励下进行振动特性分析时,需要综合细致地研究三维流体激励特性和激励频率范围内叶盘结构的模态和振动响应特性。相应的研究方法和典型实例的分析可参阅前面有关章节的讨论。

参 考 文 献

［1］李其汉,王延荣,王建军.航空发动机叶片高周疲劳失效研究［J］.航空发动机,2003,29(4):16 – 18.

［2］宋兆泓,等.航空发动机典型故障分析［M］.北京:北京航空航天大学出版社,1993.

［3］Srinivasan V A. Flutter and resonant vibration characteristics of engine blades［J］. ASME Journal of Engineering for Gas Turbines and Power,1997,119(4):742 – 775.

［4］吴大观.航空发动机研制工作论文集［M］.北京:航空工业出版社,1999.

［5］李其汉,等.航空发动机强度设计典型问题(大飞机丛书)［M］.上海:上海交通大学出版社,2013.

［6］陆寿根,许建东,张新非.我国航空发动机叶片技术质量状况及分析.北海:中国航空学会发动机叶片结构问题专题学术研讨会论文集,2003.

［7］赵福星,李伟.国产涡喷发动机叶片断裂排故实践.北海:中国航空学会发动机叶片结构问题专题学术研讨会论文集,2003.

［8］陶春虎,等.航空装备失效典型案例分析［M］.北京:国防工业出版社,1998.

［9］Thomson D E,Griffin J T. The national turbine engine high cycle fatigue program［J］. Global Gas Turbine News,1999,39(1):14 – 17.

［10］Bartsch T M. High Cycle Fatigue (HCF) Science and Technology Program 2001 Annual Report. Universal Technology Corp. , Dayton OH,2002.

［11］Thomson D. US HCF program overview. 10th National Turbine Engine High Cycle Fatigue Conference. New Orleans,Louisiana,2005.

［12］张大义.气流激振下叶片的高周疲劳概率寿命预估方法［D］.北京航空航天大学,2008.

［13］孟越.尾流激振情况下叶片强迫响应预估技术及气动非谐研究［D］.北京航空航天大学,2007.

［14］航空发动机设计手册总编委会.航空发动机设计手册(第18册)［M］.北京:航空工业出版社,2001.

［15］张锦,刘晓平.叶轮机振动模态分析理论与数值方法［M］.北京:国防工业出版社,2001.

［16］叶先磊.叶盘结构耦合振动的组合分析模型与应用［D］.北京航空航天大学,2004.

［17］Slater J C,Minkiewicz G R,Blair A J. Forced response of bladed disk assemblies – a survey. The shock and vibration digest,1999,31(1):17 – 24.

［18］刑景棠,周盛,崔尔杰.流固耦合力学概述［J］.力学进展,1997,27(1):19 – 38.

［19］晏砺堂,朱梓根,宋兆泓,等.结构动力特性分析［M］.北京:北京航空航天大学出版社,1989.

［20］周盛,等.叶轮机气动弹性力学导论［M］.北京:国防工业出版社,1986.

［21］金琰.叶轮机械中若干气流激振问题的流固耦合数值研究［D］.清华大学,2002.

［22］Marshall J G,M. I. A review of aeroelasticity methods with emphasis on turbomachinery applications［J］. Journal of Fluids and Structures,1996,10:237 – 267.

［23］王建军,李其汉.航空发动机失谐叶盘振动减缩模型与应用［M］.北京:国防工业出版社,2009.

［24］王建军,李其汉,朱梓根.失谐叶片 – 轮盘结构系统振动局部化问题的研究进展［J］.力学进展,2000,30(4):517 – 528.

［25］Ewins D J. The effect of blade mistuning on vibration response – a survey:IFToMM 4th Int. Conf. on Rotordynamics. Prague,Czechoslovakia,1991.

[26] Castanier M P, Pierre C. Modeling and analysis of mistuned bladed disk vibration: status and emerging directions. Journal of Propulsion and Power, 2006, 22(2): 384 – 396.

[27] 胡超, 李凤明, 邹经湘, 等. 失谐叶片 – 轮盘结构振动模态局部化问题的研究[J]. 中国电机工程学报, 2003, 23(11): 189 – 194.

[28] 臧朝平, 兰海强. 失谐叶盘结构振动问题研究新进展[J]. 航空工程进展, 2011, 2(2): 133 – 142.

[29] 辛健强. 航空发动机叶盘转子结构的典型振动问题研究[D]. 北京航空航天大学, 2011.

[30] 辛健强, 王建军. 失谐流体激励下叶盘结构响应特性分析[J]. 航空动力学报, 2012, 27(4): 801 – 810.

[31] 王建军, 辛健强, 姚建尧. 失谐叶盘结构分析软件 V1.0 软件著作权[P]. 中华人民共和国国家版权局, 2010.

[32] 杨士杰. 航空涡喷. 涡扇发动机结构设计准则[R]. 中国航空工业总公司发动机系统工程局, 1997.

[33] 王建军, 许建东, 李其汉. 失谐叶片 – 轮盘结构振动局部化分析模型[J]. 汽轮机技术, 2004, 46(4): 256 – 259.

[34] 王帅, 王建军, 李其汉. 一种基于模态减缩技术的整体叶盘结构失谐识别方法[J]. 航空动力学报, 2009, 24(3): 662 – 669.

[35] 于长波, 王建军, 李其汉. 错频叶盘结构的概率模态局部化特性分析[J]. 航空动力学报, 2009, 24(9): 2040 – 2045.

[36] Liao H, Wang J, Yao J, et al. Mistuning forced response characteristics analysis of mistuned bladed disks[J]. ASME Journal of Engineering for Gas Turbines and Power, 2010, 132(12): 122501.

[37] 廖海涛, 王建军, 李其汉. 随机失谐叶盘结构失谐响应特性分析[J]. 航空动力学报, 2010, 25(1): 160 – 168.

[38] 王建军, 姚建尧, 李其汉. 刚度随机失谐叶盘结构概率模态特性分析[J]. 航空动力学报, 2008, 23(2): 256 – 262.

[39] Yu C, Wang J, Li Q. On the individual and combined effects of intentional mistuning, coupling and damping on the forced response of bladed disks: ASME Turb Expo 2008: ASME – GT – 2008 – 50960. Berlin, 2008.

[40] 王建军, 于长波, 李其汉. 错频叶盘结构振动模态局部化特性分析[J]. 航空动力学报, 2009, 24(4): 788 – 792.

[41] 王红建. 复杂耦合失谐叶片 – 轮盘系统振动局部化问题研究[D]. 西北工业大学, 2006.

[42] 姚建尧. 失谐周期结构动态特性和鲁棒性分析[D]. 北京航空航天大学, 2006.

[43] 姚建尧, 王建军, 李其汉. 失谐叶盘结构鲁棒性能分析[J]. 航空动力学报, 2010, 25(7): 1634 – 1640.

[44] Jianyun Y, Jianjun W, Qihan L. Robustness analysis of mistuned bladed disk using the upper bound of structured singular value. ASME Journal of Engineering for Gas Turbines and Power, 2009, 131(3): 32501.

[45] 廖海涛. 失谐叶盘结构振动若干问题研究[D]. 北京航空航天大学, 2011.

[46] 涂杰. 谐调和失谐叶盘结构实验件振动模态特性实验与分析[D]. 北京航空航天大学, 2007.

[47] 王勖成, 邵敏. 有限单元法基本原理和数值方法[M]. 北京: 清华大学出版社, 1997.

[48] Thomas D L. Dynamics of rotationally periodic structures[J]. International Journal for Numerical Methods in Engineering, 1979, 14: 81 – 102.

[49] Fricker A J, Potter S. Transient forced vibration of rotationally periodic structures[J]. International Journal for Numerical Methods in Engineering, 1981, 17: 957 – 974.

[50] Omprakash V, Ramamurti V. Coupled natural frequencies of rotating tuned bladed disk systems[J]. Journal of Sound and Vibration, 1990, 140(3): 413 – 435.

[51] Zhang J, Chen X J, Wang W L. Dynamic analysis technique of rotating centrifugal impeller: 91 – GT – 50, 1991.

[52] 张锦, 陈向均. 转动盘 – 片系的循环对称模综[J]. 固体力学学报, 1992, 13(3): 225 – 234.

278

［53］ Seeley C E,Dede M,Mignolet M. Analysis of cyclic symmetric structures with mistuned sectors:AIAA－2002－1536,2002.

［54］ Petrov E P. A method for use of cyclic symmetry properties in analysis of nonlinear multiharmonic vibrations of bladed disks[J]. Journal of Turbomachinery,2004,126(1):175－183.

［55］ ANSYS Help for Release 11.0,2010.

［56］ MSC. Patran MSC. Nastran Preference Guide,Volume 1:Structural Analysis.,2010.

［57］ 陶涛. 整体叶盘结构的动力特性分析[D]. 北京航空航天大学,1997.

［58］ 李红泉. 谐调和失谐叶盘结构振动特性研究[D]. 北京航空航天大学,2005.

［59］ 何俊勇. 叶盘结构振动应力数值预测方法研究[D]. 北京航空航天大学,2006.

［60］ 姜睿. 航空发动机叶盘结构强迫响应的数值仿真技术[D]. 北京航空航天大学,2007.

［61］ 葛长闯,王建军,刘永泉. 2级叶片轮盘系统模态特性研究[J]. 航空发动机,2009,35(5):19－23.

［62］ 葛长闯,王建军,刘永泉. 失谐多级整体叶盘振动模态特性定量评价方法研究[J]. 航空发动机,2012,38(1):25－28.

［63］ Irretier H. Spectral analysis of mistuned bladed disk assemblies by component mode synthesis[J]. Vibration of Bladed Disk Assembly,1983.

［64］ Craig R R,Chang C J. Free－interface methods of substructure coupling for dynamic analysis[J]. AIAA Journal,1976,14(11):1633－1635.

［65］ Castanier M P,Ottarsson G,Pierre C. A Reduced－order modeling technique for mistuned bladed disks[J]. Journal of Vibration and Acoustics,1997,119(3):439－447.

［66］ Balmes E. Optimal ritz vectors for component mode synthesis using the singular value decomposition[J]. AIAA Journal,1996,34(6):1256－1260.

［67］ Castanier M P,Tan Y C,Pierre C. Characteristic constraint modes for component mode synthesis[J]. AIAA Journal,2001,39(6):1182－1187.

［68］ Bladh R,Castanier M P,Pierre C. Component－mode－based reduced order modeling techniques for mistuned bladed disks[J]. ASME Journal of Engineering for Gas Turbines and Power,2001,123(1):89－108.

［69］ Tran D M. Component mode synthesis methods using interface modes:application to structures with cyclic symmetry[J]. Computers and Structures,2001,79(2):209－222.

［70］ Moyroud F,Jacquet R G,Fransson T. A comparison of two finite element reduction techniques for mistuned bladed disks[J]. ASME Journal of Engineering for Gas Turbines and Power,2002,124(4):942－952.

［71］ Yang M T,Griffin J H. A reduced order approach for the vibration of mistuned bladed disk assemblies[J]. ASME Journal of Engineering for Gas Turbines and Power,1997,119(1):161－167.

［72］ Yang M T,Griffin J H. A reduced－order model of mistuning using a subset of nominal system modes[J]. ASME Journal of Engineering for Gas Turbines and Power,2001,123(4):893－900.

［73］ Lim S H,Bladh R,Castanier M P,et al. Compact,generalized component mode mistuning representation for modeling bladed disk vibration[J]. AIAA Journal,2007,45(9):2285－2298.

［74］ Feiner D,Griffin J H. A fundamental model of mistuning for a single family of modes[J]. Journal of Turbomachinery,2002,124(4):597－605.

［75］ Kielb R E,Feiner D M,Griffin J H,et al. Flutter of mistuned bladed disks and blisks with aerodynamic and fmm structural coupling[J]. ASME Turbo Expo 2004:Power for Land,Sea,and Air,2004.

［76］ Kielb R E,Hall K C,Hong E,et al. probabilistic flutter analysis of a mistuned bladed disks[J]. ASME Turbo Expo 2006:Power for Land,Sea,and Air,2006.

［77］ Carlos M,Roque C. Asymptotic description of maximum mistuning amplification of bladed disk forced response [J]. ASME Journal of Engineering for Gas Turbine and Power,2009,131(2):311－324.

279

[78] Sinha A. Reduced – order model of a bladed rotor with geometric mistuning[J]. ASME Turbo Expo 2007, ASME – GT – 2007 – 27276. Montreal,2007.

[79] 苏全永. 大小叶片整体叶盘的失谐振动局部化分析与应用[D]. 北京航空航天大学,2006.

[80] 葛长闯. 谐调与失谐两级叶盘结构振动特性研究[D]. 北京航空航天大学,2010.

[81] 于长波. 失谐叶盘结构的建模方法与振动特性研究[D]. 北京航空航天大学,2010.

[82] 王建军,于长波,姚建尧,等. 失谐叶盘振动模态局部化定量描述方法[J]. 推进技术,2009,30(4): 457 – 461.

[83] 王帅. 整体叶盘结构失谐识别方法和动态特性实验研究[D]. 北京航空航天大学,2009.

[84] 姚建尧. 流体激励下谐调和失谐整体叶盘结构响应分析[D]. 北京航空航天大学,2010.

[85] 姚建尧,王建军. 周期对称性在叶盘结构瞬态响应求解中的应用[J]. 航空动力学报,2011,26(2): 385 – 391.

[86] Yao J,Wang J,Li Q. Improved mode localization and modal excitation factors for understanding mistuned bladed disk response[J]. Journal of Propulsion and Power,2011,27(1):50 – 60.

[87] 姚建尧,王建军,李其汉. 基于振型节径谱的失谐叶盘结构动态特性评价[J]. 推进技术,2011,32(5): 645 – 653.

[88] Castanier M P,Pierre C. Using intentional mistuning in the design of turbomachinery rotors[J]. AIAA Journal,2002,40(10):2077 – 2086.

[89] Lin C C,Mignolet M P. An adaptive perturbation scheme for the analysis of mistuned bladed disks[J]. ASME Journal of Engineering For Gas Turbines And Power,1997,119(1):153 – 160.

[90] Mignolet M P,Hu W. Direct prediction of the effects of mistuning on the forced response of bladed disks[J]. ASME Journal of Engineering For Gas Turbines And Power,1998,120(7):628 – 636.

[91] Mignolet M P,Lin C C,Laborde B H. A novel limit distribution for the analysis of randomly mistuned bladed disks[J]. ASME Journal of Engineering For Gas Turbines And Power,2001,123(4):388 – 394.

[92] Rivas – Guerra A J,Mignolet M P. Local/global effects of mistuning on the forced response of bladed disks[J]. ASME Journal of Engineering For Gas Turbines And Power,2004,126(1):131 – 141.

[93] Han Y,Mignolet M P. A novel perturbation – based approach for the accurate prediction of the forced response of mistuned bladed disks [J]. ASME Turbo Expo 2007：Power for Land, Sea and Air. Montreal, Canada,2007.

[94] Han Y,Xiao B,Mignolet M P. Expedient estimation of the maximum amplification factor in damped mistuned bladed disks[J]. ASME Turbo Expo 2007：Power for Land,Sea and Air. Montreal,Canada,2007.

[95] Chen S,Sinha A. Calculating the statistics of the maximum amplitude of a mistuned bladed disk assembly[J]. AIAA – 92 – 2217 – CP,1992.

[96] Kenyon J A,Cross C J,Minkiewicz G R. Mechanical coupling effects on turbomachine mistuned response[J]. Journal of Propulsion And Power,2000,16(6):1149 – 1155.

[97] Kenyon J A,Griffin J H,Feiner D M. Maximum bladed disk forced response from distortion of a structural mode [J]. ASME Journal of Turbomachinery,2003,125(4):352 – 363.

[98] Kenyon J A,Griffin J H. Forced response of turbine engine bladed disks and sensitivity to harmonic mistuning [J]. ASME Journal of Engineering For Gas Turbines And Power,2003,125(1):113 – 120.

[99] Kenyon J A. Maximum mistuned bladed disk forced response with frequency veering. 40th AIAA/ASME/SAE/ ASFE Joint Propulsion Conference and Exhibit Fort Lauderdale,Florida,2004.

[100] Keerti A,Nikolaidis E,Ghiocel D M,et al. Combined approximations for efficient probabilistic analysis of structures[J]. AIAA Journal,2004,42(7):1321 – 1330.

[101] Lee S Y,Castanier M P,Pierre C. Assessment of probabilistic methods for mistuned bladed disk vibra-

tion. 46th AIAA/ASME/ASCE/AHS/ASC Structures, Structural Dynamics & Materials Conference[J]. Austin, Texas, 2005.

[102] Cha D, Sinha A. Effects of the nature of excitation on the response of a mistuned bladed disk assembly[J]. ASME Journal of Turbomachinery, 2002, 124(10):588 – 596.

[103] Cha D, Sinha A. Statistics of responses of a mistuned and frictionally damped bladed disk assembly subjected to white noise and narrow band excitations[J]. Probabilistic Engineering Mechanics, 2006, 21:384 – 396.

[104] Baik S, Castanier M P, Pierre C. Assessment of blade mistuning effects via power flow analysis of tuned bladed disks. 46th AIAA/ASME/ASCE/AHS/ASC Structures, Structural Dynamics & Materials Conference[J]. Austin, Texas, 2005.

[105] Olson B J, Shaw S W. Vibration absorbers for a rotating flexible structure with cyclic symmetry: nonlinear path design[J]. Nonlinear Dynamics, 2010, 60:149 – 182.

[106] Sanliturk K Y, Imregun M. Vibration analysis of mistuned bladed – disk assemblies – inverse approach[J]. AIAA Journal, 1994, 32(4):857 – 865.

[107] Mayorca M A, Vogt D M, Martensson H, et al. Uncertainty of Forced Response Numerical Predictions of an Industrial Blisk: Comparison With Experiments. ASME Turbo Expo 2012: Turbine Technical Conference and Exposition, 2012.

[108] Souza K X, Epureanu B I. A statistical characterization of the effects of mistuning in multistage bladed disks [J]. ASME Journal of Engineering for Gas Turbines and Power, 2012, 134(1):12503.

[109] Lim S H, Castanier M P, Pierre C. Vibration modeling of bladed disks subject to geometric mistuning and design changes. 45th AIAA/ASME/ASCE/AHS/ASC Structures, Structural Dynamics & Materials Conference [J]. Palm Springs, California, 2004.

[110] Capiez – Lernout E, Soize C, Lombard J P, et al. Blade manufacturing tolerances definition for a mistuned industrial bladed disk [J]. ASME Journal of engineering For Gas Turbines And Power, 2005, 127(7): 621 – 628.

[111] Sinha A. Reduced – order model of a bladed rotor with geometric mistuning. ASME Turbo Expo 2007: Power for Land, Sea and Air[J]. Montreal, Canada, 2007.

[112] Fang X, Tang J, Jordan E, et al. Crack induced vibration localization in simplified bladed – disk structures[J]. Journal of Sound And Vibration, 2006, 291:395 – 418.

[113] Hou J. Cracking – induced mistuning in bladed disks[J]. AIAA Journal, 2006, 44(11):2542 – 2546.

[114] Huang B W, Kung H K, Kuang J H. Stability in a twisted periodic blade system with cracks[J]. AIAA Journal, 2006, 44(7):1436 – 1444.

[115] Kuang J H, Huang B W. The effect of blade crack on mode localization in rotating bladed disks[J]. Journal of Sound And Vibration, 1999, 227(1):85 – 103.

[116] Lange A, Voigt M, Vogeler K, et al. Impact of manufacturing variability and nonaxisymmetry on high – pressure compressor stage performance[J]. ASME Journal of Engineering for Gas Turbines and Power, 2012, 134 (3):32504.

[117] Verdon J M. Review of unsteady aerodynamic methods for turbomachinery aeroelastic and aeroacoustic applications[J]. AIAA Journal, 1993, 31(2):235 – 250.

[118] Hall K C, Kielb R E, Ekici K, et al. Recent advancements in turbomachinery aeroelastic design analysis. 43rd AIAA Aerospace Sciences Meeting and Exhibit, 2005.

[119] Bartels R E, Sayma A I. Computational aeroelastic modelling of airframes and turbomachinery: progress and challenges[J]. Philosophical Transactions of the Royal Society of London Series a – Mathematical Physical and Engineering Sciences, 2007, 365:2469 – 2499.

[120] Castanier M P, Pierre C. Investigation of the combined effects of intentional and random mistuning on the forced response of bladed disks[J]. AIAA − 98 − 3710,1998.

[121] Crouzet F. A time − domain method for the vibration of mistuned bladed disk assemblies. Proceedings of the Pressure Vessels & Piping Division Conference[J]. Vancouver,Canada,2006.

[122] Xin J,Wang J. Investigation of coriolis effect on vibration characteristics of a realistic mistuned bladed disk. ASME Turbo Expo 2011,ASME − GT − 2011 − 45453[J]. Vancouver,Canada,2011.

[123] 辛健强,王建军,李其汉. 科氏力对失谐叶盘振动特性的影响分析[J]. 推进技术,2011,32(5): 637 − 644.

[124] Whitehead D S. Force and moment coefficients for vibrating aerofoils in cascades[J]. Aeronautical Research Council,1960.

[125] Smith S N. Discrete frequency sound gerneration in axial flow turbomachines[J]. Aeronautical Research Council,1973.

[126] Adamczyk J J,Goldstein M E. Unsteady flow in a supersonic cascade with subsonic leading edge locus[J]. AIAA Journal,1978,16(12):1248 − 1254.

[127] Kaza K R V,Kielb R E. Effects of mistuning on bending − torsion flutter and response of a cascade in incompressible flow[J]. AIAA 81 − 0602,1981.

[128] Kaza K R V,Kielb R E. Flutter and response of a mistuned cascade in incompressible flow[J]. AIAA Journal,1982,20(8):1120 − 1127.

[129] Kaza K R V,Kielb R E. Flutter of turbofan rotors with mistuned blades[J]. AIAA Journal,1984,22(11): 1618 − 1625.

[130] Kaza K R V,Mehmed O,Williams M,et al. Analytical and experimental investigation of mistuning in propfan flutter[J]. AIAA 87 − 0739,1987.

[131] Dugundji J,Bundas D. Flutter and forced response of mistuned rotors using standing wave analysis[J]. AIAA Journal,1984,22(11):1652 − 1661.

[132] Watson B C,Kamat M P,Murphy K D. Forced response of mistuned bladed disk assemblies[J]. AIAA − 93 − 1491 − CP,1993.

[133] Watson B C,Kamat M P. Analysis of mistuned cyclic systems using mistune modes[J]. Applied Mathematics And Computation,1995,67:61 − 79.

[134] Lee I,Chung C,Shin S,et al. Flutter and forced response analysis of an intentionally mistuned bladed disk. 48th AIAA/ASME/ASCE/AHS/ASC Structures,Structural Dynamics,and Materials Conference[J]. Honolulu,Hawaii,2007.

[135] 孟越,李琳,李其汉. 气动非谐对叶片非定常气动激振力影响[J]. 航空动力学报,2007,22(7): 1060 − 1064.

[136] Seinturier E,Lombard J P. Forced Response Prediction Methodology for the Design of HP Compressors Bladed Disks[J]. ASME Turbo Expo 2004,ASME − GT − 2004 − 53372. Vienna,2004.

[137] Zemp A,Abhari R S,Schleer M. Experimental investigation of forced response impeller blade vibration in a centrifugal compressor with variable inlet guide vanes − part 1:blade damping. Proceedings of ASME Turbo Expo. Vancouver,Canada,2011.

[138] Zemp A,Abhari R S,Schleer M. Experimental investigation of forced response impeller blade vibration in a centrifugal compressor with variable inlet guide vanes − part 2:forcing function and FSI computations. Proceedings of ASME Turbo Expo. Vancouver,Canada,2011.

[139] Sayma A I,Vahdati M,Imregun M. An integrated nonlinear approach for turbomachinery forced response prediction[J]. Part I:formulation[J]. Journal of Fluids And Structures,2000,14:87 − 101.

[140] Breard C, Vahdati M, Sayma A I, et al. An integrated time – domain aeroelasticity model for the prediction of fan forced response due to inlet distortion[J]. ASME Journal of Engineering for Gas Turbines And Power, 2002, 124(1):196 – 208.

[141] Srivastava R, Bakhle M A, Keith T G J. Numerical simulation of aerodynamic damping for flutter analysis of turbomachinery blade rows[J]. Journal of Propulsion And Power, 2003, 19(2):260 – 267.

[142] Campbell R L, Paterson E G. Fluid – structure interaction analysis of flexible turbomachinery[J]. Journal of Fluids And Structures, 2011, 27:1376 – 1391.

[143] Vahdati M, Sayma A I, Imregun M. Multibladerow forced response modeling in axial – flow core compressors [J]. ASME Journal of Turbomachinery, 2007, 129(4):412 – 420.

[144] Silkowski P D, Rhie C M, Copeland G S, et al. Computational – fluid – dynamics investigation of aeromechanics[J]. Journal of Propulsion And Power, 2002, 18(4):788 – 796.

[145] D 'Souza K, Jung C, Epureanu B I. Analyzing mistuned multi – stage turbomachinery rotors with aerodynamic effects[J]. Journal of Fluids and Structures, 2013, 42:388 – 400.

[146] Willcox K E, Peraire J, White J. An Arnoldi approach for generation of reduced – order models for turbomachinery[J]. 38th Aerospace Sciences Meeting & Exhibit. Reno, Nevada, 2000.

[147] Romanowski M. Reduced order unsteady aerodynamic and aeroelastic models using Karhunen – Loeve eigenmodes[J]. AIAA paper 96 – 194, 1996.

[148] Dowell E, Hall K C. Modeling of fluid – structure interaction[J]. Annual Review of Fluid Mechanics, 2001, 33:445 – 490.

[149] Deane A, Kevrekidis I, Karniadakis G, et al. Low – dimensional models for complex geometry flows: application to grooved channels and circular cylinders[J]. Phys. Fluids, 1991, 3(10):2337 – 2354.

[150] Bui – Thanh T, Willcox K E, Ghattas O. Parametric reduced – order models for probabilistic analysis of unsteady aerodynamic applications[J]. 48th AIAA/ASME/ASCE/AHS/ASC Structures, Structural Dynamics, and Materials Conference. Honolulu, Hawaii, 2007.

[151] He L, Ning W. Efficient approach for analysis of unsteady viscous flows in turbomachines[J]. AIAA Journal, 1998, 36(11):2005 – 2012.

[152] He L. On circumferential phase – shift condition for turbomachinery aerodynamic and aero – mechanic applications[J]. 43rd AIAA Aerospace Sciences Meeting and Exhibit. Reno, Nevada, 2005.

[153] He L. Harmonic solution of unsteady flow around blades with separation[J]. AIAA Journal, 2008, 46(6): 1299 – 1307.

[154] Chen T, Vasanthakumar P, He L. Analysis of unsteady blade row interaction using nonlinear harmonic approach[J]. Journal of Propulsion And Power, 2001, 17(3):651 – 658.

[155] Moffatt S, Ning W, Li S, et al. Blade forced response prediction for industrial gas turbines[J]. Journal of Propulsion and Power, 2005, 21(4):707 – 714.

[156] Hall K C, Thomas J P, Clark W S. Computation of unsteady nonlinear flows in cascades using a harmonic balance technique[J]. AIAA Journal, 2002, 40(5):879 – 886.

[157] Hall K C, Thomas D L, Ekici K, et al. Frequency domain techniques for complex and nonlinear flows in turbomachinery[J]. 33rd AIAA Fluid Dynamics Conference and Exhibit. Orlando, Florida, 2003.

[158] Hall K C, Ekici K. Multistage coupling for unsteady flows in turbomachinery[J]. AIAA Journal, 2005, 43(3):624 – 632.

[159] Ekici K, Hall K C. Harmonic balance analysis of limit cycle oscillations in turbomachinery[J]. AIAA Journal, 2011, 49(7):1478 – 1487.

[160] Ekici K, Kielb R E, Hall K C. The effect of aerodynamic asymmetries on turbomachinery flutter[J]. Journal

of Fluids and Structures,2013,36:1 – 17.

[161] Pierre C,Smith T E,Murthy D V. Localization of aeroelastic modes in mistuned high – energy turbines[J]. Journal of Propulsion and Power,1994,10(3):318 – 328.

[162] He Z,Epureanu B I,Pierre C. Fluid – structure coupling effects on the dynamics of mistuned bladed disks[J]. AIAA Journal,2007,45(3):552 – 561.

[163] He Z,Epureanu B I,Pierre C. Parametric study of the aeroelastic response of mistuned bladed disks[J]. Computers and Structures,2007,85:852 – 865.

[164] He Z,Epureanu B I,Pierre C. Convergence predictions for aeroelastic calculations of tuned and mistuned bladed disks[J]. Journal of Fluids And Structures,2008,24:732 – 749.

[165] Petrov E P. A method for forced response analysis of mistuned bladed disks with aerodynamic effects included [J]. ASME Journal of Engineering for Gas Turbines and Power,2010,132(6):62502.

[166] Hall K C. Deformation grid variational principle for unsteady small disturbance flows in cascades[J]. AIAA Journal,1993,31(5):891 – 900.

[167] Hall K C,Lorence C B. Calculation of three – dimensional unsteady flows in turbomachinery using the linearized harmonic Euler equations[J]. ASME Journal of Turbomachinery,1993,115(4):800 – 809.

[168] Farhat C,Lesoinne M. Two efficient staggered algorithms for the serial and parallel solution of three – dimensional nonlinear transient aeroelastic problems[J]. Computer Methods in Applied Mechanics and Engineering,2000,182:499 – 515.

[169] Farhat C,van der Zee K G,Geuzaine P. Provably second – order time – accurate loosely – coupled solution algorithms for transient nonlinear computational aeroelasticity[J]. Computer Methods in Applied Mechanics and Engineering,2006,195(17):1973 – 2001.

[170] Dettmer W G,Peric D. A new staggered scheme for fluid – structure interaction. International Journal for Numerical Methods in Engineering[J]. Computer Methods in Applied Mechanics and Engineering,2013,93 (1):1 – 22.

[171] Yao J,Lin T,Liu G R,et al. A comparative study of time – marching schemes for fluid – structure interactions [J]. Computer Methods in Applied Mechanics and Engineering Vibroengineering PROCEDIA 2014,4: 170 – 175.

[172] Doi H,Alonso J J. Fluid/structure coupled aeroelastic computations for transonic flows in turbomachinery[J]. Computer Methods in Applied Mechanics and Engineering. ASME Turbo Expo 2002:Power for Land,Sea,and Air. Amsterdam,The Netherlands,2002.

[173] Campobasso M,Giles M. Flutter and forced response of mistuned turbomachinery[J]. Computer Methods in Applied Mechanics and Engineering Oxford University Computing Laboratory,2000.

[174] Kielb R E,Feiner D M,Griffin J H,et al. Probabilistic analysis of mistuned bladed disks and blisks with aerodynamic and FMM structural coupling[J]. Proceedings of the Ninth National Turbine Engine HCF Conference,2004.

[175] Sladojevic I,Petrov E P,Sayma A I,et al. Investigation of the influence of aerodynamic coupling on response levels of mistuned bladed discs with weak structural coupling[J]. ASME Turbo Expo 2005,ASME – GT – 2005 – 69050. Reno,2005.

[176] He Z,Epureanu B,Pierre C. Fluid – structural coupling effects on the dynamics of mistuned bladed disks[J]. AIAA Journal,2007,45(3):552 – 561.

[177] 美国军用标准. 发动机结构完整性大纲(MIL – STD – 1783B),2001.

[178] Kemp R H,Hirschberg M H. Theoretical and experimental analysis of the reduction of rotor blade vibration in turbomachinery through the use of modified stator vane spacing[J]. NACA – TN – 4373,1958.

［179］Gottfried D A,Fleeter S. passive detuning for HCF reduction［J］. AIAA 2002 – 3634,2002.

［180］Kaneko Y,Mori K,H. O. Study on the effect of asymmetric vane spacing on vibratory stress of blade［J］. 49th ASME Turbo Expo 2004,ASME – GT – 2004 – 53023. Vienna,2004.

［181］孟越,李琳,李其汉. 不对称静子叶片非谐方案研究［J］. 航空动力学报,2007,22(12):2083 – 2088.

［182］王顺金,张华. 物理计算的保真与代数动力算法 I:. 动力学系统的代数动力解法与代数动力算法［J］. 中国科学 G 辑,2005,35(6):573 – 608.

［183］Moler C,Van Loan C. Nineteen dubious ways to compute the exponential of a matrix,twenty – five years later ［J］. SIAM review,2003,45(1):3 – 49.

［184］钟万勰. 应用力学对偶体系［M］. 北京:科学出版社,2002.

［185］钟万勰. 应用力学的辛数学方法［M］. 北京:高等教育出版社,2006.

［186］Lin J H,Shen W P,Williams F W. Accurate high – speed computation of non – stationary random structural response［J］. Engineering Structures,1997,19(7):586 – 593.

［187］王超,李红云,刘正兴. 计算结构动力响应的分段精细时程积分方法［J］. 计算力学学报,2003,20 (2):175 – 179.

［188］谭述君,钟万勰. 非齐次动力方程 Duhamel 项的精细积分［J］. 力学学报,2007,39(3):374 – 381.

［189］富明慧,刘祚秋,林敬华. 一种广义精细积分法［J］. 力学学报,2007,39(5):672 – 677.

［190］汪梦甫,周锡元. 结构动力方程的更新精细积分方法［J］. 力学学报,2004,36(2):191 – 195.

［191］汪梦甫,区光达. 精细积分方法的评估与改进［J］. 计算力学学报,2004,21(6):728 – 733.

［192］储德元,王元丰. 精细直接积分的积分方法选择［J］. 工程力学,2002,19(6):115 – 119.

［193］李伟东,吕和祥,裘春航,等. 非线性多自由度转子系统精细数值积分［J］. 振动工程学报,2004,17 (4):427 – 432.

［194］吕和祥,于洪洁,裘春航. 精细积分的非线性动力学积分方程及其解法［J］. 固体力学学报,2001,22 (3):303 – 308.

［195］张洵安,姜节胜. 结构非线性动力方程的精细积分算法［J］. 应用力学学报,2000,17(4):164 – 170.

［196］张亚红,华军,许庆余,等. 精细积分法在迷宫密封转子系统非线性动力学特性计算中的应用［J］. 计算力学学报,2005,22(5):541 – 545.

［197］吕和祥,蔡志勤,裘春航. 非线性动力学问题的一个显式精细积分算法［J］. 应用力学学报,2001,18 (2):34 – 41.

［198］梅树立,张森文. 基于精细积分技术的非线性动力学方程的同伦摄动法［J］. 计算力学学报,2005,22 (6):665 – 670.

［199］顾元宪,陈飚松,张洪武. 结构动力方程的增维精细积分法［J］. 力学学报,2000,32(4):447 – 456.

［200］Gu Y X,Chen B S,Zhang H W,et al. Precise time – integration method with dimensional expanding for structural dynamic equations［J］. AIAA Journal,2001,39(12):2394 – 2399.

［201］戈卢布 G H,范洛恩 C F. 矩阵计算［M］. 袁亚湘,等,译. 北京:科学出版社,2001.

［202］Saad Y. Analysis of some Krylov subspace approximations to the matrix exponential operators［J］. SAIM Journal of Numerical Analysis,1992,29(1):208 – 227.

［203］Hochbruck M,Lubich C. On Krylov subspace approximations to matrix exponential operator［J］. SAIM Journal of Numerical Analysis,1997,34(5):1911 – 1925.

［204］Celledoni E,Moret I. A Krylov projection method for systems of ODEs［J］. Appl. Numer. Math. ,1997,24: 365 – 378.

［205］Sidje R B. EXPOKIT:a software package for computing matrix exponentials［J］. ACM Trans. Math. Softw. , 1998,24(1):130 – 156.

［206］Saad Y,Schultz M H. GMRES:a generalized minimal residual algorithm for solving nonsymmetric linear systems[J]. SIAM J. Sci. Satatist. Comput. ,1986,7:856 – 869.

[207] Eiermann M,Ernst O G,Schneider O. Analysis of acceleration strategies for restarted minimal residual methods[J]. J. Comput. Appl. Math. ,2000,123:261 – 292.

[208] Eiermann M,Ernst O G. A restarted Krylov subspace method for the evaluation of matrix functions[J]. SIAM J. Numer. Anal. ,2006,46(6):2481 – 2504.

[209] Tal – Ezer H. On restarted and error estimation for Krylov approximation of w = f(A)v[J]. SIAM Journal on Scientific Computing,2007,29(6):2426 – 2441.

[210] Afanasjew M,Eiermann M,Ernst O G,et al. Implementation of a restarted Krylov subspace method for the evaluation of matrix functions[J]. Linear Algebra and its Applications,2008,429:2293 – 2314.

[211] Tal – Ezer H. Polynomial approximation of functions of matrices and applications[J]. Journal of Scientific Computing,1989,4(1):25 – 60.

[212] Eiermann M. On semiiterative methods generated by Faber polynomials[J]. Numer. Math. ,1989,56: 139 – 156.

[213] Moret I,Novati P. The computation of functions of matrices by truncated Faber series[J]. Numer. Funct. Anal. Optim. ,2002,22:697 – 719.

[214] Moret I,Novati P. An interpolatory approximation of the matrix exponential based on Faber polynomials[J]. Journal of Computational and Applied Mathematics,2001,131:361 – 380.

[215] Novati P. A polynomial method based on Fejer points for the computation of functions of unsymmetric matrices [J]. Appl. Numer. Math. ,2003,44:201 – 224.

[216] Caliari M,Vianello M,Bergamaschi L. Interpolating discrete advection – diffusion propagators at Leja sequence[J]. Journal of Computational and Applied Mathematics,2004,172:79 – 99.

[217] Caliari M,Bergamaschi L,Martinez A,et al. Comparing Leja and Krylov approximations of large scale matrix exponentials[J]. Computational Science – ICCS 2006,2006.

[218] Lessia A W,Lee J K,Wang A J. Rotating blade vibration analysis using shells[J]. ASME Journal of Engineering for Gas Turbines and Power,1982,104(2):296 – 302.

[219] 徐自力,李辛毅. 科氏力对高速旋转汽轮机叶片动态特性的影响[J]. 西安交通大学学报,2003,37 (9):894 – 897.

[220] 李永强,郭星辉,李健. 科氏力对旋转叶片动频的影响[J]. 振动与冲击,2006,25(1):79 – 81.

[221] 钟一谔,何衍宗,王正,等. 转子动力学[M]. 北京:清华大学出版社,1987.

[222] Sakata M,Kimura K,K. P S. Vibration of blade flexible rotor due to gyroscopic moment[J]. Journal of Sound and Vibration,1989,131(3):417 – 430.

[223] Jacquet G,Ferraris G,Rieutord P. Frequencies and modes of rotating flexible bladed disc – shaft assemblies: a global cyclic symmetry approach[J]. Journal of Sound and Vibration,1996,191(5):901 – 915.

[224] Chun S B,Lee C B. Vibration analysis of shaft – bladed disk system by using substructure synthesis and assumed modes method[J]. Journal of Sound and Vibration,1996,189(5):587 – 608.

[225] Khader N,Masoud S. Vibration of mistuned bladed disks supported by flexible continuous shafts[J]. Journal of sound and vibration,1991,149(3):471 – 488.

[226] Huang B W,Kuang J H. Modal localization in a rotating mistuned turbo disk with coriolis effect[J]. International Journal of Mechanical Sciences,2001,43:1643 – 1660.

[227] Nikolic M,Petrov E P,Ewins D J. Coriolis forces in forced response analysis of mistuned bladed disks[J]. Journal of Turbomachinery,2007,129(4):730 – 739.

[228] 张雄,王天舒. 计算动力学[M]. 北京:清华大学出版社,2007.

[229] Bathe K J,Wilson E L. Numerical methods in finite element analysis[J]. Englewood Cliffs,N. J. :Prentice –

286

Hall,1976.

[230] Zienkiewicz O Z,Taylor R L. The Finite Element Method[J]. London:Elsevier Ltd. ,2000.

[231] 王建军,卿立伟,李其汉. 旋转叶片的频率转向和模态转换特性[J]. 航空动力学报,2007,22(1):
7-11.

[232] Longatte E,Verreman V,Souli M. Time marching for simulation of fluid - structure interaction problems[J].
Journal of Fluids and Structures,2009,25:95-111.

[233] Lohner R,Cebral J R,Yang C,et al. Extending the range and applicability of the loose coupling approach for
FSI simulations[J]. Lecture Notes in Computational Science and Engineering,2006,53:82-100.

[234] 任学军,张定华,王增强,等. 整体叶盘数控加工技术研究[J]. 航空学报,2004,25(2):205-208.

[235] Gordon R,Hollkamp J. An experimental investigation of non - uniform damping in blade - disk assemblies
[J]. AIAA -98-35502,1998.

[236] NASA. Flutter and Response Studied for a Mistuned Bladed Disk With Structural and Aerodynamic Coupling,
2005,http://www. gnc. nasa. gov//www/RT/2005/RX/RX/40S - reddy. html.

[237] 唐狄毅. 叶轮机非定常流[M]. 北京:国防工业出版社,1992.

[238] Petrov E P. Reduction of forced response levels for bladed disks by mistuning:overview of the phenomenon
[J]. ASME Journal of Engineering for Gas Turbines and Power,2011,133(7):72501.

[239] Nikolic M,Petrov E P,Ewins D J. Robust strategies for forced response reduction of bladed disks based on
large mistuning concept [J]. ASME Journal of Engineering for Gas Turbines and Power, 2008, 130
(2):22501.

[240] Genta G. Dynamics of Rotating Systems[M]. Springer,2005.

[241] 王建军,李其汉,辛健强. 某型发动机压气机叶盘振动实验结果报告[R]. 北京航空航天大学,2011.

内 容 简 介

　　叶盘结构是航空发动机和燃气轮机的关键部件,其振动特性分析一直是系统结构完整性和可靠性研究中的重要问题。本书全面系统阐述了叶盘结构在谐调和失谐情况下响应分析的理论方法和应用,包括叶盘结构响应分析算法、叶盘结构模态和响应特性分析、流体激励下叶盘结构响应特性分析、流体激励和结构双重失谐对叶盘结构动态特性的影响,以及旋转效应对叶盘结构动态特性的影响等主要内容。

　　本书可供航空发动机、燃气轮机等科研、制造的研究院所与企业的研究人员和工程技术人员参考,同时可作为航空宇航推进理论与工程、飞行器动力工程、动力机械等专业的高年级本科生和研究生叶盘转子动力学的教学参考书,也可以作为工程力学、机械结构等学科研究复杂结构振动问题的参考。

Bladed disk is one of the most important components for aero – engines and gas turbines, and its vibration problems are always critical concerns for structural integrity and reliability. This book gives a comprehensive and systematical introduction of the theories and applications of response analysis for tuned and mistuned bladed disks. The contents of this book include algorithms for bladed disk response analysis, the modal and response characteristics of both tuned and mistuned bladed disks, the bladed disk response analysis under fluid excitations, the response analysis of bladed disks with mistuning of structure and fluid excitation, and the effects of rotating effects on the dynamic characteristics of bladed disks.

This book is recommended to researchers in engineering and academic fields of aero – engine, and graduate and senior undergraduate students of structural dynamic analysis and design, especially the vibrational analysis of aero – engines.